功能高分子材料

主　编　袁　凤　秦余杨　耿　飞

副主编　曹振兴　巴　淼　徐泽孝

范　江

南京大学出版社

图书在版编目(CIP)数据

功能高分子材料 / 袁凤，秦余杨，耿飞主编. -- 南京：南京大学出版社，2024.8

ISBN 978-7-305-28085-6

Ⅰ. ①功… Ⅱ. ①袁… ②秦… ③耿… Ⅲ. ①功能材料—高分子材料 Ⅳ. ①TB324

中国国家版本馆 CIP 数据核字(2024)第 100250 号

出版发行　南京大学出版社
社　　址　南京市汉口路 22 号　　邮　　编　210093

书　　名　**功能高分子材料**
　　　　　GONGNENG GAOFENZI CAILIAO
主　　编　袁　凤　秦余杨　耿　飞
责任编辑　高司洋　　　　　编辑电话　025-83592146

照　　排　南京布克文化发展有限公司
印　　刷　南京鸿图印务有限公司
开　　本　787 mm×1092 mm　1/16　印张 16　字数 398 千
版　　次　2024 年 8 月第 1 版　2024 年 8 月第 1 次印刷
ISBN 978-7-305-28085-6
定　　价　52.00 元

网　　址　http://www.njupco.com
官方微博　http://weibo.com/njupco
官方微信　njupress
销售咨询热线　025—83594756

前言

Preface

当今世界，科技的发展日新月异，其中高分子材料领域尤其引人注目。从日常用品到高端科技产品，都有高分子材料的身影，这些材料已经深入人们生活的方方面面。而功能高分子材料作为高分子材料的一个重要分支，更是以其独特的物理、化学和生物性能，在众多领域中发挥着不可替代的作用。功能高分子材料是近年来发展最为迅速、与其他领域交叉最为广泛的一个领域。

目前，国内许多院校已将功能高分子材料设为高分子材料、复合材料、材料科学与工程、应用化学等专业的专业课程。鉴于功能高分子材料种类及应用日新月异的发展，本书作者根据较为丰富的教学经验、科研经验，结合大量资料，编写了本教材。本教材是常熟理工学院材料科学与工程系专业课程近几年教学改革的结晶，主要适合应用型本科院校及高职院校相关专业的学生使用，因此，本教材力图通俗易懂、循序渐进，避免高深的理论和复杂的数学推导，遵循“讲清原理、突出构效关系、兼顾制备、充分应用举例、注重趣味性”的原则，重点介绍各种功能高分子材料的基本理论和设计思想。在此基础上，详细介绍其在各领域的应用，同时对功能高分子材料的研究动态和未来发展趋势也做了扼要介绍。

本教材既重点论述了工程上应用较广、具有重要应用价值的功能高分子材料，如电活性高分子材料、高分子试剂、高分子催化剂、光功能高分子材料、离子交换树脂、高吸水性高分子材料、高分子分离膜、高分子液晶材料等，也论述了正迅速发展的功能高分子材料，如环境敏感性高分子材料、高吸油性树脂、医用高分子材料、高分子表面活性剂、农业功能高分子材料、高分子防污涂料、高分子食品添加剂、高分子阻燃剂及高分子燃料等新型功能高分子材料。另外，本教材每章前设有学习目标，对每章重要知识点、难点进行归纳总结，有利于读者系统掌握本章重要内容。每章结束后设有思考题，用来进行课堂讨论和课后复习。同时，为实现“立德树人”的育人理念，将每章相关知识点与切合较为紧密的“课程思政”元素相结合，列在每章后的阅读材料里，实现“随风潜入夜，润物细无声”的教与学的互相适宜。

功能高分子材料作为一个新兴领域，其研究和发展正处于一个快速上升的阶段，而且其与许多领域交叉渗透。特别限于编者的学识有限，本书难免存在不足之处，恳请各位专家和广大读者批评指正。

最后，感谢所有为本书编写付出辛苦努力的常熟理工学院的同仁们、苏州吉人高新材料股份有限公司的徐泽孝工程师及陕西工业职业技术学院的范江老师，感谢提供支持和帮助的相关机构和个人。我们希望本书能对读者有所启发和帮助，激发他们对功能高分子材料的兴趣和热情。

在这个充满挑战与机遇的时代，功能高分子材料无疑将成为推动社会进步的重要力量。我们坚信，在不久的将来，功能高分子材料将会在更多领域实现突破，为人类社会的繁荣与发展注入新的活力。

编者

2024年6月

目录
Contents

第1章 绪论

(1) 知道功能高分子材料和高性能高分子材料的定义与区别。

(2) 知道功能高分子材料的分类,能举例说明其在生产、生活中的应用。

(3) 熟知功能高分子材料结构和功能的关系。

(4) 重点掌握功能高分子材料的制备策略。

1.1 功能高分子材料概述

功能高分子材料是一门涉及范围广泛、与众多学科相关的新兴边缘学科,涉及内容包括有机化学、无机化学、光学、电学、结构化学、生物化学、电子学、医学等众多学科,是目前国内、外异常活跃的一个研究领域。可以说,功能高分子材料在高分子学科中的地位,相当于精细化工在化工领域内的地位。因此也有人将特种与功能高分子称为精细高分子,即指其产品的产量小、产值高、制造工艺复杂。功能高分子材料之所以能成为国内、外材料学科的重要研究热点之一,最主要的原因在于它们具有独特的"功能",可用于替代其他功能材料,并提高或改进其性能,使其成为具有全新性质的功能材料。可以预计,在今后很长的历史时期中,特种与功能高分子材料研究将代表高分子材料发展的主要方向。

1.1.1 功能高分子材料的定义

1956年离子交换树脂的成功合成拉开了我国功能高分子材料的研究序幕。但直至20世纪70年代末才正式提出"功能高分子材料"的研究。功能高分子材料是高分子材料领域近三四十年发展最为迅速、与其他领域交叉最为广泛的一个研究领域。目前,功能高分子材料已在国防建设、国民经济的各个领域得到了广泛应用,已与金属、陶瓷、复合材料一起构成了材料领域四大支柱材料。

依据性质和用途,高分子材料可分为我们熟悉的塑料、纤维、橡胶、涂料、胶黏剂等五大类。但从工程应用角度出发,高分子材料主要被分为结构高分子材料和功能高分子材料。结构高分子材料主要用于结构件,它们通常具有优异的力学性能,如高强度、高刚度和韧性等。而功能高分子材料主要作为功能材料使用，因为它们通常会在光、电、磁、声、热、化学、生物等方面显示出特殊的功能。

什么是功能高分子材料(functional polymer)呢？目前学术界对其还没有严密的、科学的定义。通常认为功能高分子是指在天然或合成高分子的主链或支链上引入某种功能的官能团，使其显示出在光、电、磁、声、热、化学、生物、医学等方面的特殊功能的一类高分子材料。功能高分子材料通常具有以下特点：

(1) 用途特殊，专一性强。

(2) 品种多，用量不大。

(3) 质量轻(与其他功能材料相比)。

(4) 制备途径多，可设计性强。

目前高分子材料的发展方向主要有两个：①通用高分子的高性能化；②高分子的多功能化。那么功能高分子材料与高性能高分子材料有什么区别呢？高性能是指材料对外部作用的抵抗特性。例如，对外力的抵抗表现为材料的强度、模量等；对热的抵抗表现为耐热性；对光、电、化学药品的抵抗，则表现为材料的耐光性、绝缘性、防腐蚀性等。而高功能是指外部向材料输入信号时，材料内部发生质和量的变化而产生输出的特性。例如，材料在受到外部光的输入时，材料可以输出电性能，材料在受到多种介质作用时，能有选择地分离出其中某些介质等。此外，如压电性、药物缓释放性等，都属于功能的范畴。可见高性能高分子材料是对外力有特别强的抵抗能力的高分子材料；而功能高分子材料是指当有外部刺激时，能通过化学或物理的方法做出响应的高分子材料。从实用的角度看，对功能材料来说，人们着眼于它们所具有的独特的功能；而对高性能材料，人们关心的是它与一般材料在性能上的差异。高性能高分子和功能高分子是目前高分子学科中发展最快、研究最活跃的新领域。

通常人们习惯将功能高分子材料称为功能高分子，但实际上功能高分子材料是有别于功能高分子的，其范围要比功能高分子更加广泛。从组成和结构方面看，功能高分子材料可以分为结构型和复合型。其中结构型功能高分子材料是指高分子链中带有特殊功能的官能团，材料的功能是由其本身结构决定的，显然这种结构型功能高分子材料就是功能高分子。而复合型功能高分子材料是由通用高分子和其他具有特殊功能的材料复合而成，其特殊的功能不是高分子自身所具备的，而是由其他成分带来的。可见严格地说，这种复合型功能高分子材料就不再属于功能高分子范畴了。

1.1.2 功能高分子材料的分类

依据不同，功能高分子材料可以得到不同的分类。

1. 按照功能分类

功能高分子一般带有官能团，化学结构较复杂，因此，难以按化学结构来分类，一般按照其功能来分类。日本著名功能高分子专家中村茂夫教授认为，功能高分子材料可从以下几个方面分类。

(1) 力学功能高分子材料

① 强化功能材料，如超高强材料、高结晶材料等。

② 弹性功能材料，如热塑性弹性体等。

(2) 化学功能高分子材料

① 分离功能材料，如分离膜、离子交换树脂、高分子络合物等。

② 反应功能材料，如高分子催化剂、高分子试剂。

③ 生物功能材料，如固定化酶、生物反应器等。

(3) 物理化学功能高分子材料

① 耐高温高分子，如高分子液晶等。

② 电学功能材料，如导电性高分子、超导高分子，感电子性高分子等。

③ 光学功能材料，如感光高分子、导光性高分子，光敏性高分子等。

④ 能量转换功能材料，如压电性高分子、热电性高分子等。

(4) 生物化学功能高分子材料

① 人工脏器用材料，如人工肾、人工心肺等。

② 高分子药物，如药物活性高分子、缓释性高分子药物、高分子农药等。

③ 生物分解材料，如可降解性高分子材料等。

这一分类，实际上包括了所有特种高分子材料。

2. 按照性质、功能或实际用途分类

中国主要按照功能高分子材料的性质和功能对其进行分类，主要可以分为以下八大类。

(1) 反应型高分子材料

反应型高分子材料主要包括高分子试剂(特别是高分子固相合成试剂和固定化酶试剂)、高分子催化剂和高分子染料等。

(2) 光敏型高分子材料

光敏型高分子材料包括各种光稳定剂、光刻胶，感光材料、非线性光学材料、光导材料和光致变色材料等。

(3) 电活性高分子材料

电活性高分子材料包括导电聚合物、能量转换型聚合物、电致发光和电致变色材料及其他电敏性材料等。

(4) 膜型高分子材料

膜型高分子材料包括各种分离膜、缓释膜和其他半透性膜材料、离子交换树脂、高分子絮凝剂等。

(5) 吸附型高分子材料

吸附型高分子材料包括高分子吸附性树脂、高吸水性高分子、高吸油性高分子等。

(6) 高分子智能材料

高分子智能材料包括高分子记忆材料、信息存储材料，以及光、磁、pH、压力感应材料等。

(7) 医药用高分子材料

医药用高分子材料包括医用高分子材料、药用高分子材料和医药用辅助材料等。

(8) 高性能工程材料

高性能工程材料包括高分子液晶材料，耐高温高分子材料、高强高模量高分子材料、阻燃性高分子材料和功能纤维材料、生物降解高分子材料等。

在实际应用中，人们更习惯将材料与其应用相联系，所以常常按照功能高分子材料的用途对其进行划分，如导电高分子材料、高分子试剂、医用高分子材料、高分子燃料、高吸水性高分子材料、分离用高分子材料等。这种分类方法可将功能高分子划分为更多类别。但有的功能高分材料会同时显示出多种功能，因此会具有多种用途，如高分子液晶材料、纳米塑料等；而且同种高分子材料不同功能之间有时又可以相互转换和交叉，因此按照功能高分子材料的实际用途对其进行分类也是相对的。

1.2 功能高分子材料结构与性能的关系

1.2.1 功能高分子材料的结构层次

材料结构与性能之间的关系，也就是指材料的结构如何影响材料的性能和使用，即为材料的构效关系。新材料的设计必须了解其构效关系。比如，一般设计亲水性材料，必须设法引进亲水性的基团，如—OH、—COOH 等。设计阻燃材料，分子中必须引进 P、S、Br 等阻燃元素。高分子材料的结构非常复杂(图 1-1)，其结构对性能表现出的影响规律也非常复杂。把握这些规律就可掌握一般的构效关系，从而为现有材料的利用和新型功能高分子材料的设计打好基础。

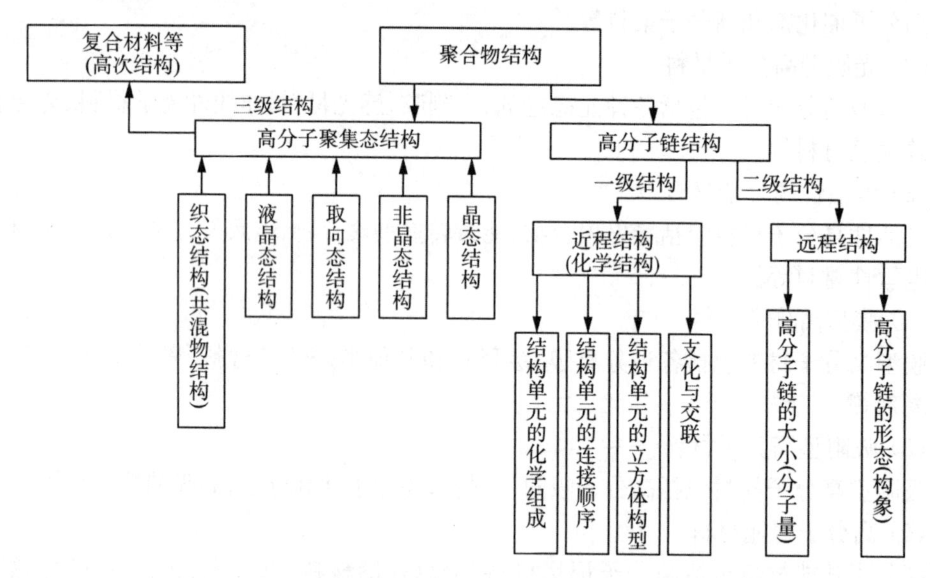

图 1-1 高分子材料复杂的结构

功能高分子材料复杂的结构可以归纳为六个层次：①元素组成；②官能团结构；③链段结构；④微观构象结构；⑤超分子结构和聚集态；⑥宏观结构。功能高分子材料这六个结构层次都可能对其功能产生影响。

1.2.2 官能团结构对功能的影响

功能高分子材料不同于通用高分子材料的重要原因是其具有特殊的功能，而且其特殊的功能很大部分源于其特殊的官能团，常见的官能团有羟基、羧基、氨基等。材料的大部分化学性质，如酸碱性、反应性、亲核亲电性及配位性等，都取决于材料所具有的官能团。此外，材料的亲水性、亲油性、绝缘性、导电性等许多物理化学性质也与材料的官能团有关。

功能高分子材料的官能团对其功能的影响一般有以下几种情况。

(1) 材料的性质主要取决于所含的官能团

这类功能高分子材料的特殊功能主要依赖于其特殊的官能团，如高分子过氧酸中的过氧酸基、侧链型高分子液晶中的刚性侧链、强酸性离子交换树脂中的磺酸基等。这些功能高分子材料的骨架仅起到支撑、固定、分隔、降低溶解度等辅助作用。

(2) 材料的性质取决于聚合物骨架与官能团的协同作用

这类功能高分子材料的特殊功能需要分子中的官能团与高分子骨架相互结合才能得以发挥，固相合成用高分子试剂是比较有代表性的例子。

(3) 材料的性质主要取决于功能性的高分子骨架

这类功能高分子材料的官能团是聚合物骨架的一部分，或者说聚合物本身起着官能团的作用，如具有共轭结构的导电高分子聚乙炔、芳香烃以及芳香杂环聚合物、高分子聚电解质、主链型聚合物液晶等。

(4) 材料中的官能团起辅助作用

这类功能高分子材料的官能团对其功能的贡献很小，其功能的实现主要以聚合物为主体。此时官能团只起辅助效应，官能团的存在主要起到降低玻璃化转变温度、改变润湿性、改善溶解性及提高力学性能等作用。例如，在主链型液晶高分子中体积较大的取代基的引入仅是用来降低玻璃化转变温度，而对材料的“液晶”功能无关。

1.2.3 微观结构对功能的影响

功能高分子材料的链结构、分子结构、微观构象、超分子结构和聚集态都属于材料的微观结构。这些微观结构直接影响功能高分子材料的结晶性、渗透性、机械强度、溶液黏度等物理化学性质，因而在一定程度上影响着材料功能的发挥。

在功能高分子材料中微观结构主要可以起到以下几种典型的作用：①物理效应；②支撑作用；③模板效应；④领位效应；⑤包络作用。

1.2.4 宏观结构对功能的影响

功能高分子材料的形态、宏观尺寸、复合结构及组合形式等都属于材料的宏观结构。功能高分子材料的形态，特别是具有多孔结构的形态通常用比表面积、孔隙率、孔径大小等宏观参数表示。这些参数直接影响着吸水、多相反应及离子交换等过程，因而在很大程度上影响着功能高分子吸水剂、高分子试剂、高分子催化剂及离子交换树脂等功能高分子材料相关功能的发挥。

1.3 功能高分子材料的制备策略

与通用高分子材料不同，功能高分子材料的分子上往往带有特殊结构的官能团。因此，设计能满足一定需要的功能高分子材料是现代高分子化学研究的主要目标。具有预计性质与功能的高分子材料的制备成功与否，在很大程度上取决于设计方法和制备路线的制定。

功能高分子材料的制备是通过化学或者物理的方法，按照材料的设计要求将某些带有特殊结构和功能基团的化合物高分子化，或者将这些小分子化合物与高分子骨架相结合，从而实现预定的性能和功能。目前主要有四种方法：①功能性小分子的高分子化；②已有通用高分子材料的功能化；③功能高分子材料的多功能复合；④已有功能高分子材料的功能扩展。

1.3.1 功能性小分子的高分子化

许多功能高分子材料是从相应的功能小分子化合物发展而来的。这些已知功能的小分子化合物一般已经具备了所需要的部分主要功能，但是从实际使用角度来讲，可能还存在许多不足，无法满足使用要求。对这些功能性小分子进行高分子化反应，赋予其高分子的功能特点，即有可能开发出新的功能高分子材料。例如：

小分子过氧酸是常用的强氧化剂，在有机合成中是重要的试剂。但是这种小分子过氧酸稳定性不好，容易发生爆炸和失效，不便于储存。反应后产生的羧酸也不容易除掉，经常影响产品的纯度。将小分子过氧酸引入高分子骨架后形成的高分子过氧酸，其挥发性和溶解性下降，稳定性得以有效提高。

N,*N*-二甲基联吡啶是一种小分子氧化还原物质，其在不同氧化还原态时具有不同颜色，经常作为显色剂在溶液中使用。经过高分子化后，可将其修饰固化到电极表面，成为固体显色剂和新型电显材料。

功能性小分子的高分子化可利用聚合反应，如共聚、均聚等；也可将高分子化合物作为载体，将功能性小分子化合物通过化学键连接到聚合物骨架上；甚至可通过物理方法，如共混、吸附、包埋等。

1. 功能性小分子单体直接发生聚合反应

功能性小分子单体直接聚合成功能聚合物的制备方法主要包括两个步骤：首先是在功能性小分子中引入可聚合基团得到单体，其次是进行均聚或共聚反应生成功能聚合物；也可在含有可聚合基团的单体中引入功能性基团得到功能性单体。这些可聚合功能性单体中的可聚合基团一般为双键、羟基、羧基、氨基、环氧基、酰氯基、吡咯基、噻吩基等。发生的聚合反应可有加成聚合反应、开环聚合反应、缩聚反应以及氧化偶合反应等。

例如，丙烯酸分子中带有双键，同时又带有活性羧基。经过自由基均聚或共聚，即可形成聚丙烯酸及其共聚物，可以作为弱酸性离子交换树脂、高吸水性树脂等应用。这是带有功能性基团的单体聚合制备功能高分子的简单例子。

丙烯酸还可以与含有环氧基团的低分子量双酚A型环氧树脂反应，得到含双键的环氧丙烯酸酯（反应式如下），这种单体在制备功能性黏合剂方面有广泛的应用。

$$\underset{\text{环氧}}{H_2C-CH}-CH_2-O-C_6H_4-C(CH_3)_2-C_6H_4-O-CH_2-\underset{\text{环氧}}{CH-CH_2}+H_2C=CH-COOH$$

$$\longrightarrow H_2C=CH-\overset{O}{\overset{\|}{C}}O-CH_2-\overset{OH}{\overset{|}{C}H}-CH_2-O-C_6H_4-C(CH_3)_2-C_6H_4-O-CH_2-\underset{\text{环氧}}{CH-CH_2}$$

除了单纯的连锁聚合和逐步聚合之外，采用多种单体进行共聚反应制备功能高分子也是一种常见的方法。特别是在需要控制聚合物中功能基团的分布和密度时，或者需要调节聚合物的物理化学性质时，共聚可能是最行之有效的解决办法。

可见，功能性小分子单体直接发生聚合反应具有以下优点：①生成的高分子功能基分布均匀；②聚合物结构可以通过聚合机理预先设计；③产物的稳定性较好。同时该方法又具有以下缺点：①引入可聚合基团常常需要复杂的合成反应；②要求在反应中不破坏原有结构和功能；③当引入的功能基稳定性不好时需要加以保护；④有时引入功能基后对单体聚合的活性会有影响。

2. 功能性小分子通过聚合包埋与高分子骨架结合

利用生成高分子的束缚作用可将功能性小分子以某种形式包埋固定在高分子材料中来制备功能高分子材料，主要有以下两种途径。

（1）在聚合反应之前，向单体溶液中加入小分子功能化合物，在聚合过程中小分子被生成的聚合物所包埋。用这种方法制得的功能高分子材料，聚合物骨架与小分子功能化合物之间没有化学键连接，固化作用通过聚合物的包络作用来完成。这种方法制备的功能高分子材料类似于用共混方法制备的高分子材料，但是均匀性更好。

（2）以微胶囊的形式将功能性小分子包埋在高分子材料中从而制备功能高分子材料。

微胶囊是一种以高分子为外壳、功能性小分子为核的高分子材料，可通过界面聚合法、原位聚合法、水（油）中相分离法、溶液中干燥法等多种方法制备。微胶囊在高分子药物、固定化酶的制备方面有独到的优势。例如，维生素C在空气中极易被氧化而变黄。采用溶剂蒸发法研制以乙基纤维素、羟丙基甲基纤维素苯二甲酸酯等聚合物为外壳材料的维生素C微胶囊，达到了延缓氧化变黄的效果。将维生素C微胶囊暴露于空气中一个月，其外观可保持干燥状态，色泽略黄。这种维生素C微胶囊进入人体后，两小时内可完全溶解释放。

可见，将功能性小分子通过上述两种方法与高分子骨架结合，其聚合物骨架与小分子功能化合物之间均没有化学键连接，固化作用只是通过聚合物的包络作用来完成。上述物理方法的优点就是简便、易操作，功能小分子的性质不受聚合物性质的影响，因此特别适宜酶等对环境敏感材料的固化；但制得的功能高分子材料在使用过程中包络的小分子功能化合物容易逐步失去，特别是在溶胀条件下使用，将加快固化酶的失活过程。

1.3.2 已有通用高分子材料的功能化

目前，可以通过物理或化学的方法对已有通用高分子材料进行功能化。

1. 功能性小分子与聚合物共混

功能高分子材料的第二类典型制备方法就是通过物理方法对已有聚合物进行功能化，赋予这些通用高分子材料以特定功能，使之成为功能高分子材料。已有通用高分子材料的物理功能化方法主要是通过小分子功能化合物与已有通用高分子的共混和复合来实现。这种功能化方法可以用于高分子或者功能性小分子缺乏反应活性，不能或者不易采用化学方法进行功能化，或者被引入的功能性物质对化学反应过于敏感，不能承受化学反应条件的情况。例如，某些酶的固化，某些金属和金属氧化物的固化等。

可见，这种物理方法的好处是可以利用廉价的商品化聚合物，并且通过对高分子材料的选择，使得到的功能高分子材料机械性能比较有保障。但这种物理方法制得的功能材料不够稳定，在使用条件下(如溶胀、成膜等)功能聚合物容易由于功能性小分子的流失而逐步失去活性。

2. 利用化学反应将活性功能基引入已有高分子骨架

利用化学反应将活性功能基引入已有高分子骨架，可改变聚合物的物理化学性质，赋予其新的功能。

通常这种方法选用的高分子骨架都是廉价的通用材料。在选择高分子母体时应重点考虑以下因素：①价格低廉；②可较容易地接上功能性基团；③来源丰富；④具有机械、热、化学稳定性等。目前，常见的品种包括聚苯乙烯、聚氯乙烯、聚乙烯醇、聚(甲基)丙烯酸酯及其共聚物、聚丙烯酰胺、聚环氧氯丙烷及其共聚物、聚乙烯亚胺、纤维素等。其中聚苯乙烯分子中的苯环比较活泼，可以进行一系列的芳香取代反应，如磺化、氯甲基化、卤化、硝化、锂化、烷基化、羧基化、氨基化等，因此是功能高分子制备中最常用的骨架母体。例如，对苯环依次进行硝化和还原反应，可以得到氨基取代聚苯乙烯；经溴化后再与丁基锂反应，可以得到含锂的聚苯乙烯；与氯甲醚反应可以得到聚氯甲基苯乙烯等活性聚合物。引入了这些活性基团后，聚合物的活性得到增强，在活化位置可以与许多小分子功能性化合物进行反应，从而引入各种功能基团。

除了聚苯乙烯外，聚氯乙烯、聚乙烯醇、聚环氧氯丙烷、聚酰胺、聚苯醚以及一些无机聚合物等都是常用的高分子骨架。例如，聚乙烯醇可与多种低分子化合物进行化学反应，从而形成各种各样的功能高分子。

再如青霉素是一种抗多种病菌的广谱抗生素，应用十分普遍。它具有易吸收、见效快的特点，但也有排泄快的缺点。利用青霉素结构中的羧基、氨基与高分子反应，可得到疗效长的高分子青霉素。将青霉素与乙烯醇-乙烯胺共聚物以酰胺键结合，得到水溶性的药物高分子，这种高分子青霉素在人体内的停留时间为低分子青霉素的 30～40 倍，有效延长了疗效时间。

硅胶和玻璃珠表面存在大量的硅羟基，这些羟基可以通过与三氯硅烷等试剂反应，直接引入功能基。这类经过功能化的无机聚合物可作为高分子吸附剂，以及用于各种色谱分析的固定相、高分子试剂和催化剂使用。

$$-\!\!\left[CH_2-\underset{OH}{CH}\right]\!\!-_n$$

$$\xrightarrow{H_2C=CH-R} -\!\!\left[CH_2-\underset{OCH_2CH_2-R}{CH}\right]\!\!-_n$$

$$\xrightarrow{ClCH_2COOH} -\!\!\left[CH_2-\underset{OCH_2COOH}{CH}\right]\!\!-_n$$

$$\xrightarrow{(RCO)_2O} -\!\!\left[CH_2-\underset{OCOR}{CH}\right]\!\!-_n$$

$$\xrightarrow{RCOCl} -\!\!\left[CH_2-\underset{OCOR}{CH}\right]\!\!-_n$$

$$\xrightarrow{P_2O_5,\ H_3PO_4} -\!\!\left[CH_2-\underset{O-P(=O)(OH)-OH}{CH}\right]\!\!-_n$$

$$\xrightarrow{RCHO} -\!\!\left[CH_2-CH-CH_2-CH\right]\!\!-_n \ \text{(two CH linked via O–CH(R)–O, forming a six-membered ring)}$$

1.3.3 功能高分子材料的多功能复合

将两种以上的功能高分子材料以某种方式结合形成新的功能材料，而且新材料具有任何单一功能高分子均不具备的性能，这一结合过程被称为功能高分子材料的多功能复合过程。最典型的例子就是单向导电聚合物的制备。带有可逆氧化还原基团的导电聚合物，其导电方式是没有方向性的。但是，如果将带有不同氧化还原电位的两种聚合物复合在一起，放在两电极之间，可发现导电是单方向性的。这是因为只有还原电位高的处在氧化态的聚合物能够还原另一种还原电位低的处在还原态的聚合物，并将电子传递给它。这样，在两个电极上交替施加不同方向的电压，将呈现单向导电。

1.3.4 已有功能高分子材料的功能扩展

在同一种功能材料中，甚至在同一个分子中引入两种以上的功能基团也是制备新型功能聚合物的一种方法。以这种方法制备的聚合物，或者集多种功能于一身，或者两种功能起协同作用，产生出新的功能。

例如，在离子交换树脂中的离子取代基邻位引入氧化还原基团（如二茂铁基团），以所制得的功能材料对电极表面进行修饰，修饰后的电极对测定离子的选择能力受电极电势的控制。当电极电势升到二茂铁氧化电位以上时，二茂铁被氧化，带有正电荷，吸引带有负电荷的离子交换基团，构成稳定的正负离子对，使其失去离子交换能力，被测阳离子不能进入修饰层，而不能被测定。

思考题

1. 什么是功能高分子材料？功能高分子材料与高性能高分子材料有什么区别？
2. 按照功能，功能高分子材料可以分为哪几类？
3. 国内主要将功能高分子材料分为哪几类？
4. 找出日常生活中用到的功能高分子材料制品，并指出其主要功能。
5. 分析功能高分子材料中的官能团对其功能的影响。
6. 目前制备功能高分子材料的方法有哪些？比较它们的优缺点。
7. 举例说明为什么要对一些功能性小分子进行高分子化。
8. 对于聚乙烯醇，可以采用哪些方法对其进行功能化？

阅读材料

——中国高分子材料创新的突破者　蹇锡高

蹇锡高，1946 年 1 月 6 日出生于重庆江津，有机高分子材料专家，中国工程院院士，亚太材料科学院院士，大连理工大学教授，高分子材料研究所所长，辽宁省高性能树脂工程技术研究中心主任。

科学的永恒性就在坚持不懈地寻求之中。从事高性能高分子材料研究的蹇锡高深有感触，从高分子材料设计、合成到其加工应用等新技术研究的创新突破，蹇锡高始终以“料要成材，材要好用，用为大用”为目标和方向，带领团队，披荆斩棘，奋斗在新材料探索的前沿，不断用科研成果践行着为国奉献的初心和诺言。

蹇锡高带领团队瞄准高性能工程塑料领域存在的关键科学问题，反复探索，从聚合物分子结构设计出发，将扭曲非共平面的二氮杂萘酮联苯结构成功引入聚芳醚分子主链，研制出结构全新、综合性能优异、既耐高温又可溶解的杂萘联苯聚芳醚系列树脂，解决了传统高性能工程塑料不能兼具耐高温和可溶解性的技术难题。

新型高性能聚芳醚树脂的深加工应用是蹇锡高团队的另一战场。2003 年，蹇锡高带领团队完成了“含二氮杂萘酮联苯结构新型聚醚砜酮(PPESK)及其制备法”，该项研究成果打破了西方国家在高性能工程塑料领域技术上和材料上的长期垄断地位，这一创新成果是当时耐热等级最高的可溶性聚芳醚新品种，加工方式多样，性价比优，经专家鉴定，确认为“国际首创，是一项具有原始创新性的达到国际领先水平的科研成果”。

塞锡高院士团队十分注重科研成果的产业化及实际应用。该团队已拥有一套年产500吨的工业示范装置、一套年产100吨的工程化中试装置以及一套年产10吨的树脂合成扩试装置。此外，依据需求，还建成了材料成型加工基地和模具设计加工中心，这不仅有效缩短了成果产业化及市场开拓的周期，还为进一步研发提供了“反馈基地”。

塞锡高院士从重大技术突破到产业化发展，再到市场化运作，实现了“产—学—研—用”四位一体；他希望国内材料工业能在这样的良性循环中不断发展壮大。所以，他带领团队，让新型高性能树脂从实验室走向工厂、从工厂走向市场，一方面强化了团队科研发展的目标；另一方面，为振兴民族工业添砖加瓦，贡献力量。

第2章 导电高分子材料

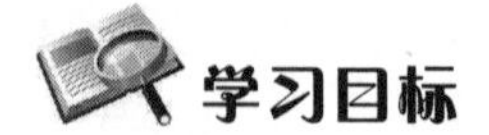

(1) 知道导电高分子材料的类型及各自的特征。

(2) 了解复合型导电高分子材料的组成,能举例说明其在生产、生活中的应用。

(3) 理解导电填料的含量对复合型导电高分子材料电导率的影响。

(4) 了解复合型导电高分子材料的结构。

(5) 掌握导电高分子掺杂的含义、目的及与无机半导体掺杂的区别。

(6) 熟知掺杂电子型高分子的导电机理、复合型导电高分子的导电机理及二者不同之处。

(7) 能理解掺杂电子型导电高分子材料电导率的影响因素;了解电子型导电高分子材料目前存在的问题。

(8) 掌握离子型导电高分子材料导电机理,能理解其电导率的影响因素。

(9) 知道氧化还原型导电高分子材料的导电机理。

2.1 导电高分子材料概述

众所周知,日常用到的大部分高分子材料都属于不导电的绝缘体范畴。常规高分子材料不导电的性质已得到了广泛的应用,成为重要绝缘材料之一。直至1977年,美国科学家黑格(A. J. Heeger)、麦克迪尔米德(A. G. MacDiarmid)和日本科学家白川英树(H. Shirakawa)发现掺杂聚乙炔具有金属导电特性,至此"高分子材料是绝缘材料"这一观念才被彻底打破。导电性聚乙炔这一重大发现从结构上在高分子与金属之间架起了一座桥梁,对于高分子物理和化学的理论研究是一次跨时代的事件,而且为低维固体电子学和分子电子学的建立打下基础,具有重要的科学意义,因此上述三位科学家获得2000年诺贝尔化学奖。同时,由此诞生了导电高分子材料这一自成体系的多学科交叉的崭新研究领域。

2.1.1 导电高分子材料的定义

材料的导电率是一个跨度很大的指标。从最好的绝缘体到导电性非常好的超导体,导电率可相差40个数量级以上。根据材料的导电率大小,通常可分为绝缘体、半导体、导体和超导体四大类。其中导体和半导体主要通过带有电荷的粒子的运动来实现导电,这种粒子即为载流子。在金属导体中载流子主要指电子,而在半导体材料中载流子有两种,分别是电子和空穴。通常,超导体的电导率大于 10^8 S/cm,典型材料有铌、铌铝锗合金、聚氮化硫等;导体的电导率为 $10^2 \sim 10^8$ S/cm,典型材料有汞、银、铜、石墨等;半导体的电导率为 $10^{-10} \sim 10^2$ S/cm,典型材料有硅、锗、聚乙炔等;而绝缘体的电导率通常小于 10^{-10} S/cm,典型材料有石英、聚乙烯、聚苯乙烯、聚四氟乙烯等。

导电高分子材料也称导电聚合物,它需要同时具备两个条件:一是分子由许多小的、重复出现的结构单元组成,即具有明显聚合物特征;二是如果在材料两端加上一定电压,在材料中应有电流流过,即具有导体的性质。导电高分子材料亦被称为金属化聚合物(metallic polymer)或合成金属(synthetic metal)。导电高分子材料具有特殊的结构和优异的物理化学性能,在能源、信息、光电子器件、传感器、分子导线和分子器件、电磁屏蔽、金属防腐和隐身技术方面有着广泛、诱人的应用前景。

导电高分子材料通常具有下列特点:

(1) 与金属相比,重量轻。

(2) 成型性好,用浇铸、模压等比较简易的方法就能使其纤维化、薄膜化,可制成涂料,以及得到人们所需要的其他形状,而且易于加工成轻质的大面积的可挠性薄膜,以其大的面积与厚度比来补偿电导率较低的不足。

(3) 易于合成和进行分子设计、材料设计,从而能较好地满足科学技术对这类功能材料提出的各种要求。

(4) 原料来源广。

2.1.2 导电高分子材料的分类

按照材料的结构与组成,导电高分子材料可以分为两大类:一类是结构型(本征型)导电高分子材料,另一类是复合型导电高分子材料。

1. 结构型导电高分子材料

结构型导电高分子材料是指材料本身就具有"固有"的导电性,导电载流子(包括电子、离子或空穴)是由高分子材料自身结构提供的。根据导电载流子的不同,结构型导电高分子材料又可进一步分为:①电子导电聚合物(导电载流子为自由电子);②离子导电聚合物(导电载流子为能在聚合物分子间迁移的正负离子);③氧化还原型导电聚合物(以氧化还原反应为电子转移机理)。但不管是哪种类型的结构型导电高分子材料,它们的电导率通常都较低,这类导电高分子经掺杂后,电导率才可大幅度提高,其中有些甚至可达到金属的导电水平。

目前,对于结构型导电高分子材料的导电机理、聚合物结构与导电性关系的理论研究十分活跃。典型的结构型导电高分子材料主要有聚乙炔、聚对苯硫醚、聚对苯撑、聚苯胺、聚吡咯、聚噻吩以及TCNQ传荷络合聚合物等。其中以掺杂型聚乙炔具有最高的导电性,其电导率可达 $5\times10^3 \sim 1\times10^4\ \Omega^{-1}\cdot cm^{-1}$(金属铜的电导率为 $1\times10^5\ \Omega^{-1}\cdot cm^{-1}$)。结构型导电高分子材料的应用性研究也取得了很大进展,如用导电高分子制作的大功率聚合物蓄电池、高能量密度电容器、微波吸收材料、电致变色材料，都已获得成功。

虽然部分结构型导电高分子材料的应用取得了很大进展，但大部分结构型导电高分子材料实际应用中尚有许多技术问题没有解决，如大部分结构型导电高分子材料在空气中稳定性很差，其导电性能会随时间而明显衰减；此外，结构型导电高分子材料的加工性往往不够好，进一步限制了它们的应用。目前，科学家们正尝试通过改进掺杂剂品种和掺杂技术，采用共聚或共混的方法，克服结构型导电高分子材料的不稳定性，并改善其加工性。

2. 复合型导电高分子材料

复合型导电高分子是在本身不具备导电性的高分子材料中掺入大量导电物质，如炭黑、金属粉(箔)等，通过分散复合、层积复合、表面复合等方法构成的复合材料。其中以分散复合最为常用。在复合型导电高分子材料中，高分子材料本身并不具备导电性，只起到黏合剂的作用。而材料的导电性是由混合在其中的导电性物质，如炭黑、金属粉末等获得的。复合型导电高分子材料不管是外观形式、制备方法，还是导电机理都与结构型导电高分子材料完全不同。

由于制备方便、实用性较强、成本较低等优势，人们对复合型导电高分子材料有着极大的研究兴趣。目前，复合型导电高分子材料在实际应用方面取得了实质性突破，在许多领域发挥着重要的作用，被广泛用作导电橡胶、导电涂料、导电黏合剂、电磁波屏蔽材料及抗静电材料等。

2.2 复合型导电高分子材料

复合型导电高分子材料常被称为掺杂型导电高分子材料，属于复合型功能高分子材料。其导电能力主要取决于填充的导电材料的性质、粒度、化学稳定性、宏观形状等因素。

与金属导电材料相比，复合型导电高分子材料具有以下优势：① 兼有高分子材料的易加工特性和金属的导电性。② 加工性好、工艺简单、成本较低。③ 电阻率可调范围大。④ 具有优异的耐腐蚀性。

但复合型导电高分子材料又面临着以下缺点：① 空气中稳定性差。② 加工性能、机械强度比普通聚合物差。

2.2.1 复合型导电高分子材料的组成

由定义可以看出复合型导电高分子材料主要由两部分组成，一部分是基体材料，即不导电的普通高分子材料；另一部分是导电填料，即高分子材料中填充的各种导电材料。

1. 基体材料

在复合型导电高分子材料中，基体材料主要起到将导电颗粒牢固地黏结在一起的作用，使其具有稳定的导电性，同时对材料的加工性能、机械强度、耐热性、耐老化性有十分重要的影响。另外，基体材料的聚合度、结晶度、交联度等性质对导电高分子材料，尤其是分散复合结构的导电高分子材料的导电性有一定程度的影响。通常，基体材料的结晶度提高有利于材料导电性能的提高，而提高基体材料的交联度也会增强材料的导电稳定性。

原则上，任何高分子材料都可用作复合型导电高分子材料的基料。在实际应用中，人们主要根据使用要求、制备工艺、材料性质、来源及价格等因素选择合适的高分子材料作为基料，其中高分子基体材料与导电填料的相容性和目标复合材料的使用性能是最重要的考虑因素。目前用作复合型导电高分子基料的主要有聚乙烯、聚丙烯、聚氯乙烯、聚苯乙烯、ABS、环氧树脂、丙烯酸酯树脂、酚醛树脂、不饱和聚酯、聚氨酯、聚酰亚胺、有机硅树脂、丁基橡胶、丁腈橡胶和天然橡胶等。例如，聚乙烯、聚丙烯、聚氯乙烯等材料通常用作导电塑料的基体材料；环氧树脂主要是导电胶、导电涂料的基体材料；而导电橡胶的基体材料通常选择丁基橡胶、丁苯橡胶、丁腈橡胶和天然橡胶等。

2. 导电填料

导电填料在复合型导电高分子材料中主要起到提供载流子的作用，它的形态、性质和用量直接决定导电材料的导电性。

对于填料的选择主要从材料的导电性和价格方面考虑。目前常用的导电填料主要分为金属材料、碳系材料及金属氧化物材料等。表2-1列出了部分常用的导电填料及其电导率。其中金属材料中，银粉具有最好的导电性，故应用最广泛，但成本高是其明显的缺点。有人将银包覆在其他填料表面，从而构成复合型颗粒状导电填料，这样可以在不影响导电性能和稳定性的同时，有效降低成本。铜的电导率虽然很高，但特别容易氧化，严重影响了材料的稳定性和使用寿命。碳系材料主要有炭黑、石墨等。其中炭黑虽然导电率不高，但其价格便宜，来源丰富，因此是目前分散复合结构导电高分子材料最常采用的导电填料。而石墨的导电率虽然高于炭黑，但通常含有杂质，使用前需要进行特殊处理，成本较高。氧化锌、氧化锡、氧化钛等是常用的金属氧化物导电填料，但这类导电填料的电导率通常很低，严重限制了它们的使用。另外，根据使用要求和目的不同，各种导电填料还可制成箔片状、纤维状和多孔状等多种形式。

表2-1 常用导电填料的电导率

材料名称	电导率/($\Omega^{-1}\cdot cm^{-1}$)	相当于汞电导率的倍数
银	6.17×10^5	59
铜	5.92×10^5	56.9
金	4.17×10^5	40.1
铝	3.82×10^5	36.7
锌	1.69×10^5	16.2
镍	1.38×10^5	13.3
锡	8.77×10^4	8.4
铅	4.88×10^4	4.7
汞	1.04×10^4	1.0
铋	9.43×10^3	0.9

续表

材料名称	电导率/($\Omega^{-1}\cdot cm^{-1}$)	相当于汞电导率的倍数
石墨	$1\sim10^3$	0.000 095～0.095
炭黑	$1\sim10^2$	0.00 095～0.0 095

高分子材料一般为有机材料，而导电填料则通常为无机材料或金属。两者性质相差较大，复合时不容易紧密结合和均匀分散，从而影响材料的导电性，故通常还需对填料颗粒进行表面处理。如采用表面活性剂、偶联剂、氧化还原剂对填料颗粒进行处理后，可大大改善导电填料在高分子基体中的分散性。

2.2.2 复合型导电高分子材料的结构

复合型导电高分子材料主要由普通高分子材料与各种导电材料通过各种复合方式(分散复合、层积复合、表面复合、梯度复合)制成。根据复合方式的不同，复合型导电高分子材料主要有以下四种典型的结构。

1. 分散复合结构

分散复合结构的复合型导电高分子材料通常选用物理性能适宜的高分子材料为基体材料，通过化学或物理方法将导电粉末、纤维等导电填料均匀分散于基体材料中，其中基体材料为连续相，导电填料为分散相。当导电填料添加量达到一定数值后，导电填料在基体中会相互接触形成导电通路。当对材料施加电压时，载流子就会在形成的导电通路之间做定向运动，从而形成电流。显然分散复合结构导电高分子材料的电导率在各个方向上是基本一致的，即呈各向同性。分散复合结构导电高分子材料的导电能力主要与基体材料的状态，添加的导电填料的种类、含量、粒度及分散情况有关。此外，导电材料的形状对其导电性能也有一定程度的影响。

2. 层状复合结构

层状复合结构的复合型导电高分子材料中，导电填料形成层状，并以一层一层的形式独立插入同样成层状的基体材料中，其中导电层多为金属箔或金属网。这种结构的导电高分子材料的导电通路由导电层中的导电填料构成，因此其导电性不再受高分子基体材料的影响。但这种材料的导电率在各个方向上不再一致，而是呈各向异性，即仅在特定取向上具有导电性，因此常被用作电磁屏蔽材料。

3. 表面复合结构

表面复合结构的材料多采用蒸镀、电镀、金属熔射等方式将导电填料复合在高分子基体材料表面，从而构成导电通路。而广义上，也可以将高分子基体材料复合到导电体的表面。从使用角度看，表面复合导电高分子材料主要指将导电材料复合到高分子基体材料表面。显然，这种结构的导电高分子材料其导电性能一般仅由表面导电层的性质决定，而与高分子基体材料无关。

4. 梯度复合结构

梯度复合结构的复合型导电高分子材料中，高分子基体材料和导电填料均各自形成连续相，但这两种连续相之间有一个浓度渐变的过渡层。这是一种比较特殊的复合型导电高分子材料。

2.2.3 复合型导电高分子材料的导电机理

自复合型导电高分子材料被发现以来，人们就对其导电机理进行了广泛研究。但由于其导电机理比较复杂，一直存在争议，至今没有一个完善的、普遍适用的导电机理。目前比较流行的主要有以下三种理论。

1. 渗流理论

渗流理论又叫导电通道机理，该理论认为材料的导电率主要由导电填料在基体材料中的分散状态决定。研究发现，将各种金属粉末或炭黑颗粒混入绝缘性的高分子材料中后，材料的导电性随导电填料浓度的变化规律大致相同。在导电填料浓度较低时，材料的电导率随浓度增加而缓慢增加，而当导电填料浓度达到某一值时，电导率急剧上升，变化值可达 10 个数量级以上。这种现象称为“渗滤”现象，所对应的导电填料的浓度称为渗滤阈值。超过渗滤阈值以后，电导率随浓度的变化又趋于缓慢，见图 2-1。

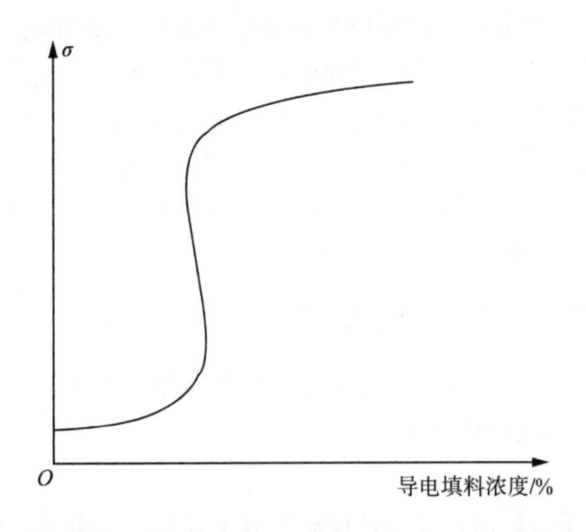

图 2-1 导电填料含量对复合型导电高分子材料电导率的影响

渗流理论认为当导电填料浓度较低时，填料颗粒在高分子基体材料中分布较分散，互相接触很少，因此材料电导率很低。随着导电填料浓度逐渐增加，填料颗粒相互接触机会增多，材料导电性能逐步增强。当填料浓度达到某一临界值时，高分子基体中的填料颗粒相互接触形成无限网链。该网链像金属网一样贯穿于整个高分子基体材料中，从而形成导电通道，故材料电导率会急剧上升，变成导体。超过临界值后，再增加导电填料的浓度，对材料的导电性不再有更多的贡献，故电导率变化趋于平缓。通过电子显微镜观察复合型导电高分子的结构也证实了该理论。

渗流理论更适用于分散复合型导电高分子材料，可以用来解释导电填料含量与材料导电性的关系，能够很好地解释当填料浓度达到某一临界值时电导率突变的现象。但该理论中没有考虑高分子基体材料和导电粒子其他性质对材料导电性能的影响，因此该理论与实际结构仍有较大的偏差，需要进一步完善。

2. 隧道效应理论

在研究炭黑-橡胶复合型导电高分子材料时发现，当炭黑的浓度不足以形成网络时，材料就具有了一定的导电能力。这显然有悖于“渗流理论”，说明复合型导电高分子材料的导电能力必然还与其他非接触式因素有关。为此人们提出了隧道效应理论，也称“贯穿效应理论”。该理论认为复合型导电高分子材料不是靠导电填料的直接接触来导电，而是当导电填料接近到一定程度时，由于热振动而被激活的电子在电场作用下可以越过薄薄的基体层而迁跃到相邻的导电粒子，即在相邻导电粒子间形成了某种隧道，从而实现电子的定向迁移，形成隧道电流。

隧道效应理论是应用量子力学来研究复合型导电高分子材料的电导率与导电填料之间间隙的关系，它能很好地解释高分子材料基体与导电填料呈海岛结构的复合体系的导电行为。但由于涉及的各物理量都与导电填料的间隙大小及分布情况有关，所以隧道理论只能分析、讨论导电填料浓度在一定范围内的复合型导电高分子材料的导电行为。

3. 场致发射理论

场致发射理论也是用来解释在导电填料浓度不足以形成导电网络时，材料就具有了导电能力的现象。该理论认为非接触式导电是由于两个相邻导电填料(导电粒子之间的距离在电场发射有效距离之内，一般小于 5 nm)之间存在电位差，在电场作用下会发生电子发射过程，从而实现了电子的定向运动而形成电流。显然，场致发射理论受导电填料的浓度及材料的温度影响较小，因而相对于渗流理论，该理论应用范围更广，可以很好地解释很多复合型导电高分子材料的非欧姆特性。

2.2.4 复合型导电高分子材料的性质

复合型导电高分子材料最基本、最主要的性质就是导电性能。此外，由于特殊的结构，它们通常还具有一些其他性质。

1. 导电性能

复合型导电高分子材料最重要的性质就是导电性能。导电填料的含量、粒径、性质及其在基体中的分散情况对材料的导电性能有着重要影响。通常，导电粒子的电导率越高，制备的复合型导电高分子材料的导电能力越强，而且导电粒子的粒径越小，一般越有利于提高其复合材料的电导率。此外，高分子基体材料的分子构造(线形、支化、交联)、结晶状态等性质也对材料的导电性能有一定的影响。一般高分子基体的结晶能力越高，其复合材料的导电能力就越强。

2. 热敏性质

研究发现，复合型导电高分子材料通常还具有热敏性质。热敏性质是指材料的电阻率会随着温度的变化而产生一定程度的变化，从而导致材料的电学性能随之发生变化。大部分复合型导电高分子材料随着环境温度的升高，在不同阶段会出现以下不同的热敏效应：

(1) 当温度远小于材料的软化温度时，随着温度升高，多数复合型导电高分子材料的导电性能随之升高，即呈正温度系数效应，但此时材料的热敏效应不显著。

(2) 当温度接近材料的软化温度时，也呈现正温度系数效应，但此时热敏效应会非常显著。

(3) 当温度超过材料的软化温度时，多数复合型导电高分子材料的热敏特性会发生反转，会出现负温度系数效应。

3. 压敏性质

复合型导电高分子材料的电学性能除了会随温度变化而变化以外，当材料受到外力作用时，其电学性能也会发生变化，即复合型导电高分子材料通常还具有压敏性质。对于复合型导电高分子材料，其导电性能主要是由导电填料在基体中形成的导电网络完成的，而当材料受到外力作用时，会使材料的形状或密度发生变化，从而必然使得材料内部的导电网络发生变化，进一步引起材料电阻率变化，从而导致材料的电学性能发生改变。

2.2.5 复合型导电高分子材料的应用

1. 导电性能的应用

复合型导电高分子材料的制备工艺简单，成型加工方便，且具有较好的导电性能。例如，在聚乙烯中加入粒径为 10～300 μm 的导电炭黑，可使聚合物变为半导体($\sigma=1\times10^{-6}\sim1\times10^{-2}\ \Omega^{-1}\cdot cm^{-1}$)，而将银粉、铜粉等加入环氧树脂中，其电导率可达 $0.1\sim10\ \Omega^{-1}\cdot cm^{-1}$，接近金属的导电水平。

因此，在目前结构型导电高分子材料的研究尚未达到实际应用水平时，复合型导电高分子材料不失为一类较为经济实用的导电高分子材料。

作为导电高分子材料，复合型导电高分子材料主要有以下几类典型应用：

(1) 导电塑料

导电塑料是复合型导电高分子材料导电性能的一个重要应用领域。聚乙烯、聚丙烯、聚氯乙烯、聚苯乙烯、聚氨酯等是导电塑料最常采用的高分子基体材料。

例如，聚氨酯-炭黑导电海绵，产品导电性能高，而且耐水性好，可以用于设备的防静电处理、电磁波吸收、电子元器件仪器仪表的包装及金属材料的防腐蚀等领域；聚对苯二甲酸丁二醇酯(PBT)-炭黑导电塑料，可以用于一般导电塑料、防静电屏蔽材料、电磁波屏蔽材料等。

以聚苯醚、聚苯硫醚、酚醛树脂等高分子材料为基体加入各种导电填料后制得的导电塑料除了具有优异的导电性能，还具有耐热性高、尺寸稳定性强、比重小等优势。例如，酚醛树脂-炭黑导电塑料，在电子工业中常被用作有机实芯电位器的导电轨和碳刷。

生活中用到的很多注塑导电包装(如图 2-2)，利用的都是复合型导电高分子材料的导电性能。

(2) 导电橡胶

导电橡胶的高分子基体材料主要是天然的或合成的各类橡胶材料。根据功能的不同，导电橡胶可以进一步分为通用导电橡胶、各向异性导电橡胶及加压性导电橡胶。

导电橡胶不仅导电性能好，而且材料具有一定的弹性，手感好，在各行各业发挥着重要作用。例如，通用导电橡胶的导电填料以炭黑为主，这类导电橡胶可以用作橡胶制品、复印机辊筒、纺织用辊筒的防静电材料。

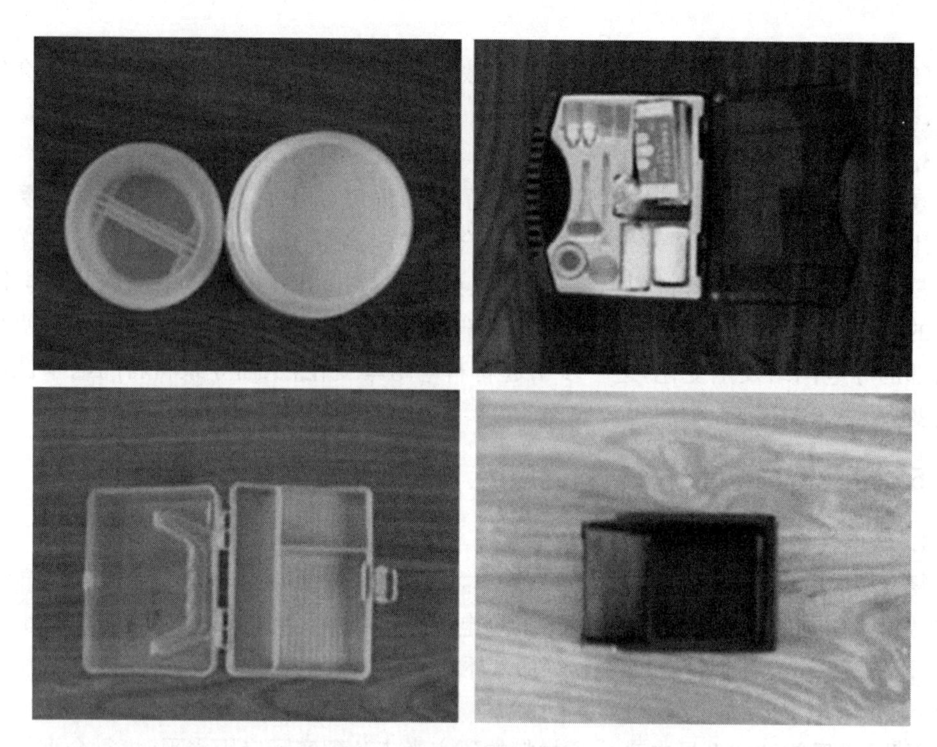

图 2-2　各种注塑导电包装产品

各向异性导电橡胶在不同方向具有不同的电阻率，它们主要应用于液晶显示器、电子仪器、精密机械等方面。

加压性导电橡胶的特别之处在于只有对其施加压力时，材料才会显示出导电性能，而且只有受压部分才会有导电能力。利用这一特性，加压性导电橡胶常被用于音量可变元件、高级自动仪器的把柄、各种压感敏感元件及防爆开关等。

(3) 导电胶、导电黏合剂

作为导电胶、导电黏合剂使用的复合型导电高分子材料，它们的基体材料通常选用环氧树脂材料。导电黏合剂的应用领域非常广泛，可用于导电元件、粘接引线等；在电磁屏蔽领域中还被广泛用于填充凹槽、狭缝，粘接屏蔽窗、波导等。

例如，环氧树脂-银粉导电黏合剂，可用于集成电路、电子元件、PTC 陶瓷发热元件等电子元件的粘接。

(4) 导电纤维

复合型导电高分子材料经过纺丝后，还可以得到各种导电纤维。例如，涤纶树脂与炭黑混合后纺丝得到的导电纤维，可用作工业防静电滤布和防电磁波服装。

2. 热敏性质的应用

利用复合型导电高分子材料的导电能力随温度的变化而发生变化的特性，复合型导电高分子材料可以用于制备加热带、加热管等各种自控加热器件。这些自控加热器件在液体输送管道的保暖及取暖件、发动机低温启动等领域具有重要的应用价值。此外，利用压敏性质，复合型导电高分子材料还常被用来制备限流器件、热敏电阻等。

3. 压敏性质的应用

利用复合型导电高分子材料的导电能力随受力情况而发生变化的特性,复合型导电高分子材料可以用来制备各种自动控制装置和压力传感器。

目前,在复合型导电高分子材料的应用领域中,除了利用它们的导电性能、热敏性质、压敏性质外,可吸收电磁波性能的应用也有了较大突破。目前在隐形材料方面的应用已经取得了一定的成绩。

2.3 电子型导电高分子材料

电子型导电高分子材料是指以共轭高分子材料为主体的导电高分子材料,它们是一种非常重要的结构型导电高分子材料,是三种结构型导电高分子材料中研究最早、种类最多的一类,且仍是目前国内、外导电高分子材料研究开发的重点。电子型导电高分子材料的载流子是自由电子(或空穴),而载流子在电场作用下发生定向迁移才能形成电流,因此,具有定向迁移能力的自由电子或空穴是这种材料能够导电的关键所在。

2.3.1 电子型导电高分子材料的结构

有机化合物中主要有以下四种电子:

(1) 内层电子:这类电子处于原子内层,受到原子核的强力束缚,因此不参与化学反应,而且在一般电场作用下无法实现迁移。

(2) σ价电子:σ价电子能够参与化学反应,是成键电子,主要处于两个成键原子间,σ能较高,离域性小,在电场作用下很难迁移,因此对材料的导电性能贡献很小。

(3) n电子:n电子又被称为非成键电子,是杂原子上的孤对电子,没有离域性,因此很难参与导电。

(4) π电子:构成π键的电子即为π电子,这类电子孤立存在时具有有限的离域性,此时π电子可以在两个原子间运动。当形成共轭π键结构(即两个π键以σ键连接)时,π电子可以在两个π键之间迁移。显然,形成共轭结构可以大大提高π电子的迁移能力,而且随π电子共轭体系增大,π电子的离域性也会增强,其可移动的范围就随之扩大。当π电子共轭结构足够大时,高分子材料就可以提供自由电子,在电场作用下,自由电子可以做定向迁移,从而形成电流。

由上述分析可以看出,高分子材料成为电子型导电高分子材料的必要条件是具有能供其内部某些电子或空穴跨键离域迁移的大共轭结构。事实上,目前所有的电子型导电高分子材料的结构特征均为分子内有大的线性共轭π电子体系。可见具有跨键离域迁移能力的π电子成了这一类导电高分子材料唯一的载流子。

目前已有的电子型导电高分子材料,除了聚乙炔之外,大多数都是芳香单环、多元环及杂环的共聚物及均聚物。表2-2列出了部分典型的电子型导电高分子材料的室温电导率。

表 2-2　部分典型的电子型导电高分子材料的室温电导率

高分子名称	室温导电率/($\Omega^{-1}\cdot cm^{-1}$)
聚乙炔	$10^{-10}\sim10^{2}$
聚苯胺	$10^{-10}\sim10^{2}$
聚苯乙炔	$10^{-8}\sim10^{2}$
聚噻吩	$10^{-8}\sim10^{2}$
聚苯	$10^{-15}\sim10^{2}$
聚吡咯	$10^{-16}\sim10$

上述典型电子型导电高分子材料的电导率最高为 $10^{2}\ \Omega^{-1}\cdot cm^{-1}$，因此它们还不能被称为导体材料，只能称为半导体材料，原因是 π 电子难以跨键迁移，这是线形共轭体系的固有特征。以聚乙炔为例，它的每一个结构单元(—CH—)中的 C 原子外层有四个价电子，其中三个价电子分别与一个 H 原子和两个相邻的 C 原子构成了 σ 键，剩余一个未成键的 p 电子。这个未成键的 p 电子轨道与三个 σ 轨道形成了相垂直的空间分布，这样相邻 C 原子之间 p 电子在平面外会相互重叠，从而构成 π 键，如图 2-3 所示。

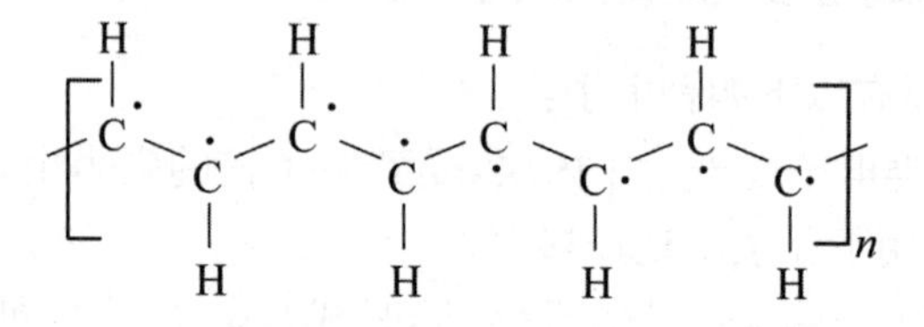

图 2-3　聚乙炔分子电子结构

可见，聚乙炔的高分子链为许多具有未成对电子的—CH—自由基连接而成的长链。当所有碳原子都处于一个平面时，其未成对电子云空间取向平行，相互重叠形成 π 键。这是一种理想的一维金属结构，因此，π 电子可以在一维方向上自由迁移。但是，聚乙炔每个—CH—自由基结构单元的 p 电子轨道上有一个自由电子，根据分子轨道理论，一个分子轨道上只有填充两个自旋方向相反的电子才是稳定状态。因此像聚乙炔这样，一个 p 电子填充一个 π 轨道而构成的线性共轭电子结构是一个不稳定的、半充满能带。这个半充满能带趋于形成双原子对，这样两个电子会成对填充其中一个分子轨道，而剩下的轨道就成了空轨道。显然，这两种轨道能级是不同的，从而使得 p 电子形成的能带分裂成两个亚带，其中一个成为全充满能带(简称：满带)，另外一个就成为空带。

在电压作用下电子要能在共轭 π 电子体系中自由流动，首先要克服满带和空带之间的能级差(满带和空带是互相间隔的)。这种能级差的大小决定了高分子导电能力的强弱，也使得纯净的电子型导电高分子材料导电率不高，只能作为半导体使用。

2.3.2　电子型导电高分子材料的掺杂

由聚乙炔的电子结构可知，提高电子型导电高分子材料导电能力的主要方法是减少能带分裂引起的能级差，手段就是所谓的“掺杂”。掺杂电子型导电高分子不仅具有掺杂而来的金属特性(高电导率)和半导体(P型和N型)特性,还具有高分子结构的分子可设计性、可加工性和密度小等特点。为此,广义上,掺杂电子型导电高分子可归为功能高分子材料的范畴。

1. 掺杂过程

半导体化学中最早使用"掺杂"一词,是指在纯净的半导体材料(硅、锗、镓等)中,添加适量具有不同价态的另一种物质,从而改变半导体材料中载流子(自由电子和空穴)的数量和分布状态,以改变材料的电导率。根据掺杂方式不同,无机半导体的掺杂可以分为N型掺杂和P型掺杂。N型无机半导体的掺杂剂为磷或其他五价元素,磷原子在取代原晶体结构中的原子并构成共价键时,多余的第五个价电子很容易摆脱磷原子核的束缚而成为自由电子,于是自由电子成为多数载流子,空穴则成为少数载流子。而P型无机半导体的掺杂剂为硼或其他三价元素,硼原子在取代原晶体结构中的原子并构成共价键时,将因缺少一个价电子而形成一个空穴,于是空穴成为多数载流子,而自由电子成为少数载流子。

电子型导电高分子材料的掺杂源于无机半导体材料的掺杂,但又与其完全不同。电子型导电高分子材料的掺杂是添加电子给体或电子受体,从而在材料内部空轨道中加入电子或从占有轨道中拉走电子,使得材料的电导率由绝缘体级别跃迁至导体级别的一种处理过程。从化学角度看,这种掺杂的实质是一个氧化-还原过程。

从掺杂剂和高分子材料相对氧化能力来看,P型掺杂对于高分子材料来说是一种氧化过程,在掺杂反应中,高分子材料作为电子给体,而P型掺杂剂作为电子受体。常用的P型掺杂剂主要有卤素单质(X_2)、路易斯酸、金属卤化物、缺电子有机化合物(TCNQ——四氰基对苯醌二甲烷,DDQ——二氯二氰代苯醌)等。在P型掺杂过程中,掺杂剂会插入高分子链间,进而发生氧化还原反应完成电子的转移,从而改变高分子分子轨道上电子的占有情况。因为P型掺杂时,高分子材料发生氧化反应,所以作为电子受体的掺杂剂会从高分子的π轨道中拉走一个电子,使价带呈现半充满状态,变为导带,价带能量升高。N型掺杂对于高分子材料来说是一种还原过程,在掺杂反应中,高分子材料为电子受体,而N型掺杂剂则为电子给体。目前各种碱金属是主要的N型掺杂剂。当进行N型掺杂时,氧化能力更强的掺杂剂会将自身电子加入高分子材料的π空轨道中,这使得空轨道呈现半充满状态,价带能量降低。

可见N型或P型掺杂的结果就是在聚合物的空轨道中加入电子(N型掺杂)或从占有轨道中拉走电子(P型掺杂),从而改变原有π电子能带的能级,产生能量居中的半充满能带,减小能带间的能级差,使自由电子迁移阻力降低,线形共轭结构的导电高分子材料的电导率由半导体级别进入类金属导电范围。例如,聚乙炔掺杂后,电导率可提高6～12个数量级,最高达到$1.2\times10^3\ \Omega^{-1}\cdot cm^{-1}$。

由上述分析可知,电子型导电高分子材料的掺杂完全不同于无机半导体的掺杂(如表2-3所示)。

可见,结构型导电高分子不同于由金属或碳粉末与高分子共混而制成的导电材料,通常这类导电高分子材料的结构特征是由高分子链结构和与链非键合的一价阴离子或阳离子共同组成。即在导电高分子结构中,除了具有高分子链外,还含有由"掺杂"而引入的一价对阴离子(P 型掺杂)或对阳离子(N 型掺杂)。

表 2-3 导电高分子掺杂与无机半导体掺杂的对比

	无机半导体中的掺杂	导电高分子中的掺杂
本质	原子的替代	一种氧化还原过程
掺杂量	极低(万分之几)	一般在百分之几到百分之几十
掺杂剂	在半导体中参与导电	只起到对离子的作用,不参与导电
掺杂过程	没有脱掺杂过程	完全可逆的

2. 掺杂方式

电子型导电高分子材料掺杂的方式主要有化学掺杂和物理掺杂。

化学掺杂是目前最常采用的方法,主要有气相掺杂法、液相掺杂法、电化学掺杂法及质子酸掺杂法等。

气相掺杂法和液相掺杂法直接加入第二种不同氧化态的物质,使之与聚合物接触并完成氧化-还原反应。这两种方法简单易行,有利于了解掺杂前后聚合物结构与性能的变化。

电化学掺杂法将聚合物作为电极,掺杂剂作为电解质,在通电条件下使聚合物链发生氧化还原反应而直接改变其电荷状态。该方法具有以下优点:①与化学方法相比,掺杂过程可定量控制(由通过的电量决定)。掺杂程度与外加电场和离子扩散速度有关。②时间短,效率高,而且易于得到导电聚合物薄膜。③所得产物可进行可逆的氧化-还原反应。电化学掺杂方法特别适用于聚吡咯、聚噻吩等芳香族类导电聚合物的制备。

质子酸掺杂法是在聚乙炔中首先观察到的,在聚苯胺材料中表现最为显著。该方法是指向绝缘的共轭高分子链中引入一个质子,高分子链上的电荷分布会发生改变,质子本来携带的正电荷转移和分散到高分子链上,相当于高分子链失去了一个电子而发生氧化掺杂。

电荷注入掺杂、光激发掺杂是典型的物理掺杂方法,其中电荷注入掺杂是最常用的物理法。对电子型导电高分子材料进行电荷注入,也可以改变高分子链上的电荷分布,如注入 K^+、Na^+ 等阳离子,高分子材料则发生 N 型掺杂。反之,注入 Cl^-、I^- 等阴离子,则高分子材料进行的就是 P 型掺杂。光激发掺杂是指对电子型导电高分子材料进行“光激发”,当材料吸收一定波长的光之后表现出某些导体或半导体的性能,如导电性、热电动势、发光性等。

掺杂过程直接影响导电聚合物的导电能力,掺杂方法和条件的不同直接影响导电聚合物的物理化学性能。另外,导电性能更直接与掺杂量有关,一般随掺杂剂用量的增加,材料的导电性能随之增强。但必须指出,掺杂剂不仅仅起到电荷转移的作用,当掺杂量过高时,也会起到不利影响。

例如,用溴或氯对聚乙烯进行 P 型掺杂,当掺杂剂的用量较小时,掺杂剂优先进行电荷转移反应,即氧化还原,而当掺杂剂浓度较高时,在掺杂的同时会发生取代和亲电加成等不可逆的反应,这无疑对于提高材料的导电性能是不利的。

2.3.3 电子型导电高分子材料电导率的影响因素

掺杂电子型导电高分子材料的电导率主要与高分子主链结构、掺杂度、掺杂剂性质、温度、合成方法和条件等因素有关。

1. 高分子主链结构的影响

一般高分子材料的结晶能力越强,其材料的导电能力就越强。但与晶体化金属和无机半导体相比,高分子材料的结晶能力较低,因此,通常不考虑高分子材料晶格对材料电导率的影响。电子型导电高分子材料的电导率主要受高分子共轭链长度的影响。研究表明,在线形共轭导电聚合物分子结构中,价电子更倾向于沿着线性共轭分子内部迁移,而不是在相邻的两条分子链之间运动,即内部价电子分布呈各向异性。随着高分子共轭链的增加,自由电子沿着分子共轭链内部运动的能力增强,从而使得电子型导电高分子材料的电导率提高。此外,研究发现,电子型导电高分子材料的电导率一般随着高分子共轭链长度的增加而呈指数快速增加。因此,提高电子型导电高分子材料电导率的重要途径之一就是有效提高高分子共轭链的长度。这一手段对所有类型的电子导电聚合物材料都有效。必须指出的是,所谓的高分子链共轭长度并不是指聚合物的分子长度,虽然共轭链长度也和聚合度有关系,但它们不是一个概念。

2. 掺杂度的影响

掺杂度是指每个链节单元所占有的离域正/负电荷权重(分数)。共轭高分子材料经过一定程度掺杂后,其电导率均会有很大程度的提高。但由上述介绍可知,当掺杂度过高时,反而不利于材料电导率的提高。对电子型导电高分子材料进行掺杂时,一般具有一个最佳添加量范围。

例如,用 I_2 对聚乙炔进行掺杂时,当掺杂量为 1%时,材料电导率呈快速上升阶段,可迅速上升 5～7 个数量级,材料出现半导体-金属相变。而当掺杂量增加至 3%时,材料电导率趋于饱和。因此,从电导率变化的角度看,半导体-金属相变时掺杂剂的最佳浓度(阈值)为 2%～3%。

3. 掺杂剂性质的影响

对于同种电子型导电高分子材料,当采用不同的掺杂剂对其进行掺杂时,由于不同掺杂剂的氧化还原能力不同,相同掺杂度下,材料会具有不同的电导率。

例如,采用 I_2、Br_2、AsF_5 三种掺杂剂对聚乙炔进行掺杂时,虽然随掺杂剂用量的增加,三种掺杂导电高分子材料的电导率呈现一致的变化趋势,三种掺杂剂的最佳浓度也一致,但是在相同掺杂度下,三种掺杂导电高分子材料的电导率大小显著不同,掺杂效果最佳的是 AsF_5,其次依次是 I_2、Br_2,材料电导率相差最大可达 4 个数量级。

此外,由电子型导电高分子材料的掺杂过程可知,掺杂过程会伴随着对阴离子/对阳离子(抗衡离子)嵌入高分子链中,而反离子的性质将会影响导电高分子材料的电学性能及微观形貌等。掺杂不同的掺杂剂,会引入不同的反离子,从而会产生不同的影响。

4. 温度的影响

金属材料的电导率会明显受到环境温度的影响,而且温度越高,金属材料的电阻率越大,电导率越低,即温度系数呈负值。这是由于对于常规金属晶体,温度升高会加剧晶格的振动，从而阻碍电子在晶格中的自由运动，导致随着温度升高，金属材料的电阻增大，电导率降低。研究表明，电子型导电高分子材料的电导率也受温度的影响，即电导率也是温度的函数。

以掺杂聚乙炔为例，图 2-4 给出了不同掺杂度下掺碘聚乙炔的电导率随温度的变化曲线。从图可以得出两条重要信息：

（1）不同于金属材料温度特性，电子型导电高分子材料的温度系数呈正值，即随着温度升高，材料的电阻率会减小，电导率会升高。

（2）随着导电聚合物掺杂程度的提高，电导率-温度曲线斜率变小，即电导率受温度的影响越来越小，电导率的温度依赖性逐渐向金属过渡。

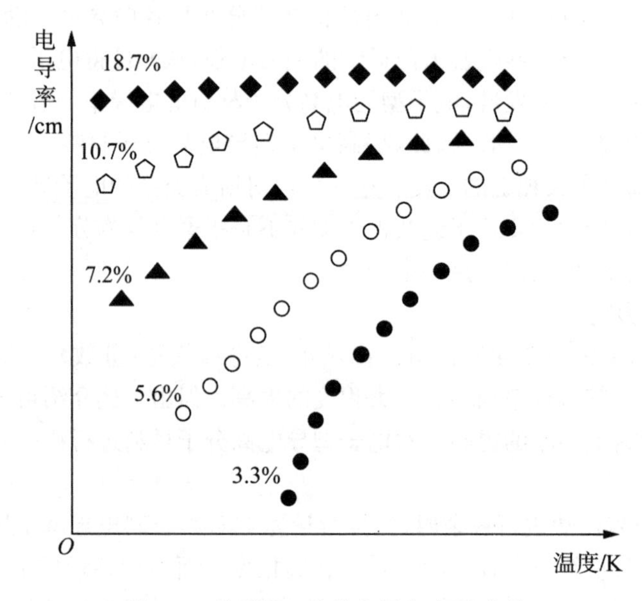

图 2-4　掺碘聚乙炔的电导率-温度曲线

这两种现象可以从统计热力学来解释：对于电子型导电高分子材料来说，阻碍其内部电子自由运动的主要阻力来自 π 电子能带间的能级差。而温度越高，材料内部电子从分子的热振动中获得的能量越多，越有利于电子从能量较低的价带向能量较高的空带跃迁，因而容易实现导电过程，电导率升高；随着掺杂度的提高，π 电子能带间的能级差变小，以至于不是阻碍电子迁移的主要因素，所以电导率随材料掺杂度的增加而受温度的影响越来越小。

5. 合成方法和条件的影响

除了以上影响因素，电子型导电高分子材料的电导率及其他物理、化学性质对聚合的方法和条件也极为敏感。

2.3.4　电子型导电高分子材料电学性能特点

掺杂型电子导电高分子材料既有线形高分子链共轭结构，又有由于掺杂引入的与链非键合的一价阴离子或阳离子，与金属和半导体相比较，电子型导电高分子材料的电学性能一般具有如下特点：

(1) 较宽的室温电导率。通过控制掺杂度，电子型导电高分子材料的室温电导率可在绝缘体—半导体—导体范围内($10^{-9} \sim 10^{-5}$ S・cm^{-1})变化。目前最高的室温电导率可达 10^5 S/cm，它可与铜的电导率相比，而重量仅为铜的 1/12。

(2) 电子型导电高分子材料可拉伸取向。沿拉伸方向电导率随拉伸度增加而增加，而垂直拉伸方向的电导率基本不变，呈现强的电导各向异性。

(3) 尽管电子型导电高分子材料的室温电导率可达金属态，但它的电导率-温度依赖性不呈现金属特性，而服从半导体特性。

(4) 电子型导电高分子材料的载流子既不同于金属的自由电子，也不同于半导体的电子或空穴。

2.3.5 电子型导电高分子材料的应用

电子导电高分子独特的结构使其具有较宽的室温电导率，这是其他任何材料无法实现的，因此电子型导电高分子材料呈现多种诱人的应用前景。如具有半导体性能的导电高分子材料可用于光电子器件(晶体管、整流器)和发光二极管等；而具有高电导的导电高分子材料可用于电磁屏蔽、防静电材料及分子导线等。

此外，电子型导电高分子材料的重要性能之一是可以重复进行掺杂与脱掺杂。由于同时具有较高的室温电导率，使电子导电高分子成为理想二次电池的电极材料，可用于制造全塑固体电池；而与可吸收雷达波的特性相结合，则可作为快速切换的隐身材料和电磁屏蔽材料。另外，利用电子导电高分子与大气某些介质作用时，其室温导电率会发生明显变化，而除去介质时又会自动恢复到原状的特性，可制造选择性高、灵敏度高和重复性好的气体或生物传感器。

目前，电子型导电高分子材料主要有以下应用。

1. 电极材料

掺杂电子型导电高分子材料的电导率高、密度小，具有可逆的氧化-还原性，而且容易制成具有大比表面积的结构，所以电子型导电高分子材料称为理想的电极材料。电子型导电高分子材料作为电极材料的使用始于 1979 年，Macdiarmid 等人成功制备了聚乙炔二次电池，从此开始了广泛研究。1989 年，日本精工电子公司和桥石公司合作研制出了 3 伏纽扣式聚苯胺电池，有效克服了聚乙炔不稳定的缺点。20 世纪 90 年代，日本关西电子和住友电气工业联合制作了锂-聚合物二次电池，该电池正极是聚苯胺，负极为 Li - Cl 合金，电解质为 $LiBF_4$/硫酸丙烯酸酯，该电池的输出功率可达 106 W，电容量为 855. 2 W/h。虽然经过几十年的研究，电子型导电高分子材料作为电极材料取得了很多重要突破，但是由于自放电导致的电池不稳定，电池性能与其他材料电池相比竞争力不强，目前，电子型导电高分子材料作为二次电池的电极材料还未真正市场化。

2. 电显示材料

在电压作用下，电子型导电高分子材料会发生电化学反应，材料氧化态会发生变化，同时颜色相应改变。根据材料电压-颜色对应关系，可以由电压控制电子型导电高分子材料的颜色，因此，电子型导电高分子材料在导电高分子显示器领域也具有广泛的应用潜能。与液晶显示器相比,电子型导电高分子显示器没有视角的限制。

3. 化学传感器

已知电子型导电高分子材料的掺杂过程是可逆的,即掺杂过程同时伴随着脱掺杂过程,而且环境介质(H_2O、HCl 等)及各种气体(N_2、Cl_2、O_2 等)都可以作为电子导电高分子材料的掺杂剂。因此,电子型导电高分子材料的电导率会受到环境的影响,其与温度、湿度、气体、杂质等有相应的对应关系(对外界刺激的响应)。可将电子型导电高分子材料用作温度或气体的敏感器。例如,美国 Allied-Signal 公司正在研发一种聚合物温度敏感器,该敏感器可以用来指示冰箱里食物的解冻。

电子型导电高分子材料的掺杂实际上包括两个过程:掺杂剂的扩散和电荷转移。其中电荷转移的扩散速度要远远超过扩散过程,这导致电子型导电高分子材料的传感器达到稳定所需时间过长,即导电高分子传感器的响应速度过慢。因此,提高气体或介质在导电高分子材料内的扩散速度是提高导电高分子传感器响应速度的关键。目前,主要通过制备超薄导电高分子薄膜或是无针孔的薄膜来提高掺杂剂在高分子材料内的扩散过程。

4. 有机电子器件

电子型导电高分子材料在掺杂状态具有半导体或金属的电导性,在未掺杂时表现为绝缘体或半导体,而原来禁带宽度较大的仍为绝缘体,所以可以利用这些性质制作各种类型的结元件,成为二极管、晶体管及场效应晶体管等具有非线性电流-电压特性的电子元件加以利用,尤其聚合物发光二极管一直是科学家奋斗的重点目标之一。经过近几年的努力,聚合物发光二极管的研究已取得实质性进展。与无机发光二极管相比,聚合物发光二极管最大的优势在于它们可以重复卷曲而不被损坏,而且它们同时兼具颜色可调、面积大、成本低等优点,因此具有巨大的应用前景。但目前这种新型发光二极管发光效率低、稳定性差,当前的研究主要集中在解决这两个关键技术问题。如聚苯撑乙烯(PPV)及其衍生物与共聚物,因可溶解在一般的有机溶剂中,并具有较高的发光效率和可调节的发光颜色,如果能够解决发光稳定性的问题,将有望投入实际应用。

5. 微波吸收材料与自控温发热材料

电子导电高分子作为微波吸收材料,因其薄膜重量轻、柔性好,可作任何设备(包括飞机)的蒙皮。对导电高分子的厚度、密度和导电性进行调整,可调整微波反射系数、吸收系数。材料的电阻值随温度升高而急剧增大的现象称为 PTC 特性,一些导电高分子材料具有这种特性,被用于制作温度补偿和测量、过热及过串流保护元件等。在民用方面,如电视机屏幕的消磁系统、电热地毯及坐垫等,电子型导电高分子材料也得到越来越多的开发和应用。

6. 电磁屏蔽

电磁屏蔽是 21 世纪"信息战争"的重要组成部分,通常是由复合型导电高分子材料(炭粉或金属-纤维与高分子材料复合而成)制备。虽然,随着导电填料的增加,可有效提高材料的屏蔽效率,但同时会牺牲材料的力学性能,这类传统的电磁屏蔽材料无法同时兼顾电学和力学性能。对于电子型导电高分子材料,当掺杂度较高时,材料的电导率可达到金属范围,对电磁波具有全反射的特性,即电磁屏蔽效应。可溶性导电高分子材料的出现，使导电高分子与高力学性能的高分子复合或在绝缘高分子表面涂敷导电高分子涂层成为可能，从而开启了电子型导电高分子材料在电磁屏蔽技术上的应用。例如，德国Drmecon公司成功研制了聚苯胺与聚乙烯或聚甲基丙烯酸甲酯的复合物，该复合物在1 GHz频率的屏蔽效率可超过25 dB，高于传统的含炭粉的复合型导电高分子材料的屏蔽效率。

虽然，电子型导电高分子在电磁屏蔽技术上的应用价值已被证实，但目前的研究水平与实际应用（特别是军事方面的应用）还有很大的距离。研究表明，必须提高电子型导电高分子材料的电导率才能满足实际应用的需求，这对电子型导电高分子材料本身也是一项严峻的挑战。

7. 隐身技术

隐身材料主要应用于军事领域，是实现军事目标隐身技术的关键，是国家军事实力的重要指标。凡是能够减少军事目标的雷达特征、红外特性、光电特征及目视特征的材料统称为隐身材料。在众多隐身材料中，雷达吸波材料是最核心的材料，这是由于当前雷达技术是军事目标侦破的主要手段。虽然传统的雷达吸波材料如多晶钛纤维、纳米金属材料、铁氧体等，技术工艺成熟稳定、吸收性能优异，但其密度大，难以用于飞行器的隐身。而电子型导电高分子材料的出现为雷达吸波材料的研究提供了新的突破点。电子型导电高分子材料不仅密度小、质量轻，而且结构多样，电磁参量易调节且易成型加工。这些优势使得电子型导电高分子材料成为一种理想的轻质雷达吸波材料。利用电子型导电高分子材料在掺杂前后导电能力的巨大变化可实现防护层从反射电磁波到透过电磁波的切换，从而使被保护装置既能摆脱敌对方的侦察，又不妨碍自身雷达的工作，使隐身成为可逆过程；利用导电聚合物由绝缘体变为半导体再变为导体的形态变化，可以使巡航导弹在飞行过程中隐形，在接近目标后绝缘起爆。

8. 抗静电材料

绝缘性高分子材料表面的静电积累和火花放电可引发重大事故，让人们在使用化纤类纺织品时不舒适。而利用电子型导电高分子材料的半导体性质，与高分子母体结合制成表面吸附或填充型等形式的抗静电材料，应用范围很广，如可用作集成电路、印刷电路板及电子元件的包装材料，通信设备、仪器仪表及计算机的外壳，工厂、计算机室、医院手术室、制药厂、火药厂及其他净化室的防护服装、地板、操作台垫及壁材和抗静电的摄影胶片等。

9. 金属防腐

众所周知，金属材料表面特别容易受到环境介质的腐蚀，从而遭到破坏。金属腐蚀是一种自发过程，并会带来严重的后果。金属的防腐蚀方法和防腐蚀材料的研究不仅是一个重大的科学问题，而且在国民经济中起到重要的作用，具有重要的地位。传统的金属防腐蚀材料主要是富含铜、锌、铬的涂料，但这些传统材料对环境保护、资源及成本方面都有一定的局限性。因此，探索开发绿色环保、低成本的新型金属防腐蚀材料具有重要意义。20世纪90年代中期，电子型导电高分子材料开始作为一种新型的金属防腐蚀材料使用。导电高分子聚苯胺和聚吡咯等在钢铁或铝表面可形成致密而均匀的薄膜，通过电化学防腐与隔离环境中的氧和水分的化学防腐共同作用，可有效地防止各种合金钢和合金铝的腐蚀。据报道，中国科学院长春应用化学研究所研制的含聚苯胺的防腐涂料在性能上已经达到国际富锌防腐涂料的标准，国外已经有实用化的商业产品用于火箭、船舶、石油管道、污水管道中。

2.3.6 电子型导电高分子材料的应用问题

虽然电子型导电高分子材料在许多领域具有广阔的应用前景，但其在实际应用中还存在许多问题。

1. 未彻底解决规模化应用问题

规模化应用问题使导电高分子材料的研究在20世纪后期一度陷入低谷，但是2000年诺贝尔化学奖肯定了前期基础性研究和理论性解释，同时也说明了导电高分子材料发展至今仍然是材料领域和高新技术领域的研究热点，而且近期的许多研究成果预示该研究方向将在21世纪的材料领域中起主导作用。

2. 综合性能特别是电性能与合成金属仍有差距

如20世纪80年代初，聚乙炔的电导率在10^3数量级；1986年高度取向聚乙炔的导电系数提高了一个数量级，达到10^4数量级；1988年拉伸后的聚乙炔电导率达到了10^5数量级，接近铜和银在室温下的电导率。但是其综合电学性能与铜还有一定差距。

3. 导电理论尚不完善

电子型导电高分子材料的导电理论在解释其导电机制时存在一些不完善之处，特别是在聚合物分子的物理特性对导电性能的影响、掺杂过程的详细机制等方面需要进一步的研究和完善。

4. 分子水平上电子型导电高分子的自构筑、自组装分子器件的研究还存在着不少问题

在最前沿的导电高分子生命科学研究上，最新研究发现DNA也具有导电性，可将导电高分子与DNA结合，利用导电高分子制造人造肌肉和人造神经，以促进DNA生长和修接DNA。虽然可预见这将是导电高分子研究在应用上最重要的一个发展趋势，但人的所有感知，包括皮肤、肌肉、视觉、嗅觉等与电信号的关系目前还不十分明了，还需要进行深入探讨。

2.3.7 电子型导电高分子材料与复合型导电高分子材料的对比

电子型导电高分子材料与复合型导电高分子材料是目前最重要的两种导电高分子材料，前者理论研究最活跃，后者实际应用最广。表2-4将两者进行了对比。

表2-4 电子型导电高分子材料与复合型导电高分子材料的对比

导电高分子材料	特点	研究与应用现状	典型实例
电子型导电高分子材料	自身可提供载流子，经掺杂可大幅度提高导电率。除聚苯胺外，多数在空气中不稳定，加工性差，可通过改进掺杂剂品种和掺杂技术、共聚或共混等方式改性	导电机理、结构与导电性关系等理论研究活跃。应用方面：大功率高分子蓄电池、高能量密度电容器、微波吸收材料及电致变色材料	聚乙炔、聚吡咯、聚噻吩、聚对苯硫醚、聚对苯撑、聚苯胺等

续表

导电高分子材料	特点	研究与应用现状	典型实例
复合型导电高分子材料	在绝缘性通用高分子材料中掺入炭黑、金属粉(箔)等导电填料,通过分散(最常用)、层积、形成表面膜等方法制成复合材料。制备方便,成本较低,实用性强	有许多商业化产品,如导电橡胶、导电涂料、导电黏合剂、电磁波屏蔽材料和抗静电材料	用40%的炭黑与通用橡胶填充可获得导电率达 10^{-2} S·cm^{-1} 的导电橡胶

2.4 离子型导电高分子材料

2.4.1 概述

1. 离子导电和离子型导电高分子材料

在外加电场驱动下,离子的定向移动所实现的导电过程即为离子导电,而以正、负离子为载流子的导电性物质即为离子导电体。离子导电体中具有离子导电性的聚合物即为离子型导电高分子材料,通常又称为高分子固体电解质,是另一种重要的结构型导电高分子材料。离子型导电高分子材料最重要的用途是在电化学过程中用于电解、电分析、电池等,因此是一类非常重要的导电高分子材料。

2. 电化学过程和电化学装置

有电参量参与的化学过程即为电化学过程,根据能量转换过程的不同,电化学过程可以分为两大类:

(1) 化学能转变为电能:例如,电池在使用中主要将储存的化学能转变为电能输出,在该过程中电活性物质由高能态转变为低能态。

(2) 电能转变为化学能(电解过程):例如,氯化钠水溶液被电解生成氯气和氢氧化钠,在该过程中,高能态的物质转变为低能态的物质。二次电池的充电过程也是此类电化学过程的典型代表,该过程通过吸收外加电场能量将低能态的电活性物质转变为高能态,与电池放电过程正好相反。

电化学过程和电化学反应都需在电化学装置中进行。能承受电化学过程的反应装置即为电化学装置,主要可以分为两种:将化学能转变为电能的电化学装置,称为原电池(galvanic cell)或一次电池(primary battery),如干电池、燃料电池等;将电能转变为化学能的电化学装置,称为电解池(electrolytic cell),如电镀、电合成装置等。

另外,上述两种电化学过程也可以在同一装置中发生,即二次电池(secondary battery),如镍铬电池、铅蓄电池等。当发生电能转变为化学能时,装置处于充电过程;当发生化学能转变为电能时则为放电过程。

典型的电化学装置主要包括电极和电解质。

(1) 电极:电极属于电活性物质,与外电路相连,为电化学反应提供电能或将电能引到外电路使用,是电化学过程的直接参与者。在电极表面,电活性物质会与电极发生氧化还原反应,该化学反应即为电化学反应。其中发生氧化反应的电极为阳极,发生还原反应的电极为阴极。

(2) 电解质:电解质是处于两电极之间的物质。在电化学过程中,电子和离子都参与电荷转移过程。电子通过电化学装置中的电极和外部电路进行传递;在电化学装置的内部,离子的迁移则由电解质来完成。因此,没有电解质的存在,任何电化学过程都无法发生。

3. 典型的离子导体

离子导电体最重要的用途是作为电解质,用于工业和科研工作中的电解和电分析过程,以及需要化学能与电能相互转换的场合中的离子导电介质。电解质可以分为以下两类。

(1) 液态电解质(液体离子导电体)

液态电解质主要指酸、碱或盐的水溶液。这类电解质易泄露、挥发、腐蚀,无法成型加工或制成薄膜使用,因此不适用于小体积、轻重量、高能量、长寿命等电池。

(2) 固态电解质

固态电解质是不会发生液体流动和挥发的电解质。为克服液态电解质的缺点,最早采用的方法是加入惰性固体粉末与液态电解质混合以减小流动性,如干电池。近年来,多采用溶胀的高分子材料与电解液混合制成溶胶状电解质。但是,这些电解质只能看作"准固体电解质",不是真正意义上的固态电解质,因为电解质在填充物中仍然以液态形式构成连续相,液体的挥发性仍在,液体的对流现象也可能存在。

4. 含离子的聚合物与离子导电聚合物

含离子的聚合物材料主要有溶胶型聚合电解质、离子聚合物、溶剂化聚合物、溶剂化离子聚合物等,如表 2-5 所示。

表 2-5 含离子的聚合物材料的类型、组成及可移动物质

类型	组成	可移动物质
溶胶型聚合电解质	聚合物、盐、溶剂	离子、溶剂
离子聚合物	聚合型盐	干燥时无可移动物质
溶剂化聚合物	聚合物溶剂、盐	离子
溶剂化离子聚合物	聚合物盐溶剂	离子

(1) 溶胶型聚合电解质

溶胶型聚合电解质由含有离子的溶液所溶胀的聚合物组成,含离子的溶液为盐溶液。

(2) 离子聚合物(聚合物盐)

离子聚合物分子结构中通过共价键连接有离子型基团(如含有—NR^{3+},—CF_2SO^{3-}的聚苯乙烯树脂)。离子交换树脂就属于这一类,虽然含有反离子作为潜在的可移动离子,但实际上由于强大的静电作用和交联网络,在非溶胀状况下反离子的移动受到限制,不会发生迁移。

(3) 溶剂化聚合物

溶剂化聚合物本身具有一定溶解离子型化合物的能力,并且允许离子在聚合物中扩散迁移。在作为电解质使用时将离子化合物“溶解”在聚合物中，构成含离子的聚合物材料。溶剂化聚合物是真正的固态电解质。通常所说的离子导电聚合物主要是指这一类材料。

(4) 溶剂化离子聚合物

该种聚合物本身带有离子型基团，同时对其他离子也有溶剂化能力。能溶解的离子包括有机离子和无机离子，是一类很有发展前途的离子导电体。

2.4.2 离子型导电高分子材料的结构特征

对于高分子材料，电场作用下要想实现离子在其内部的自由移动，必须满足以下两个条件：

(1) 分子内具有可以独立存在的正、负离子，即正、负离子间不能形成离子对，因为电场只能对独立存在的正、负离子起作用。

(2) 大体积的正、负离子在分子内部可以自由移动。

由此可见，具有能够将正、负离子解离的溶剂化力和允许体积相对较大的离子迁移的结构是构成离子型导电高分子材料的必要条件。因此，电子导电高分子材料必须具有以下结构特性：

(1) 高分子主链或侧链上含有处于适当空间位置的给电子基团，以利于盐的离解并和金属离子配位形成高分子固体溶液(溶剂化能力)。

(2) 高分子应具有较大的柔顺性、较低的玻璃化转变温度(T_g)和结晶度，以利于离子的迁移。

与电子导电高分子材料相比，离子型导电高分子材料导电过程具有以下特点：

(1) 离子的体积比电子大得多，所以离子型导电高分子材料的载流子不能在固体的晶格中自由移动。在固体高分子中，由于材料黏度高，离子迁移比较困难，无法实现导电，所以日常用到的离子型导电高分子材料都是液态的或具有液态物质的某些特性。例如Nafion离子交换膜(高分子盐)，如果不存在水分子，其离子电导性与作为绝缘体的塑料并无多大差别。

(2) 离子可以带正电也可以带负电，在电场作用下正、负电荷的移动方向是相反的。

(3) 各种离子的体积、化学性质各不相同，表现出的物理化学性质也千差万别。

由于离子“巨大”的体积使其在固体的晶格间几乎无法移动(也有例外现象)，所以如果没有水的存在，一些固态高分子的导电性能无法发挥，只能作为绝缘材料使用。通常离子型导电高分子材料是由玻璃化温度较低的高分子与解离性盐构成的复合体系。典型的离子型导电高分子材料主要有聚醚型、聚酯型、聚亚胺型等。其中聚醚-碱金属盐组成的络合体系就是典型的离子型导电高分子材料，其中高分子材料中的高密度醚键(—O—)可以促进碱金属盐的解离，同时由于与盐的相互作用，高分子材料内聚能会减小，从而促进离子的运动，使材料在固态也可实现导电。另外，高分子链还起到了保持材料柔性的作用。高分子-金属络合物的形成取决于高分子的内聚能和盐的晶格能。对于某一给定高分子材料，只有低晶格能的盐才能与其形成络合物，这种盐通常具有带分散电荷的阴离子。

固态形式的离子型导电高分子材料，其本身对离子化合物就具有溶剂化作用。虽然这类材料分子本身不含有离子，也没有溶剂的存在，但是这类材料特殊的结构一方面使其本身具有一定溶解离子型化合物的能力，另一方面又可以允许体积较大的离子在其本身结构内部具有一定的运动能力（扩散运动）。

固态形式的离子型导电高分子材料作为电化学装置的电解质使用时会将离子型化合物“溶解”在高分子材料中，形成溶剂合离子，即形成了含离子的高聚物。当对材料施加电场作用时，其所形成的离子在电场作用下就可实现定向运动，从而完成导电。可见对于固态形式的离子型导电高分子材料，其内部是不含有任何液体物质的，所以是真正的固态电解质。

对于高分子电解质材料，除了要求具有较优异的离子导电能力外，为了满足实际应用要求，还需要具有以下性能：

(1) 在应用温度范围内具有良好的机械强度。

(2) 具备良好的电化学稳定性，具有较高的分解电压，在固态电池中与电极不发生电化学反应。

(3) 能满足制膜和电池工艺要求的力学性能，适合于制成有一定强度的薄膜，以保证其面积与厚度的高比值，从而补偿其电导率的不足。

实际上，作为离子导电的高分子材料，为了保证离子导电能力，其玻璃化转变温度通常较低。而当高分子材料玻璃化转变温度较低时，又不利于保证材料的机械强度。研究发现，在高分子材料中加入适量的交联剂或者添加增强体，都可有效提高材料的机械性能，但这些提高机械性能的方法通常会导致高分子玻璃化转变温度的提高，影响了材料的导电性能和使用温度。因此应平衡考虑，不能一味地追求某一方面的性能。

对于玻璃化转变温度低、对离子的溶剂化能力低、导电率也低的离子型导电高分子材料可以采取以下方法来提高其离子导电能力：

(1) 通过接枝反应在高分子材料骨架上引入具有较强溶剂化能力的特殊官能团，从而提高材料的溶剂化能力。

(2) 通过共混法将具有强溶剂化能力的离子型高分子材料与其他高分子材料共混，形成复合型离子型导电高分子材料。

(3) 采用在高分子材料中溶解度较高的有机离子或采用复合离子盐，对于提高材料的离子导电率有促进作用。

2.4.3 离子型导电高分子材料的导电机理

目前，离子型导电高分子材料的导电机理中比较受大家认同的主要有非晶区扩散传导离子导电理论和离子型导电高分子材料自由体积理论。

1. 非晶区扩散传导离子导电理论

1982 年，Wright 等人对聚环氧乙烷-碱金属盐体系研究发现，材料呈晶态时，其室温电导率很低，而当材料呈无定形时，会具有较高的室温电导率。这表明聚环氧乙烷-碱金属盐体系的电导率主要由其非晶态区域贡献。非晶区扩散传导离子导电理论可以很好地解释该现象。对于高分子材料，无论是线形、支化还是交联结构，几乎不存在完整的结晶区，基本属于非晶态或半晶态，因此高分子材料都有一个玻璃化转变温度。非晶区扩散传导离子导电理论认为非晶态的高分子处于其玻璃化转变温度以下时，高分子材料主要呈现固态晶体性质，即类似于普通的固体，离子在其内部无法做扩散运动，因而此时材料电导率很低，其几乎不受温度的影响。而当温度升高至玻璃化转变温度之上时，材料的物理性质发生了显著变化，呈类高黏度液体态，具有一定的流动性。此时，当高分子材料中具有小分子离子时，在外加电压作用下，小分子离子就可以在高分子材料内部做一定程度的定向扩散运动，从而使材料呈现导电性。而且材料温度越高，其流动性也就越强，其电导率就越高。但需要指出的是，不能一味地通过提高温度，来提高离子型导电高分子材料的导电能力，因为材料温度越高，其电导率越高的同时，材料的机械强度会降低。可见，除了对离子的溶剂化能力，决定高分子材料离子导电能力和可使用温度的主要因素之一就是高分子材料的玻璃化转变温度。一般作为固态电解质使用时，使用温度应高于该聚合物玻璃化温度100℃为宜。

2. 自由体积理论

自由体积理论认为，当温度达到材料玻璃化转变温度以上时，高分子材料虽然会呈现某种程度的“液体”的性质，但高分子巨大的体积和分子间作用力使得高分子材料内部的离子不能像在真正液体中那样做自由扩散运动，高分子材料本身呈现的也仅仅是某种黏弹性，而不是液体的流动性。而高分子材料的离子导电性主要源于内部自由体积的存在。在一定温度下，高分子会发生一定幅度的振动，其热振动的能量足以抗衡来自周围的静压力，这样在分子周围会建立起一个小的空间来满足分子振动的需要。这个来源于每个聚合物分子振动而形成的小空间即为自由体积。正是由于自由体积的存在，高分子材料内部的离子才有发生位置互换而移动的可能。在外加电场作用下，高分子中含有的离子会受到一个定向力作用，材料内部的离子可以通过热振动产生的自由体积发生定向运动，从而完成导电。可见，高分子材料的自由体积越大，越有利于离子的扩散运动，从而增加离子电导能力。自由体积理论可以很好地解释高分子材料离子导电能力与温度之间的关系。

2.4.4 离子型导电高分子材料电导率的影响因素

1. 玻璃化转变温度的影响

根据自由体积理论，离子导电型高分子材料的玻璃化转变温度是其导电能力的一个重要影响因素。其玻璃化转变温度越低，同温度下，材料的离子导电能力越强。降低聚合物的玻璃化转变温度是提高其离子导电能力的有效方式。高分子的结构和结晶能力是影响其玻璃化转变温度的主要因素。高分子链的柔性越好，玻璃化转变温度就越低。反之，分子链的刚性增强，其玻璃化转变温度就会升高。对于同一种高分子材料，增加材料无序性，可以有效降低高分子材料的结晶能力，这也有利于材料玻璃化转变温度的降低。但值得注意的是，玻璃化转变温度不是唯一影响因素，如果过度降低材料的玻璃化转变温度会导致材料机械强度的降低。

2. 溶剂化能力的影响

已知离子型导电高分子材料分子内必须具有可以独立存在的正、负离子，而材料的溶剂化能力就决定了材料内部正、负离子是否能够解离并独立存在，所以离子型导电高分子材料必须具有一定的溶剂化能力。例如，聚硅氧烷的玻璃化转变温度很低，仅为−80℃，自由体积也大，但它们的离子导电能力却很弱，究其原因就是盐在聚硅氧烷中的解离度很小，即聚硅氧烷对离子的溶剂化能力很差，无法使得盐解离成正、负离子。一般聚合物分子链中极性键越多，越有利于提高材料的溶剂化能力，其导电能力就强越。对于分子链内含有能与阳离子形成配位键的给电子基团的高分子，其溶剂化能力非常优异。目前发现的性能最好的离子型导电高分子结构中多数都含有聚醚结构。

3. 其他影响因素

除了高分子材料的玻璃化转变温度和对离子的溶剂化能力，高分子链的分子量大小、聚合度、环境温度、压力等因素也会对离子型导电高分子材料的导电率产生一定程度的影响，其中环境温度的影响最显著。外界温度升高，高分子的热振动会加剧，形成的自由体积更大，离子会具有更大的活动空间，因此，当环境温度高于高分子材料玻璃化转变温度时，材料的离子导电能力随环境温度的升高而增强。而当环境温度低于高分子材料玻璃化转变温度时，此时高分子材料几乎没有离子导电能力。

总之，作为离子型导电高分子材料，应具有一些给电子能力很强的原子或基团，应能与阳离子形成配位键，应对离子化合物具有较强的溶剂化能力。另外，其高分子链还要足够柔顺，玻璃化转变温度应较低。

2.4.5 离子型导电高分子材料的应用

离子型导电高分子材料最主要的应用是在各种电化学器件中替代液体电解质使用。虽然目前多数聚合物电解质的电导率还达不到液体电解质的水平，但是由于聚合物电解质的强度较好，可以制成厚度小、面积很大的薄膜，从而具有电导率高(厚度小)、承载电流大(面积大)、单位能量小(用量小)等优势，因此由这种材料制成的电化学装置的结构常数可以达到很大数值，使两电极间的绝对电导值可与液体电解质相当，完全满足实际需要。目前的研制水平，聚合物电解质薄膜厚度一般为 10～100 μm，电导率可达 100 S/m。

与其他电解质相比，离子型导电高分子材料作为固体电解质构成的电化学装置通常具有以下优势：①易加工成型，而且机械性能好，坚固耐用；②由于呈固态，所以无腐蚀之忧，而且防漏、防溅；③无挥发性，可以延长器件使用寿命；④容易制成结构常数大、能量密度高的电化学器件。

目前，由固态聚合物电解质和聚合物电极构成的全固态电池已经实现实用化。但离子导电聚合物作为电解质使用主要还存在以下几个问题：

(1) 固体电解质中几乎没有对流作用，物质传导差，不适用于电解和电化学合成等需要传质的电化学装置。

(2) 固体电解质与电极的接触不如液态电解质，电极与固体电解质的接触面积仅占电极表面积的1%左右。

(3) 固体电解质的常温离子导电能力相对较低。低温聚合物固体电解质目前还是空白。

离子型导电高分子材料的具体应用如下：

(1) 在全固态和全塑电池中的应用

全固态电池是指电池的阴极、阳极、电解质等全部部件都由固体材料制成。全塑电池是指将电池的阴极、阳极、电解质和外封装材料全部塑料化(高分子化),全塑料化是高性能电池的发展方向。目前离子导电聚合物已经在锂电池等高容量、小体积电池中获得应用。

(2) 在高性能电解电容器中的应用

电解电容器是大容量、小体积的电子器件。将其中的液体电解质换成高分子固态电解质,可以大大提高器件的使用寿命(没有挥发型物质)和增大电容容量(可以大大缩小电极间距离);还可以提高器件的稳定性。

(3) 在化学敏感器研究方面的应用

很多化学敏感器的工作原理是电化学反应。在这类器件的制备中,采用聚合物电解质有利于器件的微型化和提高可靠性。如二氧化碳、湿度敏感器件等。

(4) 在新型电显示器件方面的应用

高分子电致变色和电致发光材料是当前研究开发的新一代显示材料,以这些材料制成的显示装置的工作原理是电化学过程。目前,离子型导电高分子材料已经在电致变色智能窗、聚合物电致发光电池等领域获得成功应用。

2.5 氧化还原型导电高分子材料

氧化还原型导电高分子材料属于结构型导电高分子材料,是指在外界一定电压的作用下,聚合物侧链或主链的电活性基团发生可逆的氧化-还原反应来输送电荷的一类高分子材料。从结构上看,这类聚合物的侧链上常带有可以进行可逆氧化还原反应的活性基团,或聚合物骨架本身也具有可逆氧化还原能力。

氧化还原型导电高分子材料的导电机理为:当电极电位达到聚合物中电活性基团的还原电位(或氧化电位)时,靠近电极的活性基团首先被还原(或氧化),从电极得到(或失去)一个电子,生成的还原态(或氧化态)基团可以通过同样的还原反应(氧化反应)将得到的电子再传给相邻的基团,其自身再等待下一次反应,如此反复,直至将电子传送到另一侧电极,完成电子的定向转移。

氧化还原型导电高分子材料的电压-电流曲线是非线性的,除了在氧化还原基团特定的电位范围内材料具有导电能力外,在其他情况下材料都表现为绝缘行为,即这类导电高分子材料不遵循导体的导电法则。因此,严格讲,它们不应算作导体。

目前,氧化还原型导电高分子材料主要是作为各种电极材料使用,尤其是在有特殊用途的电极修饰材料方面具有重要应用价值。由氧化还原型导电高分子材料制得的表面修饰电极可广泛应用于分析化学、催化过程、合成反应,分子微电子器件、太阳能及有机光电显示器件等领域。

思考题

1. 导电高分子材料可以分为哪几类?

2. 含有炭黑的导电橡胶、环氧树脂-炭黑构成的导电黏合剂、酚醛树脂-炭黑构成的导电塑料、聚苯胺、聚乙炔、含有氯化锂盐的聚环氧丙烷、侧链带有n-甲基吡啶盐的聚乙烯分别是什么类型的导电高分子材料?

3. 导电高分子材料具有哪些特点?

4. 对于复合型导电高分子材料,其高分子基体材料和导电填料分别起到什么作用?

5. 分析复合型导电高分子材料的结构。

6. 导电填料如何影响复合型导电高分子材料的电导率?原因是什么?

7. 分析复合型导电高分子材料的导电机理。

8. 为什么由导电粒子/高分子材料构成的复合型导电高分子材料的电导率随温度升高而升高,即具有明显的正温度系数?

9. 随着掺杂度的增加,温度对复合型导电高分子材料的电导率的影响为什么越来越不明显?

10. 什么是电子型导电高分子材料的掺杂?为什么掺杂后共轭高分子材料的电导率可大幅度提高?

11. 电子型导电高分子材料中的掺杂无机半导体的掺杂有何不同?与复合型导电高分子材料的复合有何不同?

12. 目前为什么电子型导电高分子材料的应用不及复合型导电高分子材料?

阅读材料

——著名科学家 王佛松

王佛松(1933年5月23日—2022年12月31日),广东兴宁人,高分子化学家、中国科学院院士、第三世界科学院院士、国家有突出贡献的专家、梅州市首批发展战略顾问,1955年毕业于武汉大学化学系,1960年获苏联化学科学副博士学位,1991年当选为中国科学院学部委员(院士)。

王佛松长期从事定向聚合、稀土催化及导电高分子研究,还开展高分子-无机纳米复合材料的工作。参与和领导顺丁橡胶和异戊橡胶的研究和开发工作,发明了异戊二烯定向聚合稀土催化剂,并初步阐明其活性中心的形成和结构以及催化机理。在导电高分子聚乙炔、聚苯胺研究中取得一系列创新性结果。曾获国家科技进步奖特等奖、国家自然科学奖二等奖、日本高分子学会国际奖等。

20世纪70年代末,王佛松应邀前往意大利进行学术交流。在意大利做客座教授期间,为了回国后开展工作,王佛松密切关注着国际上高分子研究的新动向。1977年发现的导电高分子打破了过去高分子是绝缘体的概念和事实,在高分子研究方面开拓了一个全新的方向。不论在理论上还是实用上都有很大的发展空间，并且和他的专业比较接近，以应化所当前的科研力量就可以实施，他认为是值得下功夫的地方。回国后，王佛松给自己定了新的目标——“坚守原有阵地，开拓新的领域”，结合世界高分子研究的新生长点，开辟新的科研方向。功夫不负有心人，王佛松在导电聚乙炔方面的研究成果在国际上产生了一定的影响。同时，王佛松从没有忘记将自己的研究成果转化为生产力。在解决了从实验室结果放大至规模的批量生产过程中的一系列问题后，终于建成了年产 30 吨聚苯胺的生产装置，这是世界上第一条批量生产聚苯胺的装置。

第3章 电活性高分子材料

(1) 知道高分子驻极体的定义及分类。

(2) 掌握驻极体的压电性质和热电性质及作用机理。

(3) 熟知高分子驻极体的各种制备方法。

(4) 了解电致发光高分子的定义,能理解电致发光与电热发光的区别。

(5) 掌握有机电致发光器件结构的主要类型(什么情况下需要加电子/空穴传输层,其作用是什么)。

(6) 熟知有机电致发光器件的发光原理及制作方法。

(7) 掌握高分子电致发光器件中所包含的主要材料类型。

(8) 了解高分子电致变色材料的主要类型。

(9) 重点掌握有机电致变色器件的结构及变色原理。

(10) 能理解电极的表面修饰、表面修饰电极及聚合物修饰电极等概念,知道修饰电极的目的。

(11) 重点掌握聚合物修饰电极的修饰方法。

(12) 能举例说明各种电活性功能高分子材料在日常生活中的应用。

3.1 概述

3.1.1 电活性高分子材料的定义与分类

1. 电活性高分子材料的定义

在电参数作用下,由于材料本身组成、构型、构象或超分子结构发生变化,从而表现出特殊物理和化学性质的一类高分子材料,统称为电活性高分子材料。电参数可以是电压、电势、电流、频率、电阻、电容、电导等,在电参数作用下,材料外在变化表现形式可以在声、光、色、形等方面,而内在特性主要是发生了电、磁、化学反应等。电活性高分子材料是一类非常重要的功能高分子材料,也是近年来研究活跃、发展迅速、涉及领域广泛的一类功能高分子材料。

2. 电活性高分子材料的分类

根据施加电参量的种类和材料表现出的性质特征，可以将电活性高分子材料划分为以下类型：

(1) 导电高分子材料　施加电场作用后，材料内部有明显电流通过，或者导电能力发生明显变化的高分子材料。

(2) 高分子驻极体材料　材料电荷状态或分子取向在电场作用下发生变化，引起材料永久性或半永久性极化，因而表现出某些压电或热电性质的高分子材料。

(3) 高分子电致变色材料　材料内部化学结构在电场作用下发生变化，因而引起可见光吸收波谱发生变化的高分子材料。

(4) 高分子电致发光材料　在电场作用下，分子生成激发态，能够将电能直接转换成可见光或紫外光的高分子材料。

(5) 电极修饰材料　用于对各种电极表面进行修饰，改变电极性质，从而达到扩大使用范围、提高使用效果的高分子材料。

(6) 高分子介电材料　电场作用下具有较大的极化能力，以极化方式储存电荷的高分子材料。

其中导电高分子材料已经单独进行了介绍(第二章)，而高分子介电材料通常并不被视为功能高分子材料，所以本章主要介绍高分子驻极体材料、高分子电致变色材料、高分子电致发光材料、高分子电极修饰材料这四种典型的电活性功能高分子材料。

3.1.2 电活性高分子材料的特点

1. 材料的性能通过器件体现

不同于其他类型的功能高分子材料，电活性高分子材料的性能通常是通过具有特定结构和组成的器件表现出来的，因此材料的物理化学性能对器件的结构和组成起决定性作用，而且在电活性高分子材料研究中，结构和性能的研究比作用机理的研究要复杂。

2. 施加电参量后发生的变化不一

材料被施加电参量后，可能仅发生物理性能的变化，也可能仅发生化学变化，或同时发生物理和化学变化。

材料发生物理性能变化：高分子驻极体被注入电荷后，由于其高绝缘性质，能够将电荷长期保留在局部。

材料发生化学变化：电致变色材料在吸收电能后发生了可逆的电化学反应，其自身结构或氧化还原状态发生变化，所以光吸收特性在可见光区发生较大改变而显示出明显的颜色变化。

材料发生物理和化学变化：选择性修饰电极是改变电极表面的物理特性，而各种高分子修饰电极型化学敏感器则是利用电极表面的电活性材料发生化学变化，从而导致电极电势的变化。

3. 研制周期短

由于电参量控制是目前最容易使用的控制方式，也是最容易测定的参量，而电活性功能高分子材料的功能是由电参量控制的，实用性很强，所以电活性高分子材料的研究一旦获得成功便会很快投入生产，获得实际应用。例如，从电致发光材料的发现、研制成功到生产出基于这种功能材料的全彩色显示器实用化产品仅需几年。

3.2 高分子驻极体材料

3.2.1 概述

1. 高分子驻极体的定义

在外加电场作用下，材料内部的电荷发生重新分布的过程，即为极化过程。高分子材料在电场作用下都会出现极化过程，但大多数高分子的极化过程往往随着外加电场的撤除而消失。如果通过电场或电荷注入方式将绝缘体极化，其极化状态在极化条件消失后能半永久性保留，那么这类材料就称为驻极体(electret)。具有这种性质的高分子材料即为高分子驻极体(polymeric electret)。显然，驻极体的形成主要由于其内部正、负电荷分布偏移造成的电荷不平衡产生。由于材料内部正、负电荷分布不均，在一端显示过剩的正电荷，而另一端则显示过剩的负电荷，所以材料周围形成一个具有特定方向大小的电场，就像磁铁一样。必须指出的是，对固态高分子驻极体施行注入或极化时，由于其高绝缘性，材料发生了正、负电荷的分离现象。这仅仅是电荷分布变化，而分子的化学键并没有改变。

2. 高分子驻极体的电荷分布

高分子驻极体实际上是带有相对恒定电荷的带电体。根据极化方式不同，驻极体所带的电荷不同，可以带有真实电荷，也可以带有极化电荷，或者可以同时带有这两种电荷，如图 3-1 所示。

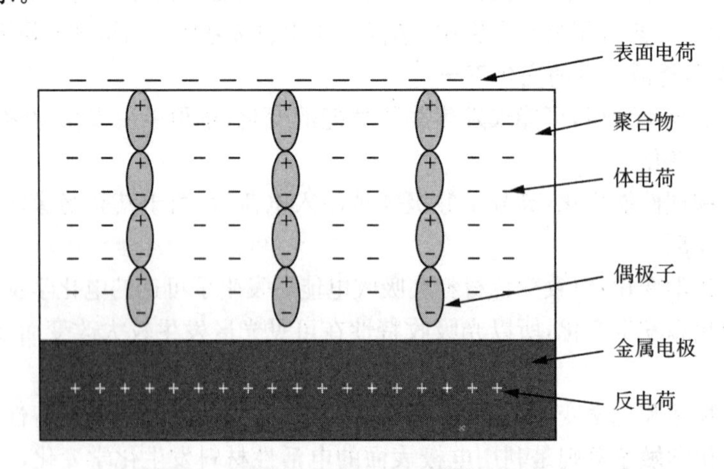

图 3-1　高分子驻极体的电荷类型及分布

真实电荷是指通过电荷注入方式而加入的电荷(电子、空穴、正离子、负离子)。根据真实电荷的分布情况，又可进一步分为表面电荷(分布在材料表面)、体电荷(注入的电荷穿过材料表面进入材料内部),体电荷也称为空间电荷。带有真实电荷的驻极体本身具有很高的绝缘性能,而且材料内部具有储存电荷的特殊结构,这样注入的电荷材料可保持足够长的时间而不消失,如聚乙烯、聚丙烯等没有极性基团的高分子材料。这类材料通常借助电子或离子注入方式而极化,得到实电荷。

极化电荷是通过外加电场对材料进行极化而诱导产生的,材料发生极化时,偶极子发生定向排列。偶极子内部出现电荷分离现象,从而在材料表面产生剩余电荷。带有极化电荷的高分子驻极体应具有强极性键,即其分子内部必须具有比较大的偶极矩,而且在外电场作用下偶极子能够发生有序排列,极化状态在使用状态下一直存在。因此,带有极化电荷的高分子驻极体多是结晶或半结晶状态,如聚偏氟乙烯、聚对苯二甲酸乙二醇酯等。

此外,在一定条件下,材料在外加电场作用下发生极化的同时也可通过电荷注入而同时带有真实电荷。

由此可见,外加强电场使材料内部的偶极子发生旋转极化或者变性极化从而产生极化电荷,或对固体高分子材料施行注入电荷(电子、离子)后,对材料一侧施加电压的电极,在材料的另一侧就会产生符号相反的感应电荷。

3. 高分子驻极体的类型

目前研究和使用最多的驻极体是陶瓷和高分子类驻极体。其中,高分子驻极体具有储存电荷能力强、频率相应范围宽、容易制成柔性薄膜等性质,具有很大的发展潜力。

根据研究现状,主要有两类高分子驻极体材料。一类是高绝缘性非极性聚合物,如聚四氟乙烯和氟乙烯与丙烯的共聚物,它的高绝缘性保证了良好的电荷储存性能,通常采用电荷注入法对其进行极化,所以多带有真实电荷。另外一类是强极性聚合物,如聚偏氟乙烯,这类物质具有较大的偶极短,所以通常在外加电场作用下对材料进行极化,因此带有的是极化电荷。

4. 高分子驻极体的主要性质

由于驻极体材料内部电荷分布的不均匀性,会表现出许多特殊的性质,这些特殊的性质在生产实践中具有很大的应用潜力,引起了研究人员极大的研究兴趣。在驻极体的诸多性质中,最重要的就是压电性质和热电性质。

(1) 压电性质(piezoelectricity)

当材料受到外力作用发生形变时,材料表面会诱导产生电荷,该电荷可以被测定或输出;反之,当材料受到电压作用时(表面电荷增加),材料会发生形变,该形变可以产生机械功,这种性质即为压电性质,是驻极体材料最重要的性质之一。可见压电性是一种能够在电能和机械能之间进行能力转换的特性,而且是一个可逆过程。材料受到外力作用产生电荷,即为正压电效应;材料受到电压作用发生形变,即为逆压电效应。

带有强极性键的聚合物可以制成带有极化电荷的驻极体,如果应力或应变可使其极化强度发生变化,材料就会表现出压电特性。在极化电荷型高分子驻极体内部有许多定向排列的极化的偶极子,当材料受到外界压力时,材料发生收缩,外电极会更接近偶极子极化电荷,从而可以使电极感应到更多的电荷,表现出压电应变效应。其特点是电流方向沿着极化方向流动,诱导电荷增加量与外界压力大小成正比。对于半晶态的高分子薄膜,如果对其沿着平行于高分子链方向进行拉伸，在沿着垂直于拉伸方向和薄膜平面方向极化取向，则可以获得偶极子垂直于分子取向的准晶态高分子，因此这类结晶性高分子驻极体通常会表现出一些异常效应。

（2）热电性质（pyroelectricity）

热电性质是指材料自身温度的变化能够引起其极化状态的变化，从而改变材料表面电荷分布，最终导致材料两端电压发生改变。热电性质是驻极体重要的特性之一，属于热敏性质，也是一种可逆变化，当材料温度改变时引起材料极化状态发生改变，从而导致材料两端电压发生变化的过程为正热电效应；反之，当对材料施加外电场，导致材料温度发生变化的过程为逆热电效应。目前，人们在晶态高分子、半晶态高分子及液晶高分子驻极体中均发现了热电效应。

由于上述两种性质都包含着能量形式的转换，所以具有这两种效应的高分子驻极体材料也属于换能材料。

对于各向同性的非晶态材料在零电场状态时是不可能呈现压电和热电特性的。只有当材料内部由于空间电荷分布不均或者分子内偶极矩发生取向，材料呈现各向异性，才能表现出压电和热电性质。事实上，很多材料都具有压电、热电性能，但是只有那些压电常数及热电常数值较大的材料才能成为压电材料或热电材料。在有机聚合物中经拉伸的聚偏氟乙烯（PVDF）的压电常数最大，具有较高实用价值。

（3）压电、热电作用原理

对于驻极体的压电性质和热电性质目前有多种机理解释。其中，主要以材料中具有“结晶区被无序排列的非结晶区包围”这种假设为基础。

① 在晶区内，分子偶极矩平行排列，极化电荷集中到晶区与非晶区界面，每个晶区都成为大的偶极子。

② 材料的晶区和非晶区的热膨胀系数不同，并且材料本身是可压缩的。

当材料外形尺寸由于受到外力而发生形变时（或温度变化时），带电晶区的位置和指向将由于形变而发生变化，使整个材料总的带电状态发生变化，外电路测得的电压值发生改变，即构成压电（热电）现象。

3.2.2 高分子驻极体的制备方法

驻极体主要是在介电材料中产生极化电荷或者在材料局部注入电荷，从而构成的永久性极化材料。带有实电荷和极化电荷的高分子驻极体的形成方法一般不同，根据形成方法可分为两大类：①极化型高分子驻极体，是在较高的温度条件下对电介质施加电压，使材料内偶极子沿电场方向发生取向极化；随之在维持电场的条件下将样品冷却到一定温度，将极化状态冻结固化。即极化型高分子驻极体主要由对极性高分子材料进行电场极化制得。这类驻极体的极化强度与外加电压成正比，但要注意极化电压不能超过材料的击穿强度。②实电荷型高分子驻极体，是在绝缘性高分子材料局部注入真实电荷制得。可见实电荷型高分子驻极体主要由高绝缘、非极性高分子材料制得。

高分子驻极体的制备多采用物理方法实现。最常见的形成方法主要有热极化法、电晕极化法、液体接触极化法、电子束注入法及光电极化法等。

1. 热极化形成法

(1) 极化过程

在升高聚合物温度的同时施加高电场，使材料内的偶极子发生取向极化，在保持电场强度的同时，降低材料温度，使偶极子的指向性在较低温度下得以保持，从而得到高分子驻极体的方法称为热极化形成法。该方法制得的高分子驻极体称为热驻极体或极化型驻极体。在实际操作过程中，电场施加装置和加热装置常被组合在一起，如图 3-2 所示。

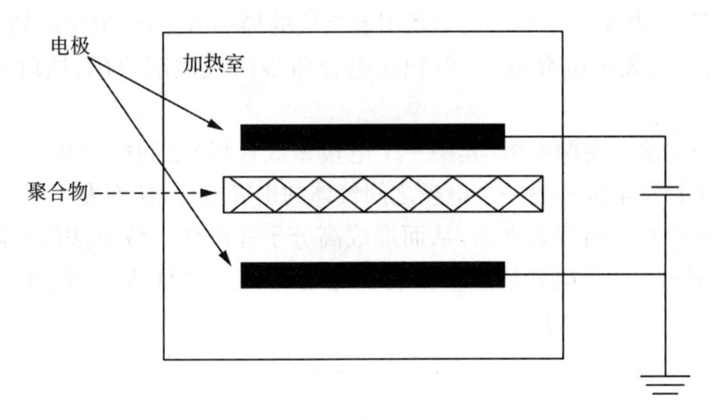

图 3-2 热极化法制备高分子驻极体示意图

(2) 影响因素

极化温度、极化电场强度、极化时间是热极化法中最重要的三个影响因素。此外，材料位置和电极形状也会对材料的热极化过程产生一定程度的影响。

① 极化温度：对材料进行热极化时，材料的温度应升高到该聚合物的玻璃化温度以上、熔点以下，这样可以使材料内部分子具有自由旋转能力。极化后材料温度则要降低到室温或玻璃化转变温度以下，限制高分子链段的运动能，使得极化状态在无电场作用时也可以得以保持。

例如，对于聚四氟乙烯，温度应加热到 150℃～200℃；对于聚偏四氟乙烯，温度应加热到 80℃～120℃。

② 极化电场强度：通常电场越强，极化过程越快，极化程度越大。但如果极化电场强度超过材料的击穿强度，则会发生击穿过程，而击穿过程会永久破坏材料的介电性质，导致驻极体制备过程失败。

③ 极化时间：极化时间是保证材料极化完全的重要参数。分子偶极子时间常数越小，极化进行完全所需要的极化时间越短。显然，极化温度越高，需要的极化时间也越短。根据需要，极化温度和极化电场强度应保持在数分钟到数小时。

④ 材料位置和电极形状：如果聚合物与电极保持一定间隔，可以通过空气层击穿放电，给聚合物表面注入电荷。因此热极化过程经常是一个多极化过程。另外，电极形状直接影响材料的极化均匀性。当聚合物沉积在电极表面时，电荷可以通过电极注入材料内部，使驻极体带有真实电荷。

(3) 特点

热极化形成法是制备极化型高分子驻极体的主要方法，极化得到的极化取向和电荷累积可以保持较长时间。

例如，聚甲基丙烯酸甲酯在150℃的极化温度、10^6 V/m 的极化电场强度下，极化2 h制得的极化型高分子驻极体，存放20年后仍可保持几百伏的表面电势。

2. 电晕放电极化法

电晕放电极化法是制备电荷注入型高分子驻极体的主要方法。

(1) 原理与极化过程

在常压大气中，利用一个非均匀电场引起空气的局部击穿，由电晕电场导致空气电离后，用产生的离子束轰击电介质，并沉积在电介质表面或浅层内部，这就是电晕放电的原理。

电晕放电极化法是在两电极(其中一个电极做成针形)之间施加数千伏的电压，施加的电压必须高于针型电极和另一个电极之间气体的击穿电压，从而发生电晕放电，依靠这种放电在绝缘聚合物表面注入电荷，从而形成高分子驻极体。该方法的实际操作装置示意图如图3-3所示。由于电晕场能量有限，所以依靠该方法注入的离子性电荷主要保持在绝缘聚合物的表面或者浅层。

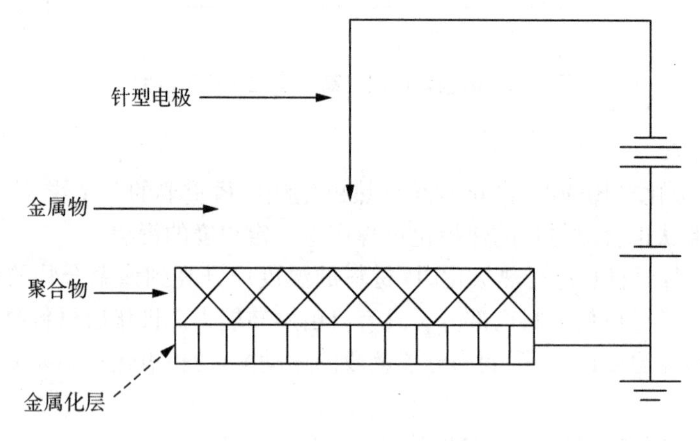

图3-3 电晕放电极化法实际操作装置示意图

(2) 技术要点和特点

电晕放电极化法的技术要点：

① 为了使电流分布均匀和控制电子注入强度，需要在针型电圾与极化材料之间放置金属网，并加数百伏正偏压。

② 除了电晕放电法以外，其他的放电方法，如火花放电、唐深德放电也可以应用。后两种方法可在聚合物表面累积较大密度的电荷，提高极化强度。电晕放电极化法适合小体积驻极体的制备过程。

电晕放电极化法的特点：

① 方法简便，不需要控制温度，效率高，有利于工业化生产。

② 通过调节电晕电压可以在相当大的范围内，根据需要控制样品内的注入电荷密度，而且只要充电时间达到2分钟以上，就可以基本实现均匀充电。

③ 由于注入的电荷主要保持在电介质材料的表面或者浅层，所以该方法制得的高分

子驻极体的稳定性不如热极化形成法。

3. 液体接触极化法

液体接触极化法是一种把电荷通过导电液体转移到电介质材料表面的一种高分子驻极体制备方法，属于实电荷注入法，得到的高分子驻极体表面带有电荷。

(1) 极化过程

液体接触极化法通过一个软湿电极将电荷从金属电极传导到聚合物表面，从而达到极化目的。具体极化装置示意图如图 3-4 所示，在金属电极表面包裹一层由某种液体润湿的软布，聚合物背面制作一层金属层，在电极与金属层之间施加电压，使电荷通过润湿的包裹层传到聚合物表面。该湿电极可以在机械装置控制下，在材料表面扫描移动，使电荷分布到整个材料表面。当导电液体挥发，移开电极之后，电荷被保持在聚合物表面。

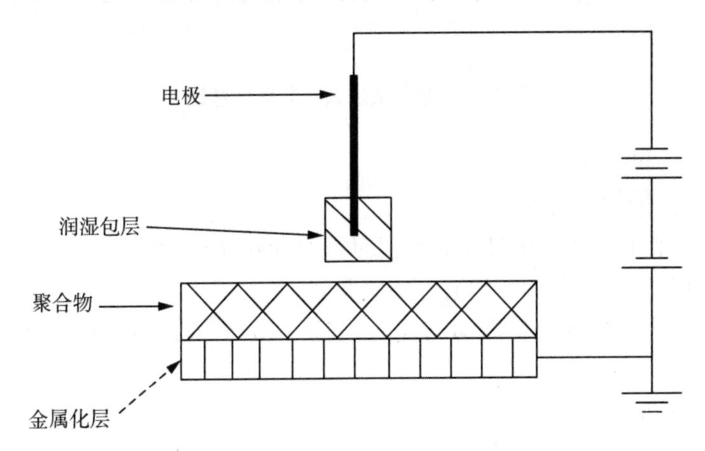

图 3-4 电晕放电极化法实际操作装置示意图

(2) 技术要点和特点

液体接触极化法的技术要点：

① 选择电极施加的电压大小，不仅要考虑极化的需要，还要考虑电荷传输过程中克服液体和聚合物界面双电层的需要。

② 考虑到挥发性、润湿性和使用方便，电极润湿用液体多为水和乙醇。

③ 制得的高分子驻极体表面沉积的电荷密度由被极化高分子表面与液体之间的润湿性确定。

液体接触极化法的特点：

① 方法简单，易控制，制得的驻极体电荷分布均匀。

② 通过湿电极在高分子材料表面的移动，可以获得大面积高分子驻极体。

4. 电子束注入法

电子束注入法属于实电荷注入法。

(1) 极化过程

电子束注入法装置示意图如图 3-5 所示，其工作原理为通过电子束发射源将适当能量的电子直接注入合适厚度的聚合物，从而形成高分子驻极体。该方法已经被用来给厚板型聚合物和薄膜型材料注入电荷。

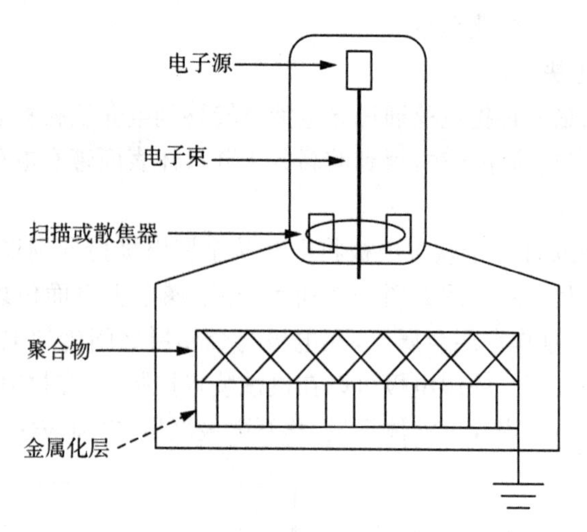

图 3-5　电子束注入法装置示意图

(2) 技术要点和特点

电子束注入法的技术要点：

① 电子束的能量和被极化材料的厚度应该配合好，防止电子能量过高而穿过聚合物膜。聚合物厚度与穿透电子的能量有一定关系。

② 为了使电子束在材料表面均匀注入，需要在电子束运行途中加入扫描或者散焦装置。

电子束注入法的特点：

① 由于电子束具有较高的能量，可以穿透材料表面，因此，通过该方法可以得到具有体电荷的高分子驻极体。

② 通过控制电子束的能量和注入的束电流，能精准地控制电荷层的平均深度及电荷密度，特别适合研究分析极化过程的物理机制。

③ 该方法需要复杂的仪器和操作过程。

5. 光驻极体形成法

光驻极体形成法主要使用光作为激发源产生驻极体。

理论依据：如果在电场存在下，使用可见光或者紫外光照射光导材料，由于光照射产生的载流子被电场分离，并被俘获，会产生永久性极化。电荷可以是分布在电极和聚合物界面上的两个分离的、符号相反的双电荷分布区，也可以是分布于材料内部的单电荷分布区。

目前，光驻极体形成法主要应用于无机和有机光导体的电荷注入过程，其中最重要的高分子光导体是聚乙烯基咔唑与芴酮共聚物。

3.2.3 高分子驻极体的应用

高分子驻极体由于其特殊结构和荷电状态，具有静电作用、热电性质、压电性质和铁电性质。与相应的陶瓷类材料相比，聚合物型驻极体具有柔性好、成本低、材料来源广、频率响应范围宽、成型加工相对容易的特点，因而在许多领域获得应用，并且仍在迅速发展。

1. 制作驻极体换能器件

高分子驻极体的一个重要应用就是利用其压电特性来制作各种驻极体换能器件。

(1) 声-电转换器件

当声波传到高分子驻极体材料表面会使材料产生形变,而形变会在高分子驻极体两端引起电压变化,因此记录的电信号中就包含了声波信息,即高分子驻极体的压电效应使其具有了声-电转换性质。麦克风、声纳等就是高分子驻极体声-电转换性质的典型应用。麦克风是将声音引起的声波振动转换成电信号的换能元件。1928 年开始使用陶瓷驻极体制作麦克风,但是其机械稳定性不好,没有得到广泛应用。直到 20 世纪 70 年代高分子薄膜驻极体出现以后,驻极体型麦克风才被广泛应用。这种麦克风多使用金属化的丙烯腈-丁二烯-二乙烯苯共聚物作为后极板,极化的聚四氟乙烯驻极体覆在后极板上作为换能膜。声波引起的膜振动,在后极板和膜之间产生交流信号。声纳是一种利用声波在水下的传播特性,通过电声转换和信息处理,完成水下探测和通信任务的电子设备,也是一种典型的声-电换能装置。目前,声纳主要由高分子驻极体制得。此外,高分子驻极体的压电特性,还可以被应用于血压计、超声波诊断仪等声-电转换元件。

(2) 电-声转换器件

高分子驻极体的压电效应具有可逆性,利用逆压电效应可以实现电-声转换,该性质被广泛用于耳机、扬声器、超声发生器等电-声传感器。高分子驻极体电-声传感器的声音质量优异,是目前生产高级微型耳机的重要材料,大量用于移动电话、听诊器等设备。但由于输入阻抗方面的问题,高分子驻极体作为电-声转换器件的应用远远没有在声-电转换元件方面普及。

2. 制作驻极体位移控制器

由于压电效应,高分子驻极体薄膜在电场作用下会发生形变,因此高分子驻极体可以用于制备电控位移元件。将两片压电薄膜贴合在一起,分别施加相反的偏压,由于压电效应,驻极体薄膜会发生弯曲,从而发生点位移,这就是高分子驻极体制作位移控制器的原理。目前,高分子驻极体常被用于制作光学纤维开关、磁头对准器、显示器件等位移控制器。与电磁位移元件相比,高分子驻极体位移控制器具有能耗低、位移准确、可靠性高、结构简单等优势。

3. 制作热敏器件

当温度发生变化时,根据驻极体的热电效应,材料的极化状态将发生变化,材料两端的电压随之发生变化,根据驻极体温度与两端电压之间的相关性,高分子驻极体可以用于制作各种测温器件,如红外传感器、火灾报警器、非接触式高精度温度计和热光导摄像管等。

例如,聚偏氟乙烯是一类热电性质非常明显的驻极体,当温度变化 1℃时,材料能产生约 10 V 的电压信号。将聚偏氟乙烯驻极体贴附在大热容量极板上,当感受到红外热辐射时,材料两端的电压会发生变化,电压的变化幅度与接收的能量成正比,灵敏度非常高,甚至可以测出百万分之一摄氏度的极微弱的温度变化。

4. 在生物医学领域的应用

构成生物体的基本大分子都储存着较高密度的偶极子和分子束电荷,即驻极体效应是生物体的基本属性。因此,驻极体材料是人工器官材料的重要研究对象之一。驻极体可明显改善植入人工器官的生命力及病理器官的恢复,同时又具有抑菌能力,可增加人工器官置换手术的可靠性。高分子驻极体还能促进药物的透皮吸收,提高体外用药的效率。例如,采用 Teflon 驻极体薄膜覆盖在烧伤创面,可以大大加速创面的愈合速度。

5. 在净化空气方面的应用

高分子驻极体表面带有电荷,从而表现出多种静电效应,在生产、生活中有很多应用,其中最典型的应用就是作为空气净化材料,利用静电吸附原理对多种有害物质进行吸附。研究表明,高分子驻极体过滤材料对于吸附细微颗粒性污染物非常有效,是一种非常有发展前途的气体净化材料。例如,与醋酸纤维、丙纶纤维卷烟过滤嘴相比,聚丙烯驻极体纤维制成的卷烟过滤嘴的过滤效率提高了 100%~120%,能捕获烟气中 40%~60%的焦油。

3.3 电致发光高分子材料

3.3.1 概述

1. 电致发光高分子材料的定义

当施加电压参量时,受电物质能够将电能直接转换成光能量,从而发出一定颜色的光,这种由电场激励发光的现象即为电光效应,也称为“电致发光”现象或“电致荧光”现象。具有这种电-光能量转换特性的功能高分子材料即为电致发光高分子材料。

电致发光不同于常见的电热发光:电热发光是由于材料的电阻热效应,使材料本身温度升高,产生热激发发光,属于热光源,如常见的白炽灯。而电致发光是一种电激发发光过程,发光材料本身发热并不明显,属于冷光源,如常见的发光二极管。

电致发光材料是一种平面光源,其实用化将实现照明光源从点光源、线光源到面光源的革命,所以无论是无机电致发光材料、有机电致发光材料还是高分子电致发光材料的研究均引起了人们极大的兴趣。但目前各种电致发光材料在亮度和寿命上还不能达到期望,只有少量粉末型的交流电致发光玻璃屏用作标牌、指示灯等。

2. 电致发光高分子材料的发展

20 世纪初发现了 SiC 晶体在电场作用下的发光现象。在此基础上开发出各种无机半导体电致发光器件。

20 世纪 50 年代,科学工作者发现,将硫化锌和有机介质涂敷在透明的导电玻璃上,并配以第二电极后,在电极两端加上交流电压即可实现稳定的电致发光。有机小分子的电致发光材料的发光效率高,但稳定性较差,直接影响器件的使用寿命,所以目前实际应用的电致发光材料还是无机材料。

20 世纪 60 年代发现了非晶态的有机电致发光材料。之后,90 年代初发现了导电聚合物的电致发光现象。1990 年,美国的 Heerboer 小组和英国的 Foend 小组分别报道了高分子聚对苯撑乙烯(PPV)具有电致发光现象,随后几年在有机材料和高分子材料领域迅速掀起了研究高分子发光二极管的热潮。至此,聚合物薄膜型电子发光器件成为研究的主流。已经研制出数种发光强度和效率达到使用水平、性能优良的材料，其中最大发光效率达到 15 lm/W，最大亮度已经超过 10^5 cd/m^2；特别是开发出红、蓝、绿三种颜色的发光材料，并已经实现全色显示。

3. 电致发光高分子材料的特点

目前，实际应用的电致发光材料还是 Si、Ge、As、P 等无机材料，虽然这类无机电致发光材料制成的器件具有高效、耐用、坚固等优点，但同时具有发光频率很难改变、不易加工和成本高等难题。与无机电致发光材料和有机小分子电致发光材料相比，高分子电致发光材料具有以下优势：

(1) 通过成分、结构等改变，能得到不同禁带宽度的发光材料，从而获得包括红、绿、蓝三基色的全谱带发光。

(2) 具有驱动电压低、低耗、宽视角、响应速度快、主动发光等特性。

(3) 材料的玻璃化转化温度高、不易结晶，具有挠曲性、机械强度好。

(4) 具有良好的机械加工性能，并可用简单方式成膜，很容易实现大面积显示。

(5) 聚合物电致发光器件具有体积小、重量轻、制作简单、造价低等特点。

3.3.2 电致发光器件结构和发光机理

利用高分子制备的有机电致发光器件被称为高分子电致发光器件。在高分子电致发光器件中，高分子的作用主要有四个方面：①作为发光材料；②作为空穴传输材料；③作为电子传输材料；④作为载流子传输层或发光层的基质材料。因此，高分子电致发光器件使用的主要材料包括电子注入材料(阴极材料)、空穴注入材料(阳极材料)、电子传输材料、空穴传输材料和荧光转换材料(发光材料)。为了提高性能，还需加入诸如荧光增强添加剂和三线激发态发光材料等辅助材料。前者是为了提高器件的光量子效率，后者是为了使相对稳定、不易以光形式耗散的三线激发态发出可见光。

1. 高分子电致发光器件的结构

电子发光材料与其他功能高分子材料不同，其性能的发挥在更大程度上依赖于组成器件的结构和相关器件的配合。

电致发光器件结构一般采用以下三种基本方式(图 3-6)。

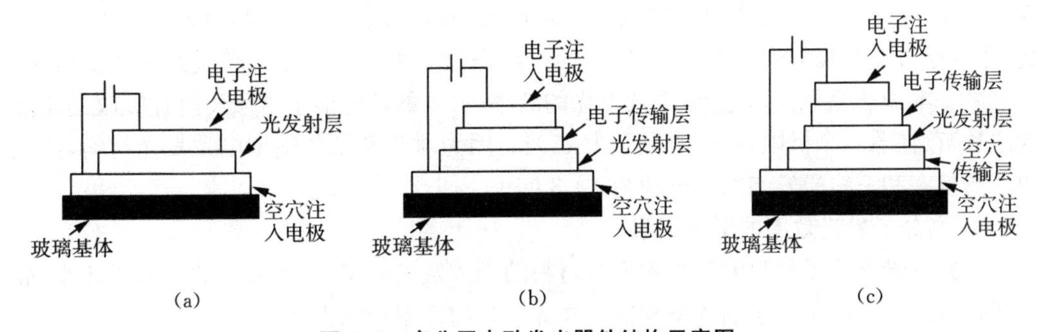

图 3-6 高分子电致发光器件结构示意图

图 3-6(a)是最原始也是最简单的结构，主要由电子注入电极、光发射层、空穴注入电极构成，其中注入电极(电子和空穴)主要的作用就是提供载流子(电子和空穴)，而光发射

层的主要作用是完成电致发光，即承担荧光转换作用，因此该层也称为荧光转换层。在原始结构的基础上可以进一步引入电子传输层[图 3-6(b)]和(或)空穴传输层[图 3-6(c)]，电荷传输层的主要作用是平衡电子(电子传输层)和空穴(空穴传输层)的传输，使电子和空穴两种载流子能够恰好在发光层中复合形成激子发光。

2. 高分子电致发光器件的特点

有机电致发光器件一般具有如下特点：

(1) 采用有机物为原材料，选择范围宽，可实现从蓝光到红光的任何颜色的显示，全固化的主动发光。

(2) 制备过程简单易行，器件制品成本低。

(3) 器件超薄，重量轻，视角宽，发光亮度和发光效率高，响应速度快(微秒量级)，并可在柔性衬底上制成可弯曲、折叠器件。

(4) 驱动电压低，只需 3～10 V 的直流电压，节约能源，使用安全。

由于上述特点，作为新一代显示技术的有机电致发光技术，在短短十几年中就取得了辉煌的成就。

3. 高分子电致发光原理

目前，关于高分子电致发光还没有形成完善的理论，仍然沿用无机半导体的发光理论，该理论认为高分子电致发光过程主要包括以下四个阶段：

(1) 电荷注入过程：由正、负电极注入载流子(空穴和电子)。

(2) 电荷传输过程：在电场作用下，载流子(空穴和电子)向有机相层传输。

(3) 空穴和电子的复合：阳极注入的空穴和阴极注入的电子经过相向迁移后，在发光层中相遇，发生复合构成激子。激子是处在激发态能级上的电子与处在价带中的空穴通过静电作用结合在一起的高能态中性粒子。

(4) 激子的辐射发光过程：激子的能量发生转移并以光的形式发生能量耗散(发光)。

可见，高分子的电致发光机理与光致发光机理类似。即在电场作用下分别从正极、负极注入的载流子(空穴和电子)发生迁移并在高分子半导体内相遇，复合成单线态激子或三线态激子。激子属于高能态物质，其能量可以将发光分子中的电子激发到激发态。激发态电子通常通过三种途径进行能量耗散：①振动弛豫、化学反应等非光形式耗散；②荧光历程，以发光形式耗散，即电致发光；③磷光形式耗散，但不明显。其中单线态激子能量高，主要通过复合辐射衰减而发射光子，而三线态激子由于其能量比单线态激子低得多，其衰减基本为非辐射。理论上，电致发光的效率(放出的荧光能量占激发过程吸收的总能量之比)存在着一个极限，一般情况下为 25%。因为对于常见共轭型电致发光材料，产生单线激发态和三线激发态的比值约为 1∶3。

4. 高分子发光效率的影响因素

电致发光高分子材料的发光效率与材料的光致发光效率、产生激子的载流子比率、载流子复合产生单线态激子的比率和器件外部发光的比率均成正比。

(1) 材料的光致发光效率

材料的光致发光效率是材料的固有性质，只与材料的分子结构和超分子结构有关。可以通过分子设计，改变分子结构提高光致发光效率。

(2) 产生激子的载流子比率

载流子能否有效产生激子是电致发光器件结构设计中的重要因素。生成激子必须依靠电子和空穴的有效复合，而复合区域又必须发生在发光层内才有效。对多数有机材料来讲，其对电子和空穴的传输能力并不相同，造成载流子不能有效复合。因此，在器件中加入电子传输层或空穴传输层是提高发光效率的重要方法。

(3) 载流子的注入效率

要实现载流子的注入，必须保证注入电极与发光材料或载流子传输材料的能量匹配。一般利用电极与有机材料界面的势垒来控制载流子的注入。势垒的高低取决于有机材料和电极材料的功函数差值。为了利于载流子的注入，应尽量采用高功函的空穴注入电极和低功函的电子注入电极。

5. 提高高分子发光效率的途径

(1) 当发光材料确定时，选择合适功函数的材料作阴极，以增加电子的注入量，保持与空穴的匹配。

(2) 器件制作时，在两电极和高分子之间分别加入一层电子传输材料和空穴传输材料，以增加器件的传输性，使得电子和空穴尽量在发光材料层中复合，以产生更多的激子。

(3) 寻找各种新的电子传输层材料和空穴传输层材料。

(4) 合成新的具有不同共轭结构的共轭高分子(PPV/二烷氧基共聚物)，如通过共聚的方法改变高分子材料本身性能，使其能带与金属电极相互匹配。

3.3.3 电致发光材料的种类

根据电致发光器件的结构，电致发光材料包括载流子注入材料(载流子注入电极)、载流子传输材料(载流子传输层)和高分子荧光转换材料(发光层)。

1. 载流子注入材料

载流子注入材料包括电子注入材料和空穴注入材料。

(1) 电子注入材料

电子注入材料应具有良好的导电能力、合适的功函参数、良好的物理和化学稳定性，以保证能够将施加的驱动电压均匀、有效地传送到有机材料界面，并克服界面势垒，将电子有效地注入有机层内，同时保证在使用过程中不发生化学变化和物理损坏。为了提高载流子的注入效率，电子注入材料主要采用低功函的金属或碱金属合金材料制作。

(2) 空穴注入材料

为了利于载流子的注入，应尽量采用高功函的空穴注入电极。目前，主要采用较高功函的ITO(氧化铟锡)玻璃制作，ITO玻璃可以与多数空穴传输材料和有机电致发光材料匹配。ITO电极良好的透光性和较好的导电性能特别适合制作平面型电致发光器件。另外，共轭型高分子材料也可以用于制作空穴注入电极。

2. 载流子传输材料

载流子传输材料包括电子传输材料和空穴传输材料。

(1) 电子传输材料

电子传输材料应具有良好的电子传输能力和与阴极相匹配的导电能级，以利于电子的注入。同时材料应易于向荧光转换层注入电子,其激态能级能够阻止发光层中的激子进行反向能量交换。

电子传输材料主要有有机电子传输材料和高分子电子传输材料,其中有机电子传输材料主要是金属有机络合物,如 8-羟基喹啉衍生物的铝、锌、铍等的络合物,恶二唑衍生物 PBD① 等;高分子电子传输材料主要有聚吡啶类的 PPY、萘内酰胺聚合物、聚苯乙烯磺酸钠等。

(2) 空穴传输材料

空穴传输材料具有良好的空穴传输能力和与阳极相匹配的导电能级,以利于载流子空穴的注入。同时向荧光转换层注入空穴,其激态能级最好也能够高于发光层中的激子。空穴传输材料通常具有较高的玻璃化转变温度。

空穴传输材料的使用不如电子传输材料普遍。其主要包括有机空穴传输材料和高分子空穴传输材料。其中有机空穴传输材料主要有芳香二胺类 TPD② 和 NPB③ 及其衍生物等;高分子空穴传输材料主要有聚乙烯咔唑(PVK)和聚甲基苯基硅烷(PMPS)等。

3. 高分子荧光转换材料

高分子荧光转换材料也称为高分子发光材料,在电致发光器件中起决定性作用。如发光效率的高低、发射光波长的大小(颜色)、使用寿命的长短,都与发光材料的选择有关。高分子荧光转换材料主要包括有机荧光转换材料和高分子荧光转换材料。其中,高分子荧光转换材料主要有以下三类。

(1) 主链共轭型高分子材料

主链共轭型高分子电致发光材料是目前使用最广泛的电致发光材料,主要包括聚对苯乙炔(PPV)及其衍生物、聚烷基噻吩及其衍生物(PAT)、聚芳香烃类化合物等。主链共轭型高分子材料属于本征导电高分子材料,其电导率高,电荷沿主链传播。

(2) 侧链共轭型高分子材料

侧链共轭型高分子电致发光材料是典型的发色团与聚合物骨架连接结构,属于本征导电高分子材料,具有光导电性质,电荷通过侧基的重叠跳转作用完成;侧链共轭型高分子材料具有较高的量子效率和光吸收系数,其导带和价带能级差处在可见光区,所以可以合成出能发出各种颜色光的电致变色材料;由于处在侧链上的 π 价电子不能沿着非导电的主链移动,因此侧链共轭型高分子材料的导电能力较差。但侧链共轭型高分子电致发光材料对提高激子稳定性比较有利。典型材料主要有聚 *N*-乙烯基咔唑、聚烷基硅烷(PAS)等。

(3) 复合型高分子材料

复合型导电高分子材料是由具有电子发光性能的小分子与成膜性能好、机械强度合适的聚合物混合制成的复合材料。

---

① PBD 中文名称:2-(4-联苯基)-5-(4-叔丁基苯基)-1,3,4-恶二唑。

② TBD 中文名称:1,5,7-三氮杂二环(4,4,0)癸-5-烯。

③ NPB 中文名称:*N*,*N'*-二苯基-*N*,*N'*-(1-萘基)-1,1'-联苯-4,4'-二胺。

3.3.4 高分子电致发光器件的制作方法

高分子电致发光器件必须满足高效、可靠、高亮度、低驱动电压、低电流密度和长寿命等要求才能具有实际应用的价值。这里主要介绍高分子电致发光器件的实验室制备方法。如果将其发展为工业规模,需要对相应的制备方法进行改进和完善,如制作信息显示器、微电极矩阵用的器件,通常需要借助光刻等微加工技术。

高分子电致发光器件一般的制作程序是以透明的玻璃电极为基体材料,在此电极上用成膜法使电致发光材料形成空穴传输层、荧光转换层、电子传输层,最后,用真空蒸镀的方法形成电子注入电极。目前使用的成膜方法主要有以下四种。

1. 真空蒸镀成膜法

真空蒸镀成膜法是将涂层材料放在较高温度处,在真空下升华,传输到较低温度处的ITO电极上而形成薄膜。由于高分子电致发光材料熔点较高,不易升华,且高温下结构容易破坏,故较少用此法。

2. 浸涂成膜法

浸涂成膜法是先将成膜材料溶解在一定溶剂中制成合适浓度的溶液,然后将电极浸入溶液,取出后挥发溶剂使之成膜。由于浸涂第二层时往往会对前一层造成不利影响,所以该方法不适合于多层结构的电致发光器件。

3. 旋涂成膜法

旋涂成膜法是将成膜材料的溶液滴加到旋转的ITO玻璃电极表面,在离心力作用下多余溶液被甩出,留下部分在电极表面形成均匀薄膜。电极与溶液接触时间短,各层之间影响较小,因此该方法可以用于多层器件的制备。

4. 原位聚合成膜法

首先配制聚合单体反应溶液,然后利用电化学、光化学等方法引发聚合反应,在电极表面生成电致发光薄膜的方法称为原位聚合成膜法。目前使用最多的是电化学原位聚合方法,适合溶解性很差的高分子电致发光材料,特别是主链共轭的聚合物。用电化学聚合方法,膜的厚度可以通过电解时间和电解电压值来控制,制成的薄膜缺陷很少,特别适合制备厚度非常薄的发光层(作为电致发光器件,发光层的厚度越小,需要的启动电压就越小)。

3.3.5 高分子电致发光材料的应用

高分子电致发光材料自问世以来就备受瞩目,世界各国都将其作为重要新型材料进行研究开发。其主要应用于:①平面照明,如仪器仪表的背景照明、广告等;②矩阵型信息显示器件,如计算机、电视机、广告牌、仪器仪表的数据显示窗等。

高分子电致发光材料具有主动显示、无视角限制、超薄、超轻、低能耗、柔性等优势,但无论在制作工艺、品质质量方面都还不成熟,因此要真正实现实用化很多问题仍有待解决。

(1) 发光效率的提高

提高高分子电致发光材料发光效率的方法包括:①选择光量子效率高的电致发光材料,提高光量子效率;②提高生成激子的稳定性,如减小主链共轭型聚合物的共轭长度,可以起到激子束缚作用,防止激子淬灭;③加入载流子传输层,使载流子传输过程达到平衡,增强荧光转换率,提高光量子效率。

(2) 器件稳定性的提高和使用寿命的延长

降低材料中的杂质浓度、改进工艺,提高形成薄膜的均匀性、增大聚合物分子量、提高材料的玻璃化温度等都可有效提高有机电致发光器件的寿命。

(3) 发射波长的调整

作为全彩色显示器件应用,必须解决的一个问题是实现三原色发光。从目前的研究成果看,绿色发光问题解决得比较好,发光材料的量子效率较高,色纯度较好。但红色发光的问题较多,主要是发红色光的材料量子效率较低,有待于进一步改进。调整方法主要有:①通过分子设计改变分子组成,如改变取代基、调整聚合物共轭程度等都可以改变高分子电致发光材料的禁带宽度,从而达到调整发光波长的目的。②通过加入激光染料(光敏感剂)的方法调整发光颜色。

(4) 材料可加工性的改进

简化电致发光器件的制作工艺是人们一直追求的目标,而多数高分子电致发光材料的溶解性能较差,给薄膜型器件的制备带来困难。在主链共轭型电致发光材料中引入长链取代基可以改善这些材料的溶解性能,使浸涂和旋涂成膜方法可以应用,扩大了材料的选择范围,如聚苯乙炔和聚噻吩型主链共轭型材料。

3.4 高分子电致变色材料

3.4.1 概述

1. 电致变色现象与电致变色材料

电致变色材料发展历史较长,20 世纪 70 年代无机电致变色材料进入研究高潮,而到了 20 世纪 80 年代,开始研究有机电致变色材料。

电致变色现象指材料的吸收波长在外加电场作用下产生可逆变化的现象。电致变色现象实质上是一种电化学氧化还原反应,反应后材料在外观上表现出颜色的可逆变化。在外电场及电流的作用下,发生可逆色彩变化的材料即为电致变色材料。致变色材料中,以在电化学条件下对可见光吸收有重大改变的电化学变色性材料最具有实用性,一般分为两类:一类是以 WO_3 为代表的无机材料,另一类是以掺杂态导电高分子为代表的有机电致变色材料。

2. 高分子电致变色材料类型

高分子电致变色材料主要有四种类型。

(1) 主链共轭型导电高分子材料

主链共轭型导电高分子材料主要有聚吡咯、聚噻吩、聚苯胺和它们衍生物的电子导电聚合物等,在可见光区都有较强的吸收带,在掺杂及非掺杂的状态下均有较强的吸收带(显色)。当发生氧化还原掺杂时,分子轨道能级发生改变,导致材料颜色出现可逆变化,如表3-1,其中以氧化掺杂比较常见。掺杂通过施加电极电势实现,颜色取决于导电聚合物中价带和导带之间的能量差以及在掺杂前后能量差的变化。

表3-1 部分主链共轭型导电高分子材料的颜色变化

聚合物种类	氧化态颜色	还原态颜色
聚吡咯	蓝紫色	黄绿色
聚噻吩	蓝色	红色
聚苯胺	深蓝色	绿色

(2) 侧链带有电致变色结构的高分子材料

相对于主链共轭型导电聚合物,侧链带有电致变色结构的高分子材料既有小分子变色材料优异的变色性能,又有高分子材料的稳定性和易加工成膜性,是很有发展前途而且重要的高分子电致变色材料。其电致变色原理与有机小分子电致变色材料相同。有机小分子电致变色材料与高分子材料的稳定性相结合,提高了电致变色器件的性能和寿命。

侧链带有电致变色结构的高分子材料主要通过共聚或接枝反应,将电致变色化学结构组合到聚合物的侧链上制备而成:①由带有电致变色结构的可聚合性单体聚合获得的高分子电致变色材料,如带有紫罗精侧链的可聚合性单体;②利用接枝反应制得的高分子电致变色材料,如聚甲基丙烯酸乙基联吡啶。

(3) 高分子化的金属络合物

高分子化的金属络合物是将具有电致变色作用的金属络合物高分子化而获得。其电致变色特征取决于金属络合物,而机械性能则取决于高分子骨架。金属络合物高分子化是在有机配体中引入可聚合性单体,可先聚合后进行络合,也可先络合后进行聚合。先聚合后络合,高分子骨架对络合反应的动力学过程会有干扰;先络合后聚合,则聚合反应易受到络合物中心离子的影响。因此,在制备过程中,均需考虑各种不利因素。

(4) 共混型高分子电致变色材料

共混型高分子电致变色材料是将电致发光材料与高分子材料混合而制备的一类高分子电致变色材料。共混的方式主要有:①小分子电致发光材料与常规高分子复合;②高分子电致发光材料与常规高分子复合;③高分子电致发光材料与电致发光或其他助剂复合。其中前两种方法工艺简单、材料易得,但制得的电致变色材料响应速度较慢;最后一种方法是一种新的尝试,集中前两法的优点,如三氧化物与聚吡咯或聚苯胺的复合物。

3.4.2 高分子电致变色器件的结构

电致变色材料与电致发光功能高分子材料一样,其性能的发挥也依赖于组成器件的结构和相关器件的配合。电致变色器件为层状结构,由透明导电层、电致变色层、固态电解质层和对电极层等构成,其结构示意图如图3-7所示。

1. 透明导电层

透明导电层一般由氧化铟和氧化锡合金构成,利用真空蒸镀、电子束蒸发或者溅射等方法在玻璃基底上制作成膜。外界电源通过透明导电层为电致变色器件施加变色所需的

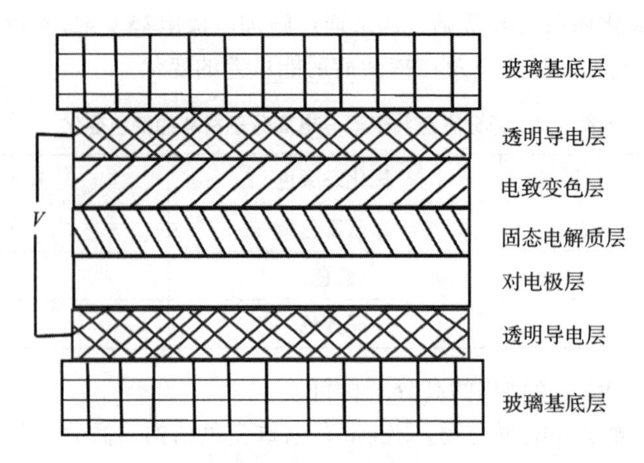

图 3-7 高分子电致变色器件结构示意图

电压。其电阻越小越好，从而降低在电极两端的电压降。

2. 电致变色层

电致变色层是发生电致变色现象的部位，由有机电致发光材料构成。膜的厚度约几微米到几十纳米。厚度对器件的电致变色性能有重要影响，如电致变色的响应时间与膜厚成反比，颜色变化的深度与膜厚成正比。

一般采用旋涂、浸涂、蒸镀或者原位聚合等方法在透明导电层上形成电致变色层薄膜。

3. 固态电解质层

固态电解质层也称为离子传输层，主要作用是在电致变色过程中向电致变色层注入离子，以满足电中性要求和实现导电通路。固态电解质层常采用胶体化和高分子电解质，其中传输的离子一般有 H^+、Li^+、OH^-、F^-。

4. 对电极层

对电极层也称为离子存储层，主要作为载流子的发射/收集体。当器件施加电场发生电致变色过程时，电解质层向变色层注入离子，而对电极则向电解质层供应离子；在施加反向电场时，电解质层从发光层中抽出离子，对电极则将多余的离子收集起来，以保持电解质层的电中性。

对电极的电中性由处在相邻位置的另一个透明电极通过注入和抽出电子提供，因而对电极也是电子和离子的混合导体。

3.4.3 高分子电致变色材料的应用

电致变色材料的基本性能是可以随着施加电压的不同而改变，从透明态变为显色态，或从一种颜色变为另一种颜色。其通常具有以下优势：①颜色变化具有可逆性（不同显色态反复变化）；②方便性和灵敏性（改变电压大小和极性，调节颜色）；③可控性（控制注入电荷量调控光密度）；④颜色记忆性（去掉电压后，颜色可保持）；⑤驱动电压低（一般为 1 V 左右）；⑥多色性（不同的电压显示不同颜色）；⑦环境适应性强（可在强光线下使用）。

高分子电致变色材料的优势促使其在各种电致变色器件的研制和开发十分迅速，具有十分广阔的应用前景。

1. 信息显示窗

高分子电致变色材料最早凭借其颜色改变可控用于新型信息显示器件的制作，如机械指示仪表盘、记分牌、广告牌、车站等公共场所大屏幕显示等。与液晶显示器件相比，其具有无视盲角、对比度高，易实现灰度控制，驱动电压低，色彩丰富的特点；与阴极射线管型器件相比，具有电耗低、不受光线照射影响的特点。矩阵化工艺的开发，直接采用大规模集成电路驱动，很容易实现超大平面显示。

2. 智能窗

通过主动（电致变色）或被动（热致变色）来控制窗体颜色，达到对热辐射光谱的某段光谱区产生反射或吸收，从而有效控制通过窗户的光线频谱和能量流，实现对室内光线和温度的调解，即可以制作主动型智能窗。智能窗用于建筑物及交通工具，不但能节省能源，而且可使室内光线柔和，环境舒适，具有经济价值与生态意义。

3. 电色信息储存器

利用高分子电致变色材料的多电色性，可用来记录彩色、连续的图像信息，并且可以擦除和改写。

4. 无眩反光镜

在电致变色器件中设置反射层，通过电致变色层的光选择性吸收特性，调节反射光线，可以做成无眩反光镜。如做成汽车后视镜，可避免强光刺激，从而增加交通的安全性。

3.5 聚合物修饰电极材料

3.5.1 概述

现代科学和技术发展的重要目标之一就是研究掌握控制电子转移过程的方法，使之向有利于人们需要的方向进行。而电化学方法是其中最直接的、发展最快的控制方法之一。决定电化学反应与否和反应方向的关键是电极和电解质的界面性质，通过改变电极表面的性质，对这一界面实施有效控制是电化学家的主要任务之一。

用化学或物理方法对电极表面进行处理（包括附着一层或多层其他物质或者仅仅改变表面的物理化学性质，而没有其他物质加入），使其电化学性质发生改变，这一处理过程称为电极的表面修饰。通过电极的表面修饰得到的具有新性质的电极称表面修饰电极。以聚合物为修饰材料的修饰电极称为聚合物修饰电极。

化学修饰电极于1975年提出，但当时主要采用小分子修饰。20世纪80年代初开始大量采用功能聚合物作为电极修饰材料。聚合物修饰电极的最大优越性在于其制备过程的可控性和使用过程的稳定性。现如今，修饰电极不仅仅是为了改变电极表面的性质，以弥补常规电极材料在品种和数量上的不足，适应在电分析化学、电有机合成、催化反应机理研究方面的特殊需要；还可通过多层修饰，得到具有特殊功能的电极，成为新型电子器件的可选材料。

目前电极修饰方法主要有四种：

（1）表面改性修饰。用物理或化学的方法直接改变电极表面材料的物理化学性质，如用等离子体、电子、中子轰击等手段。

（2）化学吸附表面修饰。利用电极表面与修饰物之间的吸附力将二者结合在一起，使修饰物保持在电极表面的方法。

（3）化学键合表面修饰。利用化学反应，在修饰物与电极之间生成化学键，使二者结合为一体的方法。

（4）聚合物表面修饰。以聚合物为电极表面修饰材料，利用聚合物的不溶性和高附着力，使其与电极表面结合的修饰方法。

3.5.2 聚合物修饰电极的制备方法

聚合物修饰电极的制备具体包括三方面的内容：

（1）功能化修饰材料的选择与制备，即得到预期的修饰材料。

（2）电极表面的修饰过程，即使修饰材料与电极表面结合。

（3）修饰电极功能的实现，即使电极修饰材料具有某种电活性功能，赋予电极特定的功能。

聚合物修饰电极的制备方法主要有两大类，一是先进行聚合反应得到功能化聚合物，然后进行修饰操作，即先聚合后修饰法；二是聚合反应和修饰操作同时进行。

1. 先聚合后修饰法

先聚合后修饰法是先制备修饰用的聚合物，将聚合物制成适当浓度的溶液后，再用浸涂或旋涂的方法将此聚合物固化到电极表面。此方法具有简便实用、有商品化聚合物、可节省研究费用和研制时间、应用广泛等优点；但具有难以定量、可重复性差等缺点。该方法要求聚合物修饰层与电极表面有非专一性的吸附作用，聚合物在电解质溶液中不溶解；在修饰过程中还要求聚合物在选定的用于涂布的溶剂中应有一定的溶解度。

采用先聚合后修饰法可以通过以下三种途径实现修饰电极的功能化。

（1）使用预先功能化的聚合物

采用物理或化学的方法得到功能化的聚合物，将其溶解在适当溶剂中，配成一定浓度的溶液，再采用滴加蒸发法、旋涂法或浸涂法对电极表面修饰。该过程可制备多种聚合物修饰电极，如碳电极表面用三苯基铑络合物进行修饰，可用于催化加氢修饰电极。

（2）电极表面修饰与功能化同时进行

电极表面修饰与功能化同时进行的具体方法是将未经功能化的聚合物与电活性物质同时溶解在选定的溶剂中，制成浓度适宜的涂布液，将其涂布在电极表面。当溶剂蒸发以后，与聚合物同时溶解在溶液中的电活性物质被聚合物所包裹而留在电极表面，从而可以得到特定功能化聚合物修饰电极。

电极表面修饰与功能化同时进行简单实用，不需制备功能化聚合物，特别适合无机/高分子共混型功能材料。但因聚合物对电活性物质的包裹会对电极电学性质产生不利影响。例如，聚合物的立体阻碍作用会影响电活性物质的电极反应，得到的修饰电极稳定性较差，在使用过程中电活性物质容易重新以扩散的方式进入电解质溶液，逐渐使修饰电极失去活性。

(3) 修饰层的功能化过程在电极表面修饰之后

首先制备聚合物溶液,使用未经功能化的聚合物来修饰电极表面;再将此电极插入含有电活性物质的溶液中(涂布好的聚合物膜应在此溶液中不溶解);借助于聚合物与电活性物质之间的相互作用力(包括络合作用、静电作用、吸附作用等),使电活性物质逐步扩散进入并停留在聚合物膜内,干燥后完成聚合物膜的功能化过程。某些有络合能力的聚合物(通常在聚合物骨架上含有配位体结构),或者阳离子交换树脂比较适合采用这种方法。例如,用滴加蒸发法,以聚乙烯基吡啶为材料修饰碳电极表面,再将电极插入三价钌的乙二胺四乙酸络合物溶液中,使活性钌离子进入膜内。

该方法可以克服某些电活性物质与修饰用聚合物难以制成均匀溶液而难以采用其他制备方法的问题,但制得的修饰电极稳定性差。为了提高修饰电极在使用过程中的稳定性,可以在表面修饰后,或在功能化过程后,再加上交联反应过程,使聚合物的线性大分子变成网状大分子。

2. 聚合反应和表面修饰过程同时进行

直接采用可聚合单体作为修饰材料在电极表面直接进行聚合反应,可使聚合反应与表面修饰同时完成。整个修饰过程均得到有效控制,可以准确地得到预先设计好的修饰电极。

聚合反应和表面修饰过程同时进行的具体方法主要有三种:

(1) 原位电化学聚合修饰法

原位电化学聚合修饰法是直接在电极表面进行电聚合反应,在电极表面生成一层电活性聚合物膜,同时完成电极修饰。主要有电化学氧化聚合法和电化学诱导还原聚合法。其中电化学氧化聚合法以电极作为电子的接受者,单体产生离子型自由基,进而阳离子自由基之间发生链式聚合反应,生成的不溶性聚合物将沉积在电极表面构成电活性修饰层。而电化学诱导还原聚合法在聚合反应中电极起引发作用,在电极附近由阴极激发产生的阴离子自由基是聚合反应的引发体,阴离子自由基与附近的乙烯基单体发生链式自由基聚合反应。随着加聚反应的进行,生成的高分子量的聚合物由于溶解度下降而沉积在阴极表面构成表面修饰层。

(2) 热化学交联聚合法

利用电活性单体或可溶性聚合物在高温下发生的交联反应,并设法使其在电极表面发生,也可以在电极表面得到聚合物涂层。如果形成的聚合物涂层具有电活性,即成为需要的聚合物修饰电极。

具体步骤:首先,将含有电活性单体或可溶性聚合物的溶液涂在电极表面,放入等离子体谐振腔中,点燃等离子体后单体或可溶性聚合物在等离子体放电作用下发生聚合或交联反应,在电极表面形成平整的不溶性聚合物膜。加热方式,以等离子体放电聚合法最常用。反应机理比较复杂,产物多为复杂的交联聚合物,得到的聚合物的化学结构细节尚不清楚。

(3) 通过“锚分子”交联反应制备修饰电极

参与修饰的功能化分子借助第三种物质与电极表面上存在的某些基团反应并生成共

价键而固化到电极表面，这种方法被称为“锚分子”交联修饰法。通过“锚分子”交联修饰法可以将电活性物质固化到许多金属氧化物和非金属电极表面。

电极材料主要有二氧化锡电极；各种各样的以碳为主要成分的电极材料，包括石墨、碳纤维、玻璃碳等；铂电极、金电极、金属氧化物电极（氧化锡、氧化钛、氧化钌等）和半导体电极（锗、硅、镓等）。

采用该方法一般只能制备单分子层修饰层，因而修饰电极单位面积担载的电活性物质的数量受到较大限制。目前可采用比表面大的材料或增加表面粗糙度解决。

3.5.3 聚合物修饰电极的作用

电极反应是电化学过程的重要组成部分，电极表面的性质是影响电极反应的主要因素。修饰层在电极反应过程中主要起到两方面的作用：一方面，在电化学过程中这层聚合物的存在必然影响电极与电活性物质之间的电子转移过程；另一方面，修饰层本身在电极反应过程中会表现出特殊性质，可以加以利用。具体地，聚合物修饰层的作用主要有以下几种。

1. 聚合物修饰层在电极反应过程中作为电子转移的中介物

氧化还原型聚合物修饰层的主要作用有：①作为一种电子转移的中介物，在电极与外层溶液之间传递电荷；②起到传质作用，用于电化学分析或者化学敏感器制作。

根据电极表面聚合物的性质不同，以及溶液中电活性物质、聚合物和电极之间的相互关系，主要有三种电子转移关系。

（1）电极反应在修饰层外表面进行

当修饰聚合物层完全不允许电活性物质进入并透过时，电极反应只能在聚合物修饰层外表面进行。反应物与电极之间的电子转移过程完全依赖于聚合物内部的氧化还原导电方式，即依靠氧化还原基团之间的依次氧化或还原反应来完成。电极反应完全由表面修饰聚合物的电化学性质控制。电极具有氧化还原电位选择性，只有能与聚合修饰物进行氧化还原反应的物质才能与修饰层交换电子，通过修饰层将电子传递给电极，产生电信号。而溶液中不能与修饰材料传递电子的物质（相互间不发生氧化还原反应），电极不能给出相应的电信号。

（2）电极反应在聚合物修饰层中进行

当聚合物修饰层部分允许电活性物质进入并透过时，某些电活性物质可以通过扩散进入聚合物修饰层中完成电子转移过程。在这种情况下，电活性物质的扩散和电子在聚合物中的传递过程共同控制电子转移反应。电极具有氧化还原电位选择性和通透性。

（3）电极反应在电极表面进行

当修饰聚合物不具备电子转移能力，即氧化还原性质与溶液中被测物质不匹配时，被测物质与电极之间的电子传递必须依靠被测物质在聚合物修饰层中的扩散运动来实现。只有能通过扩散透过聚合物修饰层到达电极表面的电活性物质才能在电极上给出电信号。电极选择性通过修饰层的选择性透过来实现。

2. 聚合物修饰层中含有选择性催化剂

采用有特定催化活性的聚合物作为修饰材料，可以使得到的修饰电极具有选择性催化能力。即当溶液中的电活性物质扩散到修饰电极表面，电活性物质在固化到电极表面的催化剂作用下，在电极表面发生氧化还原反应，被催化反应产生的电荷再通过催化剂与电极之间的电子传递完成电子转移过程。

3. 电极修饰材料对某些物质有特殊的亲和力

在电化学分析中，如果在电极表面固化一层对被测物质有特殊亲和力的物质，便会使电极表面被测物质的有效浓度得到提高（富集作用），提高测量灵敏度。

4. 修饰电极作为电显示装置

修饰电极作为电显示装置具有两个明显特点：

（1）作为电显示装置一般都是多层修饰，其修饰方法要考虑多层修饰时如何避免相互干扰。

（2）作为信息显示往往要求将电极制成特定形状，以满足文字或图形显示要求。

思考题

1. 电活性高分子材料可以分为哪几类？
2. 电活性高分子材料具有哪些特点？
3. 形成驻极体的高分子材料具有什么结构特征？
4. 高分子驻极体压电效应和热电效应的作用机理是什么？
5. 热极化形成法和电晕放电极化法均是高分子驻极体的重要制备方法，举例分析这两种方法分别适合哪些类型的高分子材料？哪种方法获得的驻极体稳定性更好？为什么？
6. 哪种制备方法可以得到具有体电荷的高分子驻极体？为什么？
7. 试举例说明高分子驻极体的压电效应和热电效应在日常生活中的应用。
8. 高分子驻极体为什么可以应用于净化空气方面？
9. 常见的白炽灯是否属于电致发光材料？为什么？
10. 请阐述高分子电致发光器件的结构组成及发光机理。
11. 高分子电致发光器件的发光效率最大极限是多少？为什么？
12. 高分子荧光转换材料主要有哪几类？典型代表有哪些？
13. 哪种成膜方法适合制备高分子电致发光器件中的发光层？为什么？

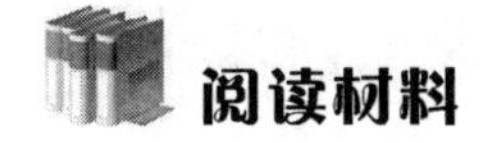

阅读材料

——高分子智能窗

随着科技的不断发展，智能家居已经成为现代家庭的趋势之一，智能窗是其中的重要组成部分。智能窗是用具有变色可逆性和连续可调性的电致变色材料与玻璃制成的。对智能窗施加电场，随着电场强度或电流大小的改变，智能窗中的电致变色层会发生氧化还原反应，即发生着色和消色反应，随着着色和消色程度的不同，智能窗的透过率、吸收率和反射率发生变化，因此智能窗可以动态地控制穿透窗户的能量，具有调光、调温、调热的功能，用作建筑物的窗玻璃，可以不用暖气和空调而实现冬暖夏凉。可见，智能窗具有透光、传热等的动态可调性，在节约能源、优化居住环境方面有很大的潜力。

智能窗是高分子电致变色材料最主要的应用方向。在智能窗中引入导电高分子电致变色层大大提高了智能窗的变色性能，使智能窗在变色效率、光学对比度、使用寿命等诸方面都有了显著提高，并且还有很大的提升空间。这是智能窗进一步商业开发及应用的一个很好的途径。

目前已用于建筑上的电致变色智能窗主要是无机电致变色材料。与许多无机电致变色材料相比，高分子电致变色材料可加工性能更好、更易成膜、辐射衰减过程效率更高，而且可以得到所有范围的光谱。目前将高分子电致变色材料应用于智能窗主要考虑减少成本、延长寿命、克服降解及解决面积过小等问题。广大科研工作者们已经在制作有机材料智能窗上做了大量探索，相信导电高分子材料智能窗在不久的将来就能进入市场。

第4章 吸附分离功能高分子材料

(1) 熟悉吸附分离高分子材料的分类。

(2) 重点掌握离子交换树脂结构特征与离子交换原理。

(3) 熟知离子交换树脂的分类,知道各种离子交换树脂的离子交换基团及特点。

(4) 重点掌握各种离子交换树脂的制备方法。

(5) 能举例说明离子交换树脂在水处理、食品安全、环境保护等领域中的应用。

(6) 熟知吸附树脂的结构特征及分类。

(7) 能举例说明吸附树脂的应用。

(8) 掌握螯合树脂的吸附机理。

(9) 了解螯合树脂的分类。

4.1 概述

吸附是指液体或气体中的离子或分子以离子键、配位键、氢键或分子间作用力结合在功能材料表面。固体材料对液体或气体中的不同组分的吸附性有差别,即具有吸附选择性。利用吸附选择性可以分离复杂物质和进行产品提纯,这种利用吸附现象实现分离某些物质的方法称为吸附性分离。目前,吸附剂有很多种类,不仅包括有机材料还有无机材料,不仅有天然的也有人工合成的,具体分类如图 4-1 所示。

吸附分离功能高分子材料又称为高分子吸附剂或高分子吸附树脂,是指对某些特定离子或分子有选择性亲和作用,使两者之间发生暂时或永久性结合,进而发挥各种功效的材料,其中亲和力包括物理吸附、范德华力、静电力、配位键及离子键的形成等。这是一类发展最早、应用最普遍的功能高分子材料,目前,被广泛用于物质的分离与提纯。

根据性质和用途的不同,吸附分离高分子材料主要可以分为以下几类:

(1) 离子型高分子吸附剂:该种材料高分子骨架中含有某些酸性或者碱性基团,在溶液中解离后分别具有与阳离子或阴离子相互以静电引力生成盐而结合的趋势。

(2) 非离子型高分子吸附剂:这种高分子材料中不含有特殊的离子和官能团,吸附主

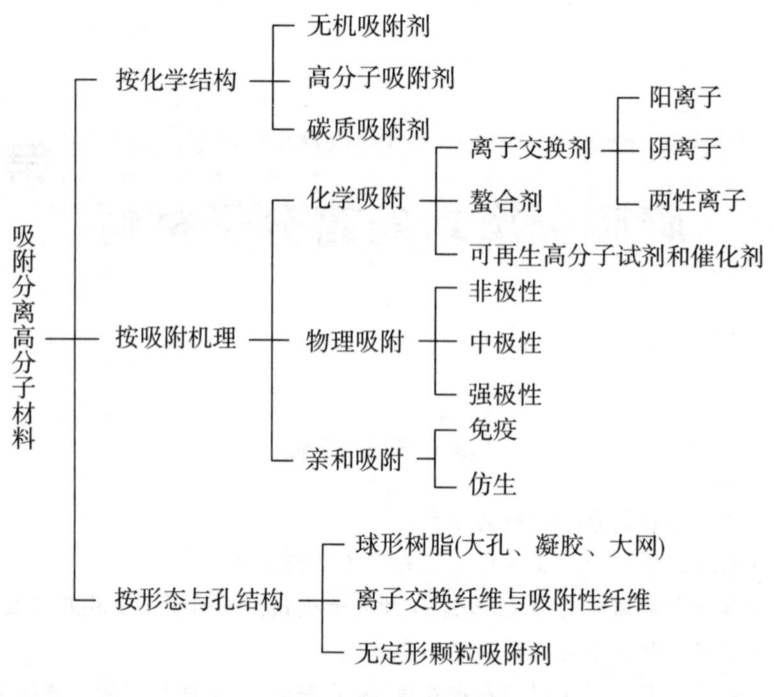

图 4-1　吸附剂分类

要依靠分子间的范德华力。

(3) 金属离子配位型螯合树脂:这种材料骨架上带有配位原子或者配位基团,能够与特定金属离子进行络合反应,两者间生成配位键而结合,因此对多种过滤金属有吸附和富集作用。

这三类是目前使用最广泛的吸附分离功能高分子材料,是本章的主要内容。此外,一些高分子电介质,如高分子电介质絮凝剂也属于吸附分离高分子材料。但由于篇幅限制,本书不涉及高分子电介质絮凝剂。

4.2　离子型高分子吸附材料

离子型高分子吸附材料也称为离子交换树脂,是最早出现的功能高分子材料,其历史可追溯到 20 世纪 30 年代。1935 年英国的 Adams 和 Holmes 发表了关于酚醛树脂和苯胺甲醛树脂的离子交换性能的工作报告,开创了离子交换树脂领域,同时也开创了功能高分子领域。

离子交换树脂是指聚合物三维骨架上含有离子交换基团,并通过交换反应使原离子被其他离子所取代,从而使物质发生分离的一类功能高分子材料。它们具有一般聚合物所没有的新功能——离子交换功能,本质上属于反应性聚合物。通过反复的离子交换,从而达到浓缩、分离、提纯、净化等目的。

4.2.1 结构特征与离子交换原理

1. 离子交换树脂的结构特征

离子交换树脂外形一般为颗粒状，通常粒径为0.3～1.0 mm。一些特殊用途的离子交换树脂的粒径可能大于或小于这一范围。离子交换树脂不溶于水和一般的酸、碱，也不溶于普通的有机溶剂，如乙醇、丙酮和烃类溶剂。离子交换树脂是一类带有可离子化基团的三维网状高分子材料，如图4-2所示。可见，离子交换树脂的骨架是由大分子相互交联呈三维网络结构，而且在骨架上分布有大量的离子，它们是通过化学键牢牢固定在骨架上的，是不能自由移动的，因此叫作固定离子。在固定离子周围因静电吸附有一种电荷相反的离子，这些吸附反离子在溶液中可以电离出来，可自由移动，并可与外来同性离子互相交换，因此叫作可交换离子。而固定离子和可交换离子共称为离子交换基团，可见离子交换基因的主要作用就是完成离子交换。而聚合物骨架不仅承载离子基团，同时可以为离子交换提供空间。因此，离子交换树脂的结构主要由三部分组成：三维空间结构的网络骨架、骨架上连接的固定离子、固定离子上吸附的可交换离子。

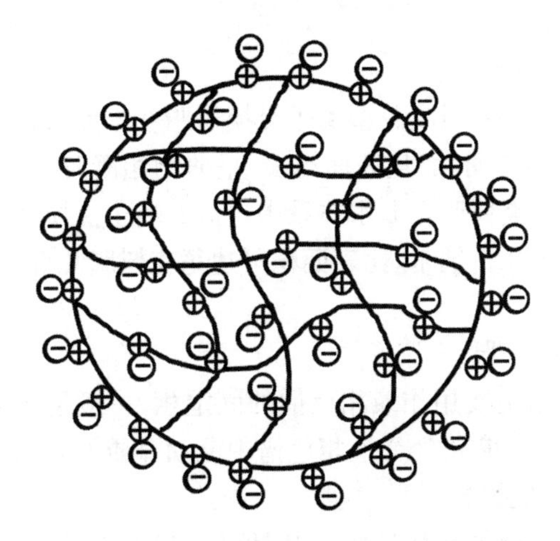

图4-2 聚苯乙烯型阳离子交换树脂的示意图

2. 离子交换树脂的交换原理

离子交换树脂在溶液中工作时，会在其表面形成一层液膜。溶液中的外来离子从溶液主体向树脂颗粒表面扩散，穿过其表面液膜后，继续在树脂颗粒骨架内扩散，直至达到某一离子交换基团；可交换的离子解离出来，并与外来离子发生交换反应；而被交换下来的离子沿着与外来离子相反的运动方向扩散，最后被主体水流带走，完成交换过程。

3. 扩散速度影响因素

由离子交换原理可以看出，离子交换过程主要包括离子扩散过程和离子交换反应。而交换反应速率与扩散相比要快得多，因此总交换速度由扩散过程控制。树脂骨架交联度是扩散速度最重要的影响因素之一，当交联度较小时，离子交换树脂三维骨架网孔尺寸较大，有利于离子的内扩散；而增大骨架交联度，会显著降低骨架的网孔尺寸，使得离子在其内部扩散时，很容易与骨架发生碰撞，而且交联度增加，使得骨架遇水不易膨胀，这均不利于离子的扩散，因此，离子交换树脂骨架交联度不宜过大，一般在4%～14%为宜。

影响扩散速度的另一个重要因素是离子交换树脂粒径大小。降低离子交换树脂的粒径，一方面会有效降低离子在内部的扩散距离，另一方面液膜扩散总面积会逐渐增大。因此一般与大粒径树脂相比，小粒径树脂的交换速度更快些。

4.2.2 离子交换树脂的分类

1. 按树脂的物理结构分类

按树脂物理结构的不同，可将离子交换树脂分为凝胶型、大孔型和载体型三类。

(1) 凝胶型

凝胶型交换树脂外观透明、表面光滑，球粒内部没有大的毛细孔，呈均相高分子凝胶结构。凝胶型离子交换树脂在无水状态下，其分子链会紧缩，体积缩小，分子链间隙很小，无机小分子无法通过。当有水存在时，这类树脂会溶胀成凝胶状，有效增大大分子链的间隙孔。大分子链之间的间隙约为2～4 nm，而一般无机小分子的半径在1 nm以下，无机小分子可自由地通过离子交换树脂内大分子链的间隙。因此，这类离子交换树脂在水溶液中才具有离子交换功能。

(2) 大孔型离子交换树脂

大孔型离子交换树脂是针对凝胶型离子交换树脂在干燥条件下不具有离子交换功能而研制的。其产品外观不透明，而且表面粗糙，呈非均相凝胶结构；内部存在许许多多不同尺寸的毛细孔，因此，这类树脂在非水体系中也具有离子交换功能。大孔型离子交换树脂的孔径一般为几纳米至几百纳米，比表面积可达每克树脂几百平方米，因此其吸附功能十分显著。

(3) 载体型离子交换树脂

载体型离子交换树脂主要用作液相色谱的固定相，一般是将离子交换树脂包覆在硅胶或玻璃珠等表面上制成。它可经受液相色谱中流动介质的高压，又具有离子交换功能。

2. 按交换基团的性质分类

离子交换树脂的离子交换基团决定了其是可以和阴离子还是阳离子交换，因此通常按照离子交换基团的性质对其进行分类。

如果树脂骨架上固定的是阴离子，解离出可自由移动的是阳离子，并能与外来阳离子进行交换，那么就属于阳离子交换树脂；反之，如果固定的是阳离子，可发生交换的是阴离子，并能与外来阴离子进行交换，就属于阴离子交换树脂。

阳离子交换树脂相当于高分子多元酸，可进一步分为强酸型阳离子交换树脂和弱酸型阳离子交换树脂。阴离子交换树脂相当于高分子多元碱，同样可以进一步分为强碱性阴离子交换树脂和弱碱性阴离子交换树脂。

(1) 强酸型阳离子交换树脂

强酸型阳离子交换树脂的离子交换基团主要是磺酸基($R—SO_3H$)，其中磺酸根(SO_3^{2-})是固定离子，H^+是可交换离子。这类树脂在溶液中可以电离出大量自由移动的H^+，因此呈强酸性；而且电离能力很强，在pH为1～14的溶液中，均能电离出H^+，H^+进一步可以和外来阳离子发生交换，完成离子交换。

但是 H^+ 的存在使 H^+ 型阳离子交换树脂的稳定性差，腐蚀性强，为使用带来很多不便，因此，常将 H^+ 型阳离子交换树脂与 NaOH 反应而转化为 Na^+ 型阳离子交换树脂，以提高其贮存稳定性，并降低腐蚀性。

(2) 弱酸型阳离子交换树脂

弱酸型阳离子交换树脂的离子交换基团主要是羧酸基(R—COOH)、磷酸基($R—PO_3H_2$)。这类树脂在溶液中电离能力较弱，故呈弱酸性；而且在强酸溶液中难以电离，从而无法进行离子交换，故使用范围较小，主要在 pH 为 4～14 的溶液中使用。溶液碱性越强，其电离能力越强，离子交换能力越强。

(3) 强碱型阴离子交换树脂

强碱型阴离子交换树脂的离子交换基团主要是季氨基[$R—N(CH_3)_3OH$]，电离能力强，在溶液中电离出大量 OH^-，故呈强碱性；而且在强酸、中性、强碱溶液中均可电离出 OH^-，因此使用范围广。

(4) 弱碱型阴离子交换树脂

弱碱型阴离子交换树脂的离子交换基团主要是伯、仲、叔氨基等。这类树脂的电离能力较弱，故呈弱碱性，且使用范围小，只能在强酸、中性及弱碱性溶液中电离出 OH^-。

4.2.3 离子交换反应

不论是何种离子交换树脂均需通过交换反应完成离子的交换，最典型的交换反应就是中和反应(如下)。

$$R—SO_3H + NaOH \longleftrightarrow R—SO_3Na + H_2O$$
$$R—COOH + NaOH \longleftrightarrow R—COONa + H_2O$$
$$R—N(CH_3)_3OH + HCl \longleftrightarrow R—N(CH_3)_3Cl + H_2O$$
$$R\equiv NHOH + HCl \longleftrightarrow R\equiv NHCl + H_2O$$

不管是强酸型还是弱酸型、强碱型还是弱碱型离子交换树脂都可以通过中和反应与外界阳离子或阴离子发生交换，并生成水。不过强酸性离子交换树脂的交换能力强于弱酸性离子交换树酯，强碱性离子交换树脂交换能力高于弱碱性离子交换树酯。

另一个典型的交换反应就是复分解反应(如下)。可以看出所有的阳离子/阴离子交换树脂均可进行复分解反应，仅交换功能基团的性质和交换能力有所不同。

$$R—SO_3Na + KCl \longleftrightarrow R—SO_3K + NaCl$$
$$R—COONa + KCl \longleftrightarrow R—COOK + NaCl$$
$$R—N(CH_3)_3Cl + Na_2SO_4 \longleftrightarrow [R—N(CH_3)_3]_2SO_4 + 2NaCl$$
$$R\equiv NHCl + Na_2SO_4 \longleftrightarrow (R\equiv NH)_2SO_4 + 2NaCl$$

当 H^+ 型阳离子交换树脂和 OH^- 型阴离子交换树脂与外来离子交换无法生成水时，它们进行的就是中性盐反应(如下)。但仅有强酸型和强碱型离子交换树脂可发生该反应。

$$R—SO_3H + NaCl \longleftrightarrow R—SO_3Na + HCl$$
$$R\equiv NHOH + NaCl \longleftrightarrow R\equiv NHCl + NaOH$$

由此可见，所有的交换反应都是平衡可逆反应，这正是离子交换树脂可以再生的本质。只要控制溶液的 pH、浓度和温度等因素，就可使反应逆向进行，从而达到再生的目的。

4.2.4 离子交换树脂的制备

离子交换树脂的制备主要包括：①合成一种三维网状结构的大分子；②连接上离子交换基团。制备方法可以归纳为两类：一是可先合成网状结构大分子，然后使之溶胀，通过化学反应将交换基团连接到大分子上；二是先将交换基团连接到单体上，或直接采用带有交换基团的单体聚合成网状结构大分子。前者的优势是可以利用现有的、已知性能的高分子材料，可交换基团的浓度和分布具有可调节性，但树脂的交换容量较低。后者制得的交换树脂交换容量大，可交换基团分布均匀，而且树脂机械强度高。

1. 强酸型阳离子交换树脂的制备

强酸型阳离子交换树脂绝大多数为聚苯乙烯系骨架，通常采用第一类制备方法。以苯乙烯和二乙烯苯为原料，首先通过悬浮聚合法合成三维网状结构的树脂骨架，见图 4-3，反应获得的球状共聚物称为“白球”；然后，将干燥的“白球”用二氯乙烷或四氯乙烷、甲苯等有机溶剂溶胀，用浓硫酸或氯磺酸等进行连接交换基团的磺化反应，从而在三维骨架上引入了交换基团—SO_3H，见图 4-4。通常称磺化后的球状共聚物为“黄球”。

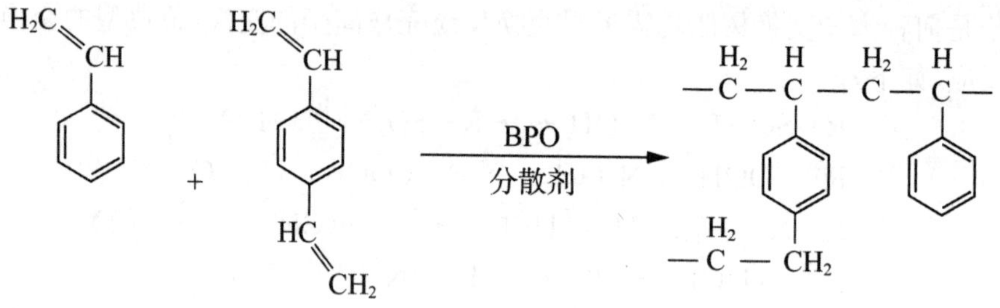

$H_2C{=}CH{-}C_6H_5$ + $H_2C{=}CH{-}C_6H_4{-}CH{=}CH_2$ $\xrightarrow[\text{分散剂}]{BPO}$ $-CH_2-CH(C_6H_4-CH(-)-CH_2-)-CH_2-CH(C_6H_5)-$

图 4-3 聚苯乙烯系骨架的合成

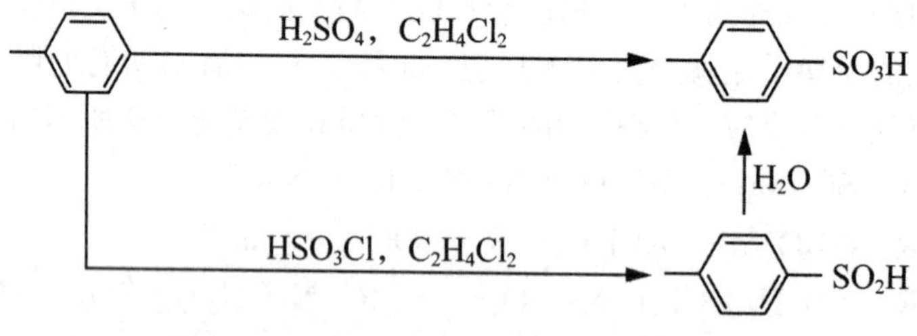

$-C_6H_4-$ $\xrightarrow{H_2SO_4,\ C_2H_4Cl_2}$ $-C_6H_4-SO_3H$

$-C_6H_4-$ $\xrightarrow{HSO_3Cl,\ C_2H_4Cl_2}$ $-C_6H_4-SO_2H$ $\xrightarrow{H_2O}$ $-C_6H_4-SO_3H$

图 4-4 聚苯乙烯母体(白球)引入功能基团

2. 弱酸型阳离子交换树脂的制备

弱酸型阳离子交换树脂通常以羧酸基(—COOH)、磷酸基(—PO_3H_2)、砷酸基(—AsO_3H_2)等作为离子交换基团，其中大多为聚丙烯酸系骨架，因此可用带有功能基的单体直接聚合而成，见图 4-5。

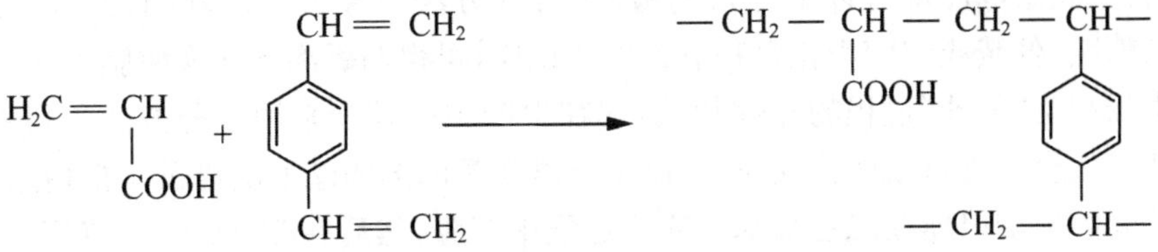

图 4-5 弱酸型阳离子交换树脂(聚丙烯酸系)的制备

3. 强碱型阴离子交换树脂的制备

强碱型阴离子交换树脂主要以季氨基作为离子交换基团,以聚苯乙烯作为骨架。与强酸型阴离子交换树脂一样,主要采用第一类制备方法,即先合成三维骨架,然后再引入离子交换基团。具体过程:首先通过悬浮聚合法合成聚苯乙烯系"白球",然后将"白球"进行氯甲基化,中间产物通常称为"氯球",见图 4-6,最后利用苯环对位上的氯甲基的活泼氯,定量地与各种胺进行胺化反应,从而引入各种季氨基。

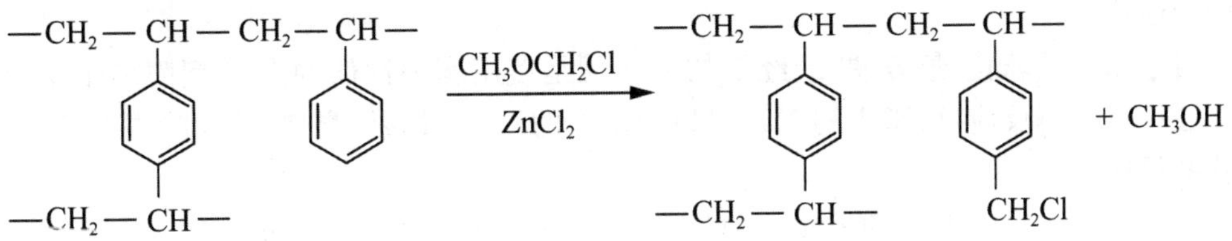

图 4-6 聚苯乙烯系"白球"进行氯甲基化

如果"氯球"与三甲胺反应,在树脂骨架上引入—$N^+(CH_3)_3$ 基团,得到的树脂称强碱Ⅰ型。如果与二甲基乙醇胺反应,在树脂骨架上引入—$N^+(CH_3)_2CH_2CH_2OH$ 基团,得到的树脂称强碱Ⅱ型,见图 4-7。Ⅰ型的碱性很强,对 OH^- 离子的亲合力小。当 NaOH 再生时,效率很低,但其耐氧化性和热稳定性较好。Ⅱ型引入了带羟基的烷基,利用羟基吸电子的特性,降低了氨基的碱性,再生效率提高,但其耐氧化性和热稳定性相对较差。

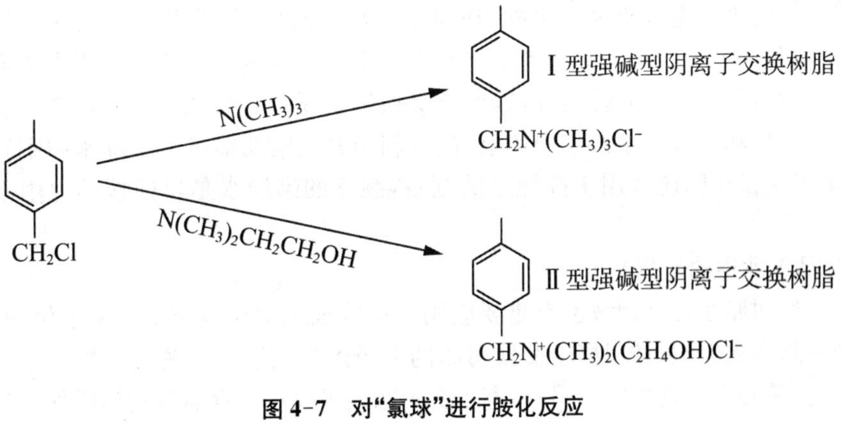

图 4-7 对"氯球"进行胺化反应

4. 弱碱型阴离子交换树脂的制备

弱碱型阴离子交换树脂通常也采用第一类方法来制备,即首先合成交联聚苯乙烯母体，然后在交联聚苯乙烯母体上导入弱碱基团，其方法与导入强碱基团的方法相似。用“氯球”与伯胺、仲胺或叔胺类化合物进行胺化反应，可得弱碱离子交换树脂。

但由于制备“氯球”过程的毒性较大，现在生产中已较少采用这种方法。利用羧酸类基团与胺类化合物进行酰胺化反应，可制得含酰胺基团的弱碱型阴离子交换树脂。例如，将交联的聚丙烯酸甲酯在二乙烯基苯或苯乙酮中溶胀，然后在130℃～150℃下与多乙烯多胺反应，形成多胺树脂。再用甲醛或甲酸进行甲基化反应，可获得性能良好的叔胺树脂。

4.2.5 离子交换树脂的应用

离子交换树脂最主要的功能是离子交换，此外还具有吸附、催化、脱水等功能。目前，离子交换技术给我们生活带来许多便利，已经广泛应用于许多领域。

1. 水处理中的应用

水处理包括水质的软化、水的脱盐和高纯水的制备等。水处理是离子交换树脂最基本的用途之一。

对于水质的软化，最方便、最经济的方法就是使用腐蚀性低的 Na^+ 型阳离子交换树脂。通过复分解反应，树脂中的 Na^+ 可以与水中的 Ca^{2+}、Mg^{2+} 交换，从而除去它们，达到软化的目的。

$$2R—SO_3Na + Ca^{2+} \longleftrightarrow (R—SO_3)_2Ca + 2Na^+$$

$$2R—SO_3Na + Mg^{2+} \longleftrightarrow (R—SO_3)_2Mg + 2Na^+$$

当树脂交换饱和后，可加入 NaOH 使之再生，实现重复使用的目的，反应如下。

$$(R—SO_3)_2Ca + 2NaOH \longleftrightarrow 2R—SO_3Na + 2Ca(OH)_2$$

$$(R—SO_3)_2Mg + 2NaOH \longleftrightarrow 2R—SO_3Na + 2Mg(OH)_2$$

去除或减少了强电解质含量的水就是脱盐水。强电解质会电离成阳离子和阴离子，所以可以将水依次与 H^+ 型阳离子交换树脂和 OH^- 型阴离子交换树脂进行离子交换，从而将几乎所有的电介质交换掉，交换剩余的 H^+ 和 OH^- 会结合生成水。

如果不仅将水中电解质全部去除，还将不解离的胶体、气体及有机物去除到更低水平，得到的就是高纯水。高纯水是当今电子工业不可缺少的原料之一。离子交换树脂三维网络骨架中分布有大量的孔洞，所以离子交换树脂还具有较强的吸附功能。利用离子交换树脂的交换功能可以除去水中的电解质，利用其吸附功能可以去除水中不解离的杂质，因此离子交换树脂还常用于高纯水的制备，制备的高纯水是目前核动力用水的唯一来源。

2. 食品工业中的应用

离子交换树脂在食品领域也有重要应用。有些抗生素在溶液中可离子化，所以可用离子交换树脂将之去除；利用离子交换树脂的强吸附作用还可以脱除食物中不电解的残留农药，为食品安全保驾护航。另外，离子交树脂还可以用于食品及食品添加剂的提纯分离、脱色脱盐、果汁脱酸脱涩等。

3. 环境保护中的应用

离子交换树脂在环境保护中发挥着越来越重要的作用，已广泛用于工业废水中重金属的处理和回收。例如对于含汞废水，开发了一种对汞离子具有强烈选择性的巯基为离子交换基团的阳离子交换树脂，Hg^{2+}遇到树脂时，会立刻与H^+进行交换，与巯基化合产生结合力非常强的硫化汞，除汞效果非常好。

$$2R—SH + Hg^{2+} \longleftrightarrow (R—S)_2Hg + 2H^+$$

4. 原子能工业中的应用

离子交换树脂在原子能工业上的应用包括核燃料的分离、提纯、精制、回收等。用离子交换树脂制备高纯水，是核动力用循环、冷却、补给水供应的唯一手段。离子交换树脂是原子能工业废水去除放射性污染的主要方法。

5. 海洋资源利用方面的应用

利用离子交换树脂，可从许多海洋生物（如海带）中提取碘、溴、镁等重要化工原料。在海洋航行和海岛上，用离子交换树脂以海水制取淡水是十分经济和方便的。

6. 医药卫生中的应用

离子交换树脂在医药卫生领域中被大量应用，如在药物生产中用于药剂的脱盐、吸附分离、提纯、脱色、中和及中草药有效成分的提取等。离子交换树脂本身可作为药剂内服，具有解毒、缓泻、去酸等功效，可用于治疗胃溃疡、促进食欲、去除肠道放射物质等。对于外敷药剂，用离子交换树脂粉末可配制软膏、粉剂及婴儿护肤用品，用以吸除伤口毒物和作为解毒药剂。

7. 化学工业中的应用

离子交换树脂在化学实验、化工生产上已经和蒸馏、结晶、萃取和过滤一样，成为重要的单元操作，普遍用于多种无机、有机化合物的分离、提纯、浓缩和回收等。离子交换树脂用作化学反应催化剂，可大大提高催化效率，简化后处理操作，避免设备的腐蚀。

8. 冶金工业中的应用

离子交换是冶金工业的重要单元操作之一。在超铀元素、稀土金属、重金属、轻金属、贵金属和过渡金属的分离、提纯和回收方面，离子交换树脂均起着十分重要的作用。

离子交换树脂还可用于选矿。在矿浆中加入离子交换树脂可改变矿浆中水的离子组成，使浮选剂更有利于吸附所需要的金属，提高浮选剂的选择性和选矿效率。

4.3 非离子型高分子吸附材料

4.3.1 概述

非离子型高分子吸附材料通常称为非离子型吸附树脂，简称吸附树脂。吸附树脂是在离子交换树脂基础上发展起来的一类新型树脂，是一类多孔性的、适度交联的高分子共聚物，其分子结构中不包含离子性基团，主要依靠分子间范德华力从气相或溶液中吸附某些物质，其内部拥有许多分子水平的孔道，提供扩散通道和吸附场所。

在吸附树脂出现之前，吸附剂已广泛使用，如活性氧化铝、硅藻土、白土和硅胶、分子筛、活性炭等。吸附树脂出现于20世纪60年代，我国于1980年以后才开始工业规模的生产和应用。吸附树脂是吸附剂的一大分支，是吸附剂中品种最多、应用最晚的一个类别。目前吸附树脂的应用已遍及许多领域，形成一种独特的吸附分离技术。吸附树脂必须在含水的条件下保存，以免树脂收缩而使孔径变小，因此吸附树脂一般都是含水出售的。

4.3.2 吸附树脂的结构

1. 吸附树脂的宏观结构

吸附树脂的外观一般为直径为0.3～1.0 mm的小圆球，表面光滑，可为乳白色、浅黄色或深褐色等。吸附树脂的颗粒大小对性能影响很大。粒径越小、越均匀，树脂的吸附性能越好。但是粒径太小，使用时对流体的阻力太大，过滤困难，容易流失。粒径均一的吸附树脂在生产中尚难以做到，故目前吸附树脂一般具有较宽的粒径分布。

2. 吸附树脂的微观结构

吸附树脂的微观结构很复杂。从扫描电子显微镜下可观察到，树脂内部像一堆葡萄珠，葡萄珠的大小约在0.06～0.5 μm，葡萄珠之间的相互粘连形成宏观上球形的树脂。葡萄珠之间存在许多空隙，这实际上就是树脂的孔。研究表明，葡萄珠内部也有许多微孔。正是这种多孔结构赋予树脂优良的吸附性能，是吸附树脂制备和性能研究中的关键技术。

4.3.3 吸附树脂的分类

吸附树脂有许多品种，吸附能力和所吸附物质的种类也有区别。但其共同之处是具有多孔性，并具有较大的表面积。吸附树脂目前尚无统一的分类方法。

1. 按化学结构分类

(1) 非极性吸附树脂

树脂中电荷分布均匀，在分子水平上不存在正、负电荷相对集中的极性基团的树脂，称为非极性吸附树脂，主要通过范德华力在水溶液中吸附具有一定疏水性的物质。由苯乙烯和二乙烯苯聚合而成的吸附树脂是非极性吸附树脂的代表性产品。

(2) 中极性吸附树脂

中极性吸附树脂的分子结构中存在酯基等极性基团，树脂具有一定的极性。因此，这类树脂对于物质的吸附除了通过范德华力外，还有部分氢键的作用。

(3) 极性吸附树脂

极性吸附树脂的分子结构中含有酰胺基、亚砜基、腈基等极性基团，这些基团的极性大于酯基。

(4) 强极性吸附树脂

强极性吸附树脂含有极性很强的基团，如吡啶、氨基等。这类树脂主要通过氢键作用和偶极-偶极相互作用对被吸附物质进行吸附。

2. 按树脂骨架分类

根据聚合物骨架进行分类更有利于从制备角度进行研究，主要分类如下。

(1) 聚苯乙烯-二乙烯苯交联吸附树脂

聚苯乙烯-二乙烯苯交联吸附树脂是以苯乙烯为主料，二乙烯苯为交联剂制备而成，同时包括苯乙烯均聚物和以苯乙烯为主要成分的共聚物。这种树脂具有硅胶、活性炭、沸石等无机吸附材料的多孔性和表面吸附性，同其他合成多孔性非离子树脂一起，统称为合成吸附剂。80%以上的吸附树脂为聚苯乙烯型，其苯环邻、对位具有活性，便于改性。但这类吸附树脂机械强度不高，抗冲击性和耐热性较差。

未经结构改造的聚苯乙烯-二乙烯苯交联吸附树脂为非极性吸附剂，主要用于水溶液或空气中有机成分的吸附和富集，其吸附机理是被吸附物质的疏水基与吸附剂的疏水表面相互作用产生吸附。

(2) 聚甲基丙烯酸-双甲基丙烯酸乙二酯交联吸附树脂

聚甲基丙烯酸-双甲基丙烯酸乙二酯交联吸附树脂以甲基丙烯酸为主料，双甲基丙烯酸乙二酯为交联剂制备而成，其分子中含有酯键，是中极性吸附剂。经过结构改造引入羟基性基团的该类树脂也可作为强极性吸附剂。丙烯酸或丙烯酸酯与二乙烯苯共聚可以得到阳树脂或阴树脂，与苯乙烯系树脂相比，它的亲水性高，耐有机污染性好，但其耐氧化性差。

(3) 其他类型的吸附树脂

聚乙烯醇、聚丙烯酰胺、聚酰胺、聚乙烯亚胺、纤维素衍生物等高分子材料也常作为吸附性树脂使用。

4.3.4 吸附树脂的应用

1. 有机物分离中的应用

由于吸附树脂具有巨大的比表面积，不同的吸附树脂有不同的极性，所以可用来分离有机物。例如，含酚废水中酚的提取，有机溶液的脱色等。

2. 医疗卫生中的应用

吸附树脂可作为血液的清洗剂。这方面的应用研究正在开展，已有抢救安眠药中毒病人的成功例子。

3. 药物分离提取中的应用

在红霉素、丝裂霉素、头孢菌素等抗生素的提取中，已采用吸附树脂提取法。由于吸附树脂不受溶液 pH 的影响，因此不必调整抗生素发酵液的 pH，不会造成酸、碱对发酵液活性的破坏。

用吸附树脂对中草药中有效成分的提取研究工作正在开展，在人参皂苷、绞股蓝、甜叶菊等的提取中已取得卓著的成绩。

4. 制酒工业中的应用

酒中的高级脂肪酸脂易溶于乙醇而不溶于水，因此当制备低度白酒时，需向高度酒中加水稀释。此时，高级脂肪酸脂类溶解度降低，容易析出而使酒呈浑浊现象，影响酒的外观。吸附树脂可选择性地吸附酒中分子较大或极性较强的物质，较小或极性较弱的分子不被吸附而存留。如棕榈酸乙酯、油酸乙酯和亚油酸乙酯等分子较大的物质被吸附，而已酸乙酯、乙酸乙酯、乳酸乙酯等相对分子质量较小的香味物质不被吸附而存留，从而达到分离、纯化的目的。

4.4 螯合树脂

为适应各行各业的需要，发展了各种具有特殊功能基团的离子交换树脂，螯合树脂就是为分离重金属、贵金属而产生的。在分析化学中，常利用络合物既有离子键又有配位键的特点，来鉴定特定的金属离子。将这些能分离重金属、贵金属的络合物以功能基团的形式连接到高分子链上，就得到螯合树脂。

螯合树脂按结构可分为侧链型和主链型两类；按原料分类，则可分为天然的（如纤维素、海藻酸盐、甲壳素、蚕丝、羊毛、蛋白质等）和人工合成的两类。

4.4.1 螯合树脂的吸附机理

螯合树脂吸附金属离子的机理是树脂上的功能原子与金属离子发生配位反应，形成类似小分子螯合物的稳定结构。

主链型工作原理：

— FG — FG — FG — FG — $\xrightarrow{M^{2+}}$ — FG — FG — FG — FG —

M^{2+}　　M^{2+}

侧链型工作原理：

FG　FG　FG　FG　$\xrightarrow{M^{2+}}$　FG　FG　FG　FG

M^{2+}　　M^{2+}

FG 为功能基团，对某些金属离子有特定的络合能力，能将这些金属离子与其他金属离子分离开来。

离子交换树脂吸附的机理是静电作用。因此，与离子交换树脂相比，螯合树脂与金属离子的结合力更强，选择性也更高，可广泛应用于各种金属离子的回收分离、氨基酸的拆分以及湿法冶金、公害防治等方面。螯合树脂具有特殊的选择分离功能，很有发展前途。已有 30 多种类型的产品研究成功，但目前真正实现了工业化的产品并不多。

4.4.2 螯合树脂的分类

根据配位原子的不同，螯合树脂可以分为以下几类。

1. 氧为配位原子的螯合树脂

(1) 含羟基螯合树脂

聚乙烯醇能与 Cu^{2+}、Ni^{2+}、Co^{3+}、Co^{2+}、Fe^{3+}、Mn^{2+}、Ti^{3+}、Zn^{2+} 等多种离子形成高分子螯合物，其中二价铜的螯合物最稳定，反应式如下。

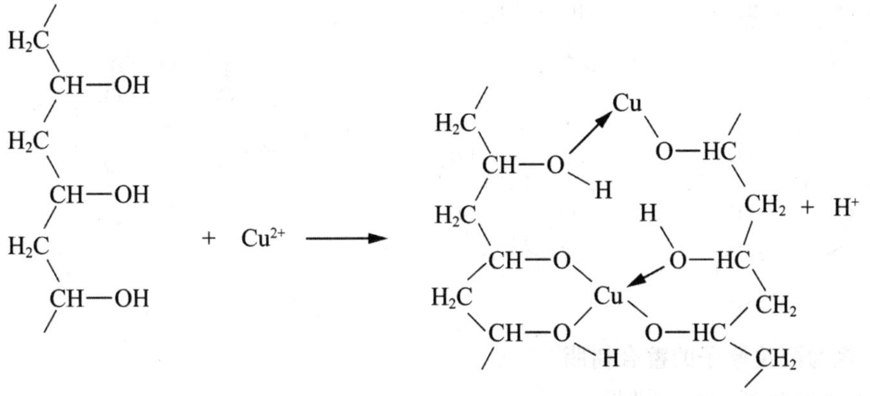

$$-\!\left(H_2C-CH(OH)\right)\!- \text{（重复单元）} + Cu^{2+} \longrightarrow \text{Cu 络合物（CH—O 配位）} + H^+$$

可见，螯合物螯合过程有大量质子释放，因此溶液体系的 pH 会有较大幅度下降，中性溶液会呈现酸性。此外，分子内络合物的形成会使溶液体系比黏度大幅度下降，这是聚合物链在形成螯合物时发生收缩所致。

（2）含 β-二酮螯合树脂

β-二酮结构是两个羰基之间间隔一个饱和碳原子的化学结构，其中羰基氧作为配位原子。

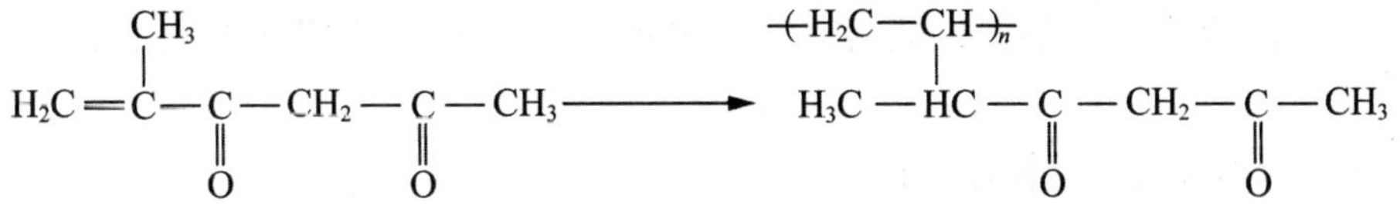

$$H_2C{=}C(CH_3)-C(=O)-CH_2-C(=O)-CH_3 \longrightarrow \left[H_2C-CH\right]_n \text{（侧基：} H_3C-HC-C(=O)-CH_2-C(=O)-CH_3\text{）}$$

该结构可由甲基丙烯酰丙酮单体聚合而成，也可以与苯乙烯或者甲基丙烯酸甲酯共聚生成。该螯合树脂可以与二价铜离子络合，用于铜离子的吸附富集，此外生成的络合物还可以作为催化剂催化过氧化氢分解反应，其催化活性高于小分子乙酰丙酮螯合树脂。

（3）含羧酸型螯合树脂

羧基（—COOH）中含有两种氧原子，一个处在羟基上，一个处在羧基上，两种氧原子在配位反应时作用不同，羟基氧往往以氧负离子形式参与配位。含有羧基的高分子螯合树脂最常见的有聚甲基丙烯酸、聚丙烯酸和聚顺丁烯二酸等。

聚甲基丙烯酸与二价阳离子络合时其络合物的生成常数大小顺序为 $Fe^{2+} > Cu^{2+} > Cd^{2+} > Zn^{2+} > Ni^{2+} > Co^{2+} > Mg^{2+}$。聚丙烯酸也有类似的顺序。

（4）冠醚型螯合树脂

冠醚是含有氧配位原子的大环化合物，是目前非常引人注目的配位结构。冠醚最显著的特征是可以络合碱金属和碱土金属离子，而这些离子往往是难以被其他类型的络合剂络合的。

冠醚环多由 12～30 个原子连接构成，配位氧原子分别为 4～10 个，适用于不同金属离子的配位数。例如：

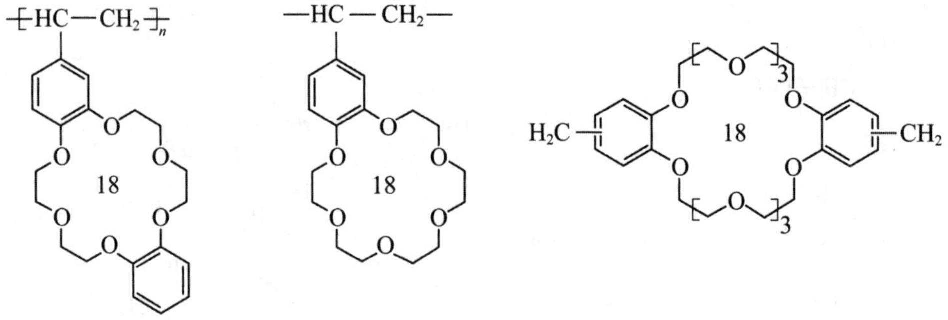

2. 氮为配位原子的螯合树脂

(1) 含有氨基的螯合树脂

螯合树脂的氨基可为脂肪胺和芳香胺。带聚乙烯骨架的脂肪胺可由 N -乙烯基乙酰胺通过聚合、水解等反应过程制备,或通过采用苯二甲酰保护氨基,然后与其他单体进行共聚反应,得到的酯型树脂再水解放出氨基。

(2) 含有肟结构的螯合树脂

肟类化合物能与金属镍(Ni)形成络合物。在树脂骨架中引入二肟基团形成肟类螯合树脂,对 Ni 等金属有特殊的吸附性。肟基旁带有酮基、氨基、羟基时,可提高肟基的络合能力。因此,肟类螯合树脂常以酮肟、酚肟、胺肟等形式出现,吸附性能优于单纯的肟类树脂。

(3) 席夫碱类高分子螯合树脂

主链型席夫碱树脂含有两个—N ═CH—基团和两个邻位羟基。侧链上具有席夫碱结构的螯合树脂,其骨架多为聚乙烯型。

思考题

1. 什么是吸附分离功能高分子材料?

2. 根据性质和用途的不同,吸附分离功能高分子材料可以分为哪几类?每一类具有什么性质?

3. 请分析离子交换树脂的结构特征。这些特殊结构在离子交换过程中主要起到什么作用?

4. 请分析离子交换树脂的交换原理。

5. 按树脂的物理结构,离子交换树脂可以分为哪几类?每一类具有什么特点?

6. 磺酸基($—SO_3H$)是哪一类离子交换树脂的交换基团?这类离子交换树脂具有什么特点?

7. 酸性离子交换树脂和碱性离子交换树脂是如何定义的?具有怎样的结构特征?

8. 在实际使用过程中,为什么将 H^+ 型阳离子交换树脂转换成 Na^+ 型阳离子交换树脂?怎么转换?

9. 请举例分析如何在聚苯乙烯和二乙烯苯型树脂的苯环上引入各种离子交换基团。

10. 如何制备丙烯酸系弱酸性阳离子交换树脂?

11. 举例说明离子交换树脂可以进行哪些离子交换反应。弱酸性和弱碱性离子交换树脂为什么不能分解中性盐?

12. 离子交换树脂交换饱和后为什么可以再生?举例说明如何对离子交换树脂循环使用。

阅读材料

——离子交换树脂之父　何炳林

何炳林,高分子化学家和教育家,中国离子交换树脂工业开创者,中国科学院资深院士,被誉为中国离子交换树脂之父。1942 年何炳林毕业于西南联合大学化学系。1947 年赴美国,1952 年获印第安纳大学博士学位,曾任美国芝加哥纳尔科化学公司高级研究员。1956 年回国,任南开大学化学系教授,1979 年加入中国共产党,1980 年当选中国科学院学部委员(院士)。

何炳林主持建立了我国第一个高分子化学教研机构,之后又成功从贫铀矿中提取出达光谱纯度的浓缩核燃料“铀- 235”,为我国原子能国防事业立下了汗马功劳。他长期从事教育工作,为国家培养了大批高分子化学科技人才,并在功能高分子的研究方面做出了贡献。他开创并发展了中国的离子交换树脂工业,发明了大孔离子交换树脂,并对其结构与性能进行了系统研究。1958 年创建南开大学化工厂生产苯乙烯型强碱性离子交换树脂,解决国防建设对核燃料铀的急需,使南开大学成为中国离子交换树脂研制的重要机构之一,并先后研制出几十种离子交换树脂和吸附树脂。1988 年,授予他“献身国防科学技术事业”荣誉证章,表彰他为原子弹的成功研发所做出的贡献。

第5章 高分子分离膜

(1) 了解各种膜分离过程形式及膜分离的特点。

(2) 知道高分子分离膜的分类。

(3) 熟知高分子分离膜的分离机制与驱动力。

(4) 知道各种高分子分离膜的材料。

(5) 掌握高分子分离膜的制备方法。

(6) 熟知各种膜分离技术的工作原理。

(7) 能举例说明各种膜分离技术的应用。

5.1 分离膜与膜分离技术

随着科学技术的迅猛发展和人类对物质利用广度的开拓,物质的分离已成为重要的研究课题。物质分离的类型包括同种物质按不同大小尺寸的分离、异种物质的分离、不同物质状态的分离等。在化工单元操作中,常见的分离方法有筛分、过滤、蒸馏、蒸发、重结晶、萃取、离心分离等。然而,对于高层次的分离,如分子尺寸的分离、生物体组分的分离等,采用常规的分离方法是难以实现的,或达不到精度,或需要损耗极大的能源而无实用价值。具有选择分离功能的膜材料的出现,使上述的分离问题迎刃而解。膜分离过程的主要特点是以具有选择透过性的膜作为分离手段,实现物质分子尺寸的分离和混合物组分的分离。

如果在一个流体相内或两个流体相之间有一个薄层凝聚相物质能把流体相分隔开,那么这一凝聚相物质就可称为分离膜。即分离膜是一类具有选择性分离功能的薄膜材料。膜的形式可以是固态的,也可以是液态的。被膜分割的流体物质可以是液态的,也可以是气态的。膜至少具有两个界面,膜通过这两个界面与被分割的两侧流体接触并进行传递。分离膜对流体可以是完全透过性的,也可以是半透过性的,但不能是完全不透过性的。

膜在生产和研究中的使用技术被称为膜分离技术。21世纪的多数工业中,膜技术扮演着战略性的角色。

5.1.1 膜分离过程形式

膜分离过程的推动力有浓度差、压力差和电位差等。膜分离过程可概述为以下三种形式。

(1) 渗析式膜分离

料液中的某些溶质或离子在浓度差、电位差的推动下,透过膜进入接受液,从而被分离出去的形式称为渗析式膜分离。属于渗析式膜分离的有渗析和电渗析等。

(2) 过滤式膜分离

利用组分分子的大小和性质差别所表现出透过膜的速率差别,完成组分的分离,称为过滤式膜分离。属于过滤式膜分离的有超滤、微滤、反渗透和气体渗透等。

(3) 液膜分离

液膜与料液和接受液互不混溶,液液两相通过液膜实现渗透,即为液膜分离,类似于萃取和反萃取的组合。溶质从料液进入液膜相当于萃取,溶质再从液膜进入接受液相当于反萃取。

5.1.2 膜分离的特点

膜分离过程的主要特点是以具有选择透过性的膜作为分离手段,实现物质分子尺寸的分离和混合物组分的分离。因此,与蒸馏、分馏、沉淀、萃取、吸附等传统的分离方法相比,膜分离具有以下优点:

(1) 没有相变化,不需要液体沸腾,也不需要气体液化;不需要投加化学物质,是低能耗、低成本的分离技术。

(2) 分离过程在常温下进行,特别适用于热敏感物质,如蛋白质、酶、药品的分离、分级、浓缩和富集;分离、浓缩同时进行,能回收有价值的物质。

(3) 应用范围广,对无机物、有机物及生物制品都适用,还适用于许多特殊溶液体系的分离,如溶液中大分子与无机盐的分离、一些共沸物及近沸点物系的分离等。

(4) 膜分离装置简单、操作容易、制造方便,不产生二次污染;易于实现自动化。

5.2 高分子分离膜的定义与分类

5.2.1 高分子分离膜的定义

高分子分离膜是一种具有选择性透过能力的膜材料,也是具有特殊传质功能的高分子材料,通常称为功能膜。从功能上来说,高分子分离膜具有分离物质、识别物质、能量转化和物质转化等功能,并已经在许多领域获得应用。用膜分离物质一般不发生相变、不耗费相变能,同时具有较好的选择性,且膜把产物分在两侧,很容易收集,是一种能耗低、效率高的分离材料。

5.2.2 高分子分离膜的分类

高分子分离膜的种类繁多，分类方法也很多，既可以从分离膜的材料、分离原理、膜的形状、膜的功能的角度分类，也可以从被分离物质的角度分类，目前典型的分类方法主要有以下几类。

1. 根据分离膜的材料分类

用作分离膜的高分子材料包括天然的和人工合成的有机高分子材料。原则上讲，凡能成膜的高分子材料均可用于制备分离膜。但实际上，真正成为工业化膜的膜材料并不多。这主要决定于膜的一些特定要求，如分离效率、分离速度等；也取决于膜的制备技术。

根据分离膜的材料，高分子分离膜主要可以分为纤维素酯类和非纤维素酯类，其中非纤维素酯类又可以进一步分为聚砜类、聚酰（亚）胺类、聚酯类、聚烯烃类、含氟（硅）类等，如表 5-1 所示。不同膜材料不仅成膜性能不同，膜的耐介质性能、化学稳定性能、耐微生物侵蚀性能也不同。

表 5-1 膜材料的分类

类别	膜材料	举例
纤维素酯类	纤维素衍生物类	醋酸纤维素，硝酸纤维素，乙基纤维素等
非纤维素酯类	聚砜类	聚砜，聚醚砜，聚芳醚砜，磺化聚砜等
	聚酰（亚）胺类	聚砜酰胺，芳香族聚酰胺，含氟聚酰亚胺等
	聚酯、烯烃类	涤纶，聚碳酸酯，聚乙烯，聚丙烯腈等
	含氟（硅）类	聚四氟乙烯，聚偏氟乙烯，聚二甲基硅氧烷等
	其他	壳聚糖，离子型聚合物等

2. 根据膜的形成过程分类

根据高分子分离膜的形成过程可将其分为沉积膜、相变形成膜、熔融拉伸膜、溶剂注膜、烧结膜、界面膜和动态形成膜等。

3. 根据膜的形态分类

根据高分子分离膜的形态可将其分为卷式膜、管式膜、中空纤维膜、板式膜、毛细管膜、具有垂直于膜表面的圆柱形孔的核径迹蚀刻膜等。

4. 根据膜分离过程分类

根据膜分离过程分类时，主要参照被分离物质的粒度大小以及分离过程采用的附加条件（如压力、电场等），因此，根据膜分离过程可以将高分子分离膜分为微滤膜、超滤膜、纳滤膜、反渗透膜、渗析膜、电渗析膜、渗透蒸发膜等。

5. 根据膜体结构分类

根据分离膜结构可以将其分为多孔膜和致密膜。致密膜通常又称为密度膜，其孔径小于 1 nm，主要用于电渗析、反渗透、气体分离、渗透气化等方面。显然，多孔膜的孔径大于致密膜的。根据多孔膜孔径的大小可以将其进一步分为微孔膜和大孔膜。多孔膜主要用于混合物水溶液的分离，如渗透、微滤、超滤、纳滤等。

根据膜结构，分离膜又可以分为对称膜和不对称膜。其中，对称膜又称为均质膜，膜两侧截面的结构及形态是完全相同的，致密膜和对称的多孔膜都属于对称膜。而不对称膜是工业上运用最多的分离膜，是指分离膜主体中有两种或两种以上的形貌结构。

6. 根据被分离物质性质分类

分离膜按其功能可分为分离功能膜(包括气体分离膜、液体分离膜、离子交换膜、化学功能膜)、能量转化功能膜(包括浓差能量转化膜、光能转化膜、机械能转化膜、电能转化膜、导电膜)、生物功能膜(包括探感膜、生物反应器、医用膜)等。

5.3 高分子分离膜的分离机制与驱动力

作为分离膜，选择性和透过性是其最重要的两个性能指标。透过性是指介质在单位时间内透过单位面积分离膜的绝对量；选择性是指在同等条件下测定介质透过量与参考介质透过量之比。在分离过程中，不同介质与膜的相互作用不同，因此，分离膜对不同物质具有不同的选择性和透过性。有的物质容易透过膜，而有的物质不易或无法通过分离膜，其原因就是它们与膜的相互作用机理不同，即膜分离原理不同。

膜分离过程原理：以选择性透过膜为分离介质，通过在膜两边施加一个推动力(如浓度差、压力差或电压差等)，使原料侧组分选择性地透过膜，以达到分离提纯的目的。通常膜原料侧称为膜上游，透过侧称为膜下游。膜对物质的阻碍和驱动力对物质的推动是膜分离过程中可供调节和利用的一对矛盾。膜的结构、性质和孔径决定了膜的阻碍性，而被分离物质的性质、结构和体积大小则决定透过性。目前，膜分离的机制主要有过筛分离机制和溶解扩散机制。

5.3.1 过筛分离机制

过筛分离类似于物理过筛过程，是以静压差为推动力，利用膜孔对溶液中悬浮微粒的“筛分”作用进行分离的膜过程。小于孔径的微粒随溶剂一起透过膜上的微孔，大于孔径的微粒被截留，即物质的粒径尺寸与分离膜孔径大小决定了分离物质是否能通过膜。此外，分离膜与被分离介质的相容性、亲水性及电负性等也会影响膜对物质的分离。

多孔膜的分离机理主要是过筛分离原理，依据膜表面平均孔径的大小而分为微滤(孔径为0.1～1 μm)、超滤(孔径为1～100 nm)、纳滤(孔径为1 nm左右)等，以截留水和非水溶液中不同尺寸的溶质分子。多孔膜表面的孔径有一定的分布，其分布宽度与制膜技术有关而成为分离膜质量的一个重要标志。一般来说，分离膜的平均孔径要大于被截留的溶质分子的分子尺寸。这是由于亲水性的多孔膜表面吸附有活动性、相对较小的水分子层而使有效孔径相应变小，孔径愈小这种效应愈显著。

5.3.2 溶解-扩散机制

在膜分离技术中通常将孔径小于1 nm的膜称为密度膜。这种膜的分离或传质机理不同于多孔膜的筛分机理，是溶解-扩散机理。即膜上游的溶质(溶液中)分子或气体分子

(吸附)溶解于高分子膜界面,按扩散定律通过膜层,在下游界面脱溶。溶解速率取决于该温度下小分子在膜中的溶解度,而扩散率则按菲克(Fick)扩散定律进行。反渗透膜的分离机制也属于溶解-扩散过程。

一般认为,小分子在聚合物中的扩散是由高聚物分子链段热运动的构象变化引起所含自由体积在各瞬间的变化而跳跃式进行的,因而小分子在橡胶态中扩散速率比在玻璃态中的扩散速率大,自由体积愈大扩散速率愈大,升高温度可以增加分子链段的运动而加速扩散速率,但相应的,不同小分子的选择透过性则随之降低。

5.3.3 膜分离过程驱动力

分离膜的基本功能是从物质群中有选择地透过或输送特定的物质,如颗粒、分子、离子等。或者说,物质的分离是通过膜的选择性透过实现的。几种主要的膜分离过程的驱动力及其传递机理如表 5-2 所示。

表 5-2 几种主要分离膜的分离驱动力

膜过程	推动力	传递机理	透过物	截留物	膜类型
微滤	压力差	颗粒大小、形状	水、溶剂溶解物	悬浮物颗粒	纤维多孔膜
超滤	压力差	分子特性、大小及形状	水、溶剂小分子	胶体和超过截留分子量的分子	非对称性膜
纳滤	压力差	离子大小及电荷	水、一价离子、多价离子	有机物	复合膜
反渗透	压力差	溶剂的扩散传递	水、溶剂	溶质、盐	非对称性膜、复合膜
膜过程	推动力	传递机理	透过物	截留物	膜类型
渗析	浓度差	溶质的扩散传递	低分子量物质、离子	溶剂	非对称性膜
电渗析	电位差	电解质离子的选择传递	电解质离子	非电解质,大分子物质	离子交换膜
气体分离	压力差	气体和蒸气的扩散渗透	气体或蒸气	难渗透性气体或蒸气	均相膜、复合膜,非对称膜
渗透蒸发	压力差	选择传递	易渗溶质或溶剂	难渗透性溶质或溶剂	均相膜、复合膜,非对称膜
液膜分离	浓度差	反应促进和扩散传递	杂质	溶剂	乳状液膜、支撑液膜

5.3.4 高分子功能膜结构与性质的关系

1. 化学组成结构层次

化学组成结构层次决定了分离膜对被分离材料的溶解性、亲水性、亲油性和化学稳定性等性质,将直接影响膜的透过性、溶胀性、毛细作用等性质。

2. 高分子链段结构层次

高分子链段结构层次对应于构成膜材料的聚合物的单体和链段结构类型。其对聚合物的结晶性、溶解性、溶胀性等性质起主要作用，影响膜的力学和热性质。

3. 高分子立体构象结构层次

高分子立体构象结构层次对应于聚合物的微观构象，如分子呈棒状、球状、片状、螺旋状，或者为无定型形状等。微观构象与形成膜的机械性能和选择性有密切关系。

4. 聚集态结构和超分子结构

聚集态结构和超分子结构包括分子的排列方式和结晶度等内容，以及晶胞的尺寸大小、膜的孔径和分布等。很显然这一结构层次直接与膜材料的使用范围、透过性能、选择性等关系密切。

5.4 高分子分离膜的材料

目前，实用的有机高分子膜材料主要有纤维素酯类和非纤维素酯类（聚砜类、聚酰胺类及其他材料）。从品种来说，已有百种以上的膜被制备出来，其中40多种已被用于工业和实验室中。以日本为例，纤维素酯类膜占53%，聚砜膜占33.3%，聚酰胺膜占11.7%，其他材料的膜占2%，可见纤维素酯类材料在膜材料中占主要地位。

不同的膜分离过程对膜材料提出不同的要求。例如，高分子膜材料的自由体积与内聚能的比值直接影响气体分离膜的通透量；反渗透膜必须具有优异的亲水性能；而蒸馏膜的材料必须具有优异的疏水性能。因此，根据不同的膜分离过程和被分离介质，选择合适的高分子作为膜材料是制备优异分离膜的关键所在。

下面详细介绍几类目前常用的高分子分离膜材料。

5.4.1 纤维素酯类膜材料

纤维素酯类膜材料是研究最早、目前应用最多的高分子膜材料，主要用于反渗透、超滤、微滤等，此外在气体分离和渗透气化方面也有应用。纤维素是由几千个椅式构型的葡萄糖基通过1，4-β-苷链连接起来的天然线性高分子化合物，其结构式为：

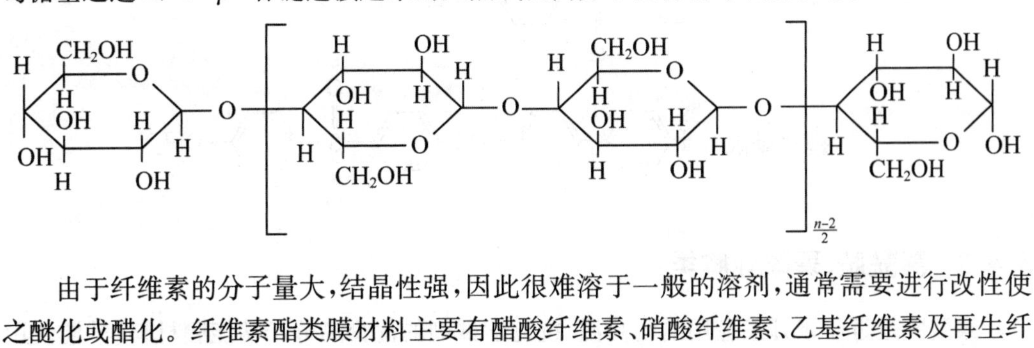

由于纤维素的分子量大，结晶性强，因此很难溶于一般的溶剂，通常需要进行改性使之醚化或酯化。纤维素酯类膜材料主要有醋酸纤维素、硝酸纤维素、乙基纤维素及再生纤维素等。醋酸纤维素是当今最重要的膜材料之一，是由纤维素与醋酸反应制得。醋酸纤维素性能稳定、价格便宜、分离和透过性能良好，主要用于反渗透膜材料、超滤膜材料及微滤膜材料。但在高温和酸、碱存在下，醋酸纤维素易发生水解。为了改进其性能，进一步提高分离效率和透过速率，可采用各种不同取代度的醋酸纤维素的混合物来制膜，也可采用醋酸纤维素与硝酸纤维素的混合物来制膜。硝酸纤维素是由纤维素与硝酸反应制成，价格便宜，被广泛用于透析膜材料、微滤膜材料。醋酸丙酸纤维素、醋酸丁酸纤维素也是很好的膜材料，在成膜过程中可恢复到纤维素的结构，称为再生纤维素，被广泛用于人工肾透析膜材料、微滤膜材料、超滤膜材料。

纤维素酯类材料易受微生物侵蚀，pH 适应范围较窄（pH=4～8），不耐高温和某些有机溶剂或无机溶剂，而且高压下长时间工作容易压密，降低透过性。因此发展了非纤维素酯类（合成高分子类）膜。非纤维素酯类膜材料通常具有以下基本特性：

（1）分子链中含有亲水性的极性基团。

（2）主链上应有苯环、杂环等刚性基团，使之有高的抗压密性和耐热性。

（3）化学稳定性好。

（4）具有可溶性。

5.4.2 聚砜类

聚砜类树脂是一类具有高机械强度的工程塑料，具有良好的化学、热学和水解稳定性，pH 适用范围为 1～13，最高使用温度达 120℃，抗氧化性和抗氯性都十分优良，因此已成为重要的膜材料之一。其代表品种有聚砜、聚芳砜、聚醚砜、聚苯醚砜等。聚砜类树脂常用的制膜溶剂主要有二甲基甲酰胺、二甲基乙酰胺、*N*-甲基吡咯烷酮、二甲基亚砜等。

聚砜

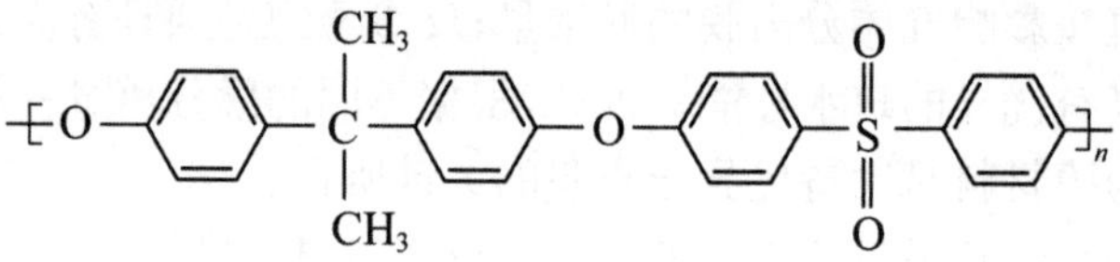

聚芳砜

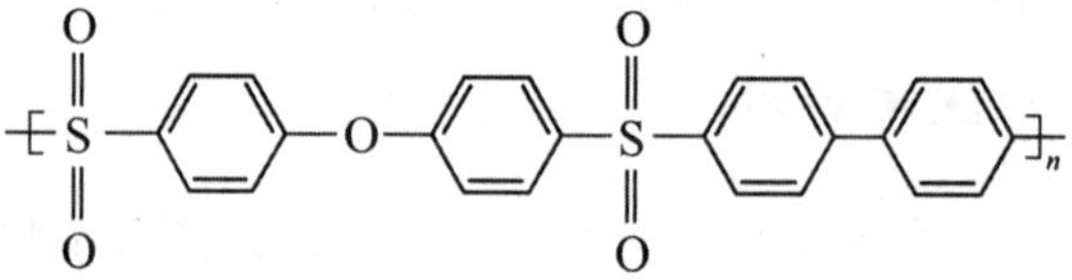

聚醚砜

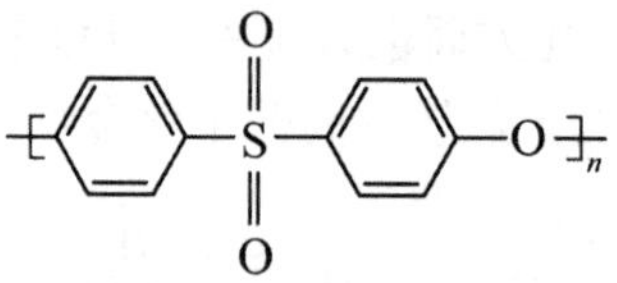

聚苯醚砜

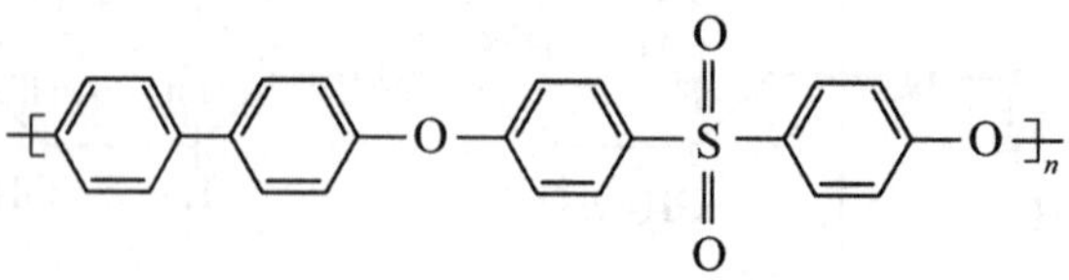

5.4.3 聚酰胺、聚酰亚胺类

聚酰胺是近年来开发应用的耐高温、抗化学试剂的优良高分子功能膜材料，早期使用的聚酰胺是脂肪族聚酰胺（如尼龙-4、尼龙-66 等）制成的中空纤维膜，主要用作反渗透膜和气体分离复合膜的支撑底布，也可以直接用于微滤。这类产品对盐水的分离率在

80%～90%，但透水率很低，仅为0.076 mL/(cm^2·h)。

后来发展了用芳香族聚酰胺制作分离膜，该膜pH适用范围为3～11，分离率可达99.5%(对盐水)，透水速率为0.6 mL/(cm^2·h)，长期使用稳定性好，主要用于反渗透膜材料。由于酰胺基团易与氯反应，故这种膜对水中的游离氯有较高要求。

典型的芳香族聚酰胺主要有以下几种。

(1) 聚苯并咪唑类

由美国Celanese公司研制的PBI膜即为聚苯并咪唑类分离膜，化学结构如下：

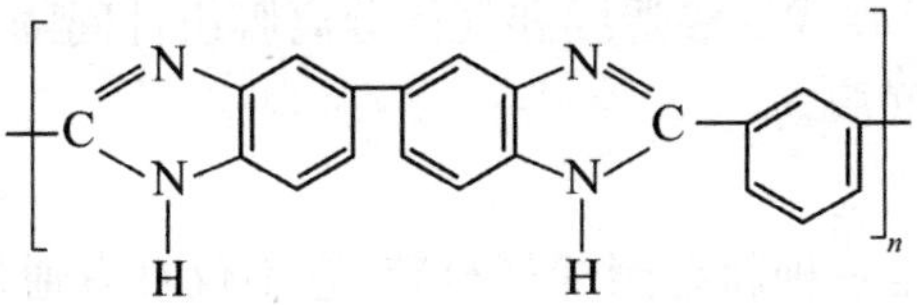

(2) 聚苯并咪唑酮类

聚苯并咪唑酮类膜的代表是日本帝人公司生产的PBLL膜，其化学结构为：

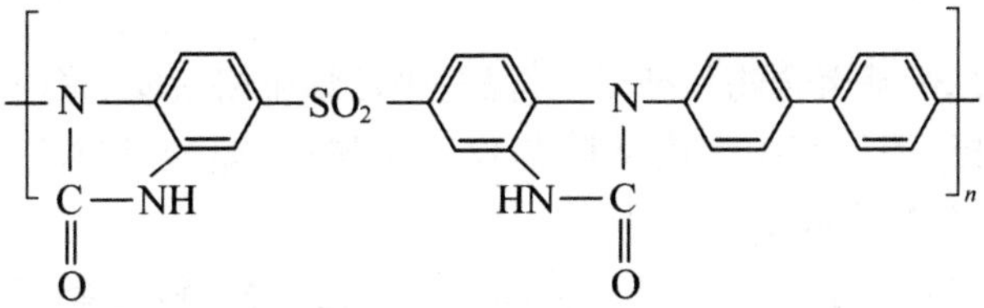

这种膜对0.5%NaCl溶液的分离率达90%～95%，并有较高的透水速率。

(3) 聚吡嗪酰胺类

聚吡嗪酰胺类膜材料可用界面缩聚方法制得，反应式为：

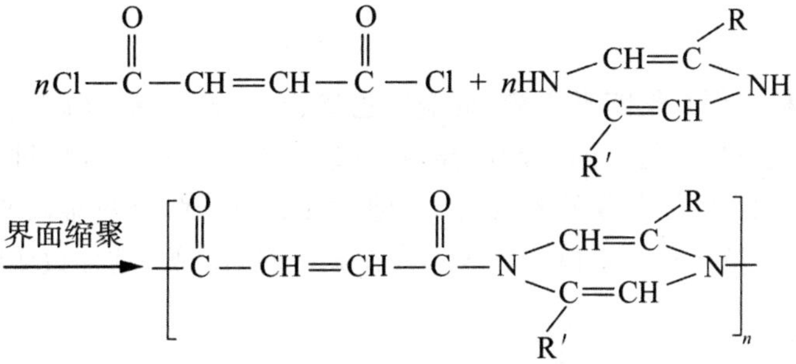

$$n\mathrm{Cl{-}\overset{O}{\overset{\|}{C}}{-}CH{=}CH{-}\overset{O}{\overset{\|}{C}}{-}Cl} + n\mathrm{HN}\begin{matrix}\mathrm{CH{=}C(R)}\\ \mathrm{C(R'){=}CH}\end{matrix}\mathrm{NH} \xrightarrow{\text{界面缩聚}} \left[\mathrm{\overset{O}{\overset{\|}{C}}{-}CH{=}CH{-}\overset{O}{\overset{\|}{C}}{-}N}\begin{matrix}\mathrm{CH{=}C(R)}\\ \mathrm{C(R'){=}CH}\end{matrix}\mathrm{N}\right]_n$$

聚酰亚胺具有很好的热稳定性和耐有机溶剂能力，是用于耐溶剂超滤膜和非水溶液分离膜研制的首席功能膜材料。在气体分离和空气除湿方面，聚酰亚胺树脂亦具有自己的特色。例如，结构如下的聚酰亚胺膜对分离氢气有很高的效率。

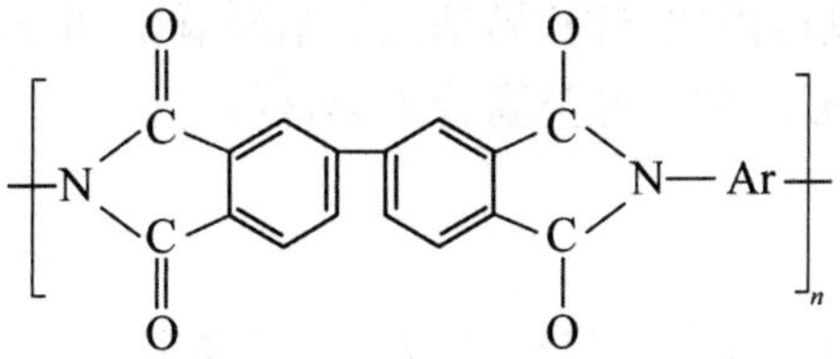

5.4.4 聚烯烃类

目前,聚烯烃类功能膜材料主要有以下四种。

(1) 聚乙烯

聚乙烯分为高密度聚乙烯和低密度聚乙烯,其中高密度聚乙烯多用于分离膜的支撑材料,低密度聚乙烯多用于超滤膜抵挡支撑材料。

(2) 聚丙烯

聚丙烯膜材料多用于卷式反渗透膜和气体分离膜组件间隔层材料,也可用于制备微滤膜、复合气体分离膜的底膜。

(3) 聚 4 -甲基- 1 -戊烯

聚 4 -甲基- 1 -戊烯是一种新型聚烯烃材料,它不仅具有通用聚烯烃材料的特性,还具有优异的光学性能、机械性能、耐热性能和电学性能,是制备富氧膜的优良材料,在氧、氮分离中具有良好的应用前景。

(4) 乙烯类

用作膜材料的乙烯基聚合物包括聚乙烯醇、聚乙烯吡咯烷酮、聚丙烯酸、聚丙烯腈、聚偏氯乙烯、聚丙烯酰胺等。其中聚丙烯腈是仅次于聚砜、醋酸纤维素的超滤和微滤膜材料,也常用作渗透气化复合膜的支撑体。

乙烯基共聚物主要有聚丙烯醇-苯乙烯磺酸、聚乙烯醇-磺化聚苯醚、聚丙烯腈-甲基丙烯酸酯、聚乙烯-乙烯醇等。聚乙烯醇-丙烯腈接枝共聚物也可用作膜材料。例如,由聚乙烯醇与聚丙烯腈制成的渗透气化复合膜的通透量远远大于聚乙烯醇与聚砜支撑的复合膜。

5.4.5 含氟类

含氟类膜材料主要有聚四氟乙烯、聚偏氟乙烯、聚六氟丙烯、聚四氟乙烯与聚六氟丙烯共聚物等。含氟类材料耐腐蚀性能优异,特别适用于电渗析等高腐蚀场所。但这类材料通常价格昂贵,而且除了聚偏氟乙烯外,其他含氟高分子膜材料难以通过溶剂法成膜,而是一般采用熔融-挤压法由熔体制备成膜或在聚合期间成膜,这导致成膜工艺复杂。

5.4.6 含硅类

含硅类树脂是一类半无机、半有机结构的高分子材料。这类特殊的聚合物具有许多独特的性能,如疏水性能好、耐高温、机械强度高、化学稳定性强、耐介质性能好,是一类具有广阔应用前景的成膜材料,是目前研究最广泛的有机物优先透过的渗透气化膜材料。聚二甲基硅氧烷、聚三甲基硅丙炔、聚乙烯基三甲基硅氧烷、聚乙烯基二甲基硅烷、聚六甲基二硅氧烷等是目前研究较广的含硅类高分子膜材料。

5.4.7 其他类

除了上述材料,非纤维素酯类膜材料还包括甲壳素类、离子性聚合物、复合高分子液晶等。

1. 甲壳素类

甲壳素类材料主要有脱乙酰壳聚糖、氨基葡萄聚糖、甲壳胺等。壳聚糖是一类存在于蟹、虾等节肢动物的甲壳中的天然高分子,属于一种氨基多糖。由于壳聚糖分子链上具有氨基,可和酸成盐,所以它们不仅易改性而且具有优良的成膜性能,制成的膜不仅亲水而且耐有机溶剂。壳聚糖还具有生物相容性,因此,壳聚糖是一种极具潜力的膜材料。

2. 离子型聚合物

离子型聚合物可用于制备离子交换膜。与离子交换树脂相同,离子交换膜也可分为强酸型阳离子膜、弱酸型阳离子膜、强碱型阴离子膜和弱碱型阴离子膜等。在淡化海水的应用中,主要使用的是强酸型阳离子交换膜。磺化聚苯醚膜和磺化聚砜膜是最常用的两种离子聚合物膜。

3. 复合高分子液晶

由小分子液晶与高分子材料组成的复合膜具有选择渗透性。通常认为液晶高分子功能膜的选择渗透性是由于球粒的尺寸不同,因而在膜中的扩散系数有明显的差异。这种膜甚至可以分辨出球粒直径小到0.1 nm的差异。复合高分子液晶易于制备成较大面积的膜,膜的强度高、渗透性好,对电场,甚至对溶液的pH有明显的响应。

5.5 高分子分离膜的制备

高分子分离膜的制备方法包括膜制备原料的合成、成膜工艺和膜功能的形成三部分,其中原料的合成属于化学过程。成膜工艺和膜功能化属于物理过程或物理化学过程。膜的制备工艺对分离膜的性能十分重要。同样的材料,由于不同的制作工艺和控制条件,其性能差别很大。合理的、先进的制膜工艺是制造性能优良分离膜的重要保证。目前高分子膜的制备方法有很多,包括烧结法、拉伸法、径迹刻蚀法、相转化法、复合膜化法等。不同的膜需要采用不同的制备方法。

5.5.1 致密膜的制备

致密膜是结构最为紧密的一类分离膜,孔径一般小于1.5 nm,主要通过溶解-扩散运动实现分离,目前的制备方法主要有以下几种。

1. 聚合物溶液注膜成型法

将膜材料用适当的溶剂溶解,制成均匀的铸膜液,将铸膜液倾倒在玻璃板上(一般为经过严格选择的平整玻璃板);用特制的刮刀使之铺展开成具有一定厚度的均匀薄层,然后移到特定环境中让溶剂完全挥发,最后形成一均匀薄膜,即为聚合物溶液注膜成型法。

一般溶剂的溶解能力越强,越会减弱聚合物与聚合物间的作用力,不利于晶体生成,生成的聚合物膜的结晶度越低,渗透性等性能指标越好。

2. 熔融拉伸成膜法

首先将聚合物加热熔融再进行拉伸,通过模板成型,然后冷却固化成分离膜的方法即为熔融拉伸成膜法。该方法制得的膜的性能主要取决于聚合物的组成和结构,包括分子链的刚性、聚合物的结构、分子量和分子量分布及分子间相互作用力大小等。

3. 直接聚合成膜法

直接聚合成膜法是先配制单体溶液，然后用单体溶液注膜成型，在注膜的同时加入催化剂，使聚合反应与膜形成同时完成，蒸发掉反应溶剂后即可得到密度分离膜。

聚合过程与成膜过程同时进行时碰到的最大问题是膜的结晶度过高，造成透过率与选择性低。降低反应温度，使反应温度控制在聚合物的熔融温度以下是有效的克服办法之一。对于能形成氢键的聚合物，加入水或低级醇等可以降低聚合物之间的作用力，防止晶体的形成。加快反应速度，使聚合速度远远大于结晶速度也可以抑制晶体形成。

5.5.2 多孔膜的制备

多孔膜主要有以下几种制备方法。

1. 烧结法

将聚合物的微粒通过烧结形成多孔膜是一种非常简单的制备方法，常用于微孔膜的制备。首先将聚合物粉末或粒子加热至熔融温度左右，使材料微粒表面软化，大分子链相互扩散、相互黏结在一起，最后，冷却固化可得到多孔膜材料。该方法制得的分离膜孔隙率低，一般为10%～20%，而且孔径分布较宽，但机械强度和抗压性能好。

2. 拉伸法

拉伸法是将结晶性或半结晶性聚合物加热至熔点左右，然后对其进行挤压，再经快速冷却后可得到高度定向结晶的膜材料，随后沿垂直于挤压方向对膜材料进行拉伸，导致非晶区断裂成孔，从而制得多孔分离膜。拉伸法操作工艺简单、成本低、生产效率高，膜的孔隙率远高于烧结法，而且孔径大小容易控制。该方法的关键在于半晶态聚合物的合成。

3. 径迹刻蚀法

当质子、中子等高能球粒穿透高分子膜时，会将部分高分子链节打断，从而在膜中形成细小的穿透径迹，将薄膜浸入刻蚀液（酸液或碱液）中，细小的穿透径迹会被侵蚀扩大，从而得到孔径分布均一的多孔分离膜。该方法即为径迹刻蚀法，制得的分离膜膜孔贯穿整体、呈圆柱状，而且孔径分布可控、分布极窄，但孔隙率低，最大孔隙率只有10%，因而单位面积的水通量较小。

4. 相转化法

相转化法是将一个均相的高分子铸膜液通过各种途径使高分子从均相溶液中沉析出来，从而分为两相，一相为高分子富相，最后形成高分子膜固相；另一相为高分子贫相，形成空洞的液相。相转化法是目前最常用的制膜方法，也是最实用的方法之一。

使均相制膜液中的溶剂蒸发，或在制膜液中加入非溶剂，或使制膜液中的高分子热凝固，都可以使制膜液由液相转变成固相。目前相转换过程主要可以通过以下几种方式实现。

(1) 浸没沉淀法（L－S法）

相转化制膜工艺中最重要的方法是L－S制膜法。它是由加拿大人劳勃（S. Leob）和索里拉金（S. Sourirajan）发明的，并首先用于制造醋酸纤维素膜。

具体方法为将制膜材料用溶剂形成均相制膜液，在模具中流涎成薄层，然后控制温度和湿度，使溶液缓缓蒸发，形成由液相转化为固相的膜，其工艺流程图如图 5-1 所示：

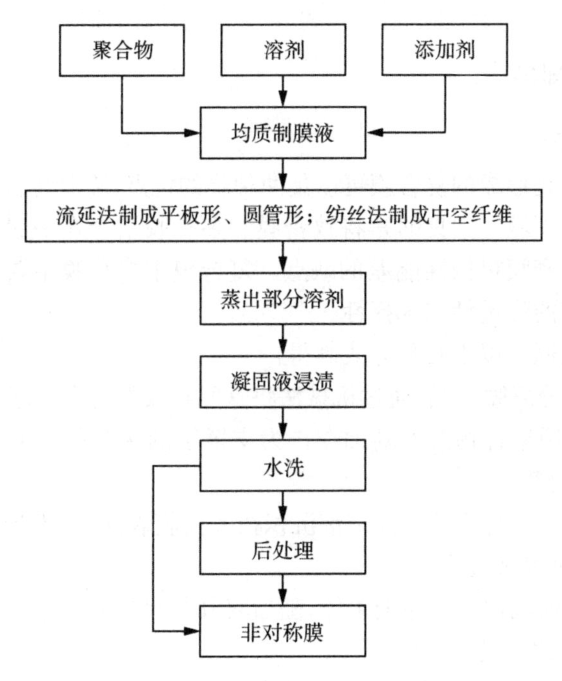

图 5-1　L-S 法制备分离膜工艺流程图

(2) 完全蒸发法

完全蒸发法属于干法，是一种最简单的方法，是利用低沸点良溶剂与高沸点非溶剂在升温过程中挥发速度不同降低溶解度从而实现相转化。一般要求非溶剂的沸点高于良溶剂 30℃左右。

具体步骤为：将聚合物溶解在溶解能力强的溶剂中，再加入一定量的非溶剂调节聚合物的饱和度，制成分子分散的单一或超分子聚集体的双分散相溶液，用得到的高分子溶液注模，提高温度或降低压力，低沸点的溶剂首先挥发，留下非溶剂使聚合物溶解度逐步下降，逐步变成聚合物相连续的溶胶，完成相转变过程。

(3) 热沉淀法

热沉淀法又称为热诱导相分离法，主要利用高分子与某些溶剂制成的溶液的溶解度随温度降低而降低的特性，通过降低体系温度实现相转变过程。具体方法是：首先将室温下不溶的聚合物在加热条件下配制成匀称相铸膜液，然后通过流延法制成薄膜，最后，降低温度使聚合物溶液发生沉淀、分相，从而形成微孔膜。成膜后需要用另一种溶剂将溶剂萃取出分离膜。

(4) 蒸气相沉淀法

首先将聚合物溶液刮涂在平板上形成薄膜，然后将其置于非溶剂的蒸气相中或置于溶剂与非溶剂的混合饱和蒸气中，在非溶剂的逐渐渗透过程中，聚合物多孔膜逐渐形成。

相转化法可制备多孔膜，也可制备致密膜，大多数工业用膜都采用相转化法制备。该方法的技术关键在于均一溶液的制备和控制相转化的过程以控制膜的形态。膜的制造多凭经验,其重复性是一个困难的问题,所以膜的生产主要集中于几家著名的厂商,其详细步骤很少泄露。

5.5.3 其他膜的制备

1. 复合膜的制备

多种膜结合在一起形成的复合膜可以集两种膜的优点,克服各自的缺点,有效扩展了分离膜的性能和应用领域。常见的是将致密膜和多孔膜结合在一起形成的复合膜,该种复合膜可有效克服致密膜机械性能差的缺点。复合膜中多孔膜主要起到支撑的作用,而致密膜决定了复合膜的渗透性和选择性。

复合膜主要可以通过以下几种方式制得:

(1) 先制备两种分离膜,然后通过机械法将这两种膜复合在一起。

(2) 将第二种成膜聚合物溶液滴加在作为支撑层的多孔膜表面,并在多孔膜表面直接成膜,从而形成复合膜。

(3) 将第二种成膜聚合物的单体溶液沉积在多孔膜表面,引发聚合,在多孔膜表面直接生成另一种膜,从而完成复合。

(4) 在多孔膜表面沉积一层缩聚单体,随后将其与另一双官能团单体缩聚,从而在多孔膜表面生成另一种致密膜。

2. 液膜的制备

液膜包括乳化型液体膜、支撑型液体膜和动态形成液体膜,其中乳化型液体膜、支撑型液体膜是预先制备的,而动态形成液体膜是在使用过程中形成的。

(1) 乳化型液体膜

乳化型液体膜是一种当两种不相容液体乳化时在两相界面产生的液体膜。首先将互不相溶的两相在高剪切力作用下制成乳状液,再将此乳状液分散于第三相(连续相)中,则介于乳状液中被包裹的内相与连续外相之间就形成了乳化型液体膜。乳化型液体膜的传质比表面积最大,膜厚度最小,因此,传质速率快,分离效果好。

(2) 支撑型液体膜

支撑型液体膜是在多孔型固体支撑物上借助液体表面张力形成的一层液体膜,包括在支撑物表面形成,或在多孔型支撑物内部形成两种方式。形成液体膜的分子要求具有两亲结构。形成膜后,亲水性一端朝向水溶液;亲油一端指向另一侧。支撑型液体膜主要是作为超细滤膜对水溶液进行脱盐。构成液体膜的分子中亲水性与亲油性比值对脱盐效率影响较大,通常亲水性越强,脱盐率越高。因此,分子中若有能与水生成氢键的结构对提高脱盐率有利。

(3) 动态形成液体膜

动态形成液体膜是在分离过程中在固体多孔材料表面形成的液体分离膜。膜的制备是将成膜材料直接加入被分离溶液,在过滤过程中成膜材料由于不能通过固体多孔性材料,在多孔性材料与分离溶液界面形成液体分离膜。

5.6 膜分离技术及应用领域

典型的膜分离技术有微孔过滤技术(microfiltration,MF)、超滤技术(ultrafiltration,UF)、反渗透技术(reverse osmosis,RO)、纳滤技术(nanofiltration,NF)、渗析技术(dialysis,D)、电渗析技术(electrodialysis,ED)、气体膜分离技术、液膜分离技术(liqnid membrane permeation,LMP)及渗透蒸发技术(pervaperation,PV)等。

5.6.1 微孔过滤技术

1. 微孔过滤和微孔膜的特点

微孔过滤技术始于十九世纪中叶,是以静压差为推动力,利用筛网状过滤介质膜的"筛分"作用进行分离的膜过程。实施微孔过滤的膜称为微滤膜,也称为微孔膜,简称MF膜。微孔膜具有比较整齐、均匀的多孔结构,厚度在90～150 μm,孔积率为70%～80%,孔密度为10^7～10^8 个/cm^2,过滤粒径在0.025～10 μm,操作压在0.01 MPa～0.2 MPa。到目前为止,国内外商品化的微孔膜约有13类,总计400多种。

微孔过滤主要具有以下优点:

(1) 孔径均匀,过滤精度高。能将液体中所有大于制定孔径的微粒全部截留。

(2) 孔隙大,流速快。一般微孔膜的孔密度为10^7 个/cm^2 左右,微孔体积占膜总体积的70%～80%,因此膜很薄,阻力小,其过滤速度较常规过滤介质快几十倍。

(3) 无吸附或少吸附。微孔膜厚度小,因而吸附量很少,可忽略不计。

(4) 无介质脱落。微孔膜为均一的高分子材料,过滤时没有纤维或碎屑脱落,因此能得到高纯度的滤液。

但微孔膜还有以下缺点:

(1) 颗粒容量较小,易被堵塞。

(2) 使用时必须有前道过滤的配合,否则无法正常工作。

2. 微孔过滤技术应用领域

(1) 微粒和细菌的过滤

微孔过渡技术可用于水的高度净化、食品和饮料的除菌、药液的过滤、发酵工业的空气净化和除菌等。

(2) 微粒和细菌的检测

微孔膜可作为微粒和细菌的富集器,从而进行微粒和细菌含量的测定。

(3) 气体、溶液和水的净化

大气中悬浮的尘埃、纤维、花粉、细菌、病毒等,溶液和水中存在的微小固体颗粒和微生物,都可借助微孔膜去除。

(4) 食糖与酒类的精制

微孔膜对食糖溶液和啤酒、黄酒等酒类进行过滤,可除去食糖中的杂质、酒类中的酵母、霉菌和其他微生物,提高食糖的纯度和酒类产品的清澈度,延长存放期。由于是常温操作,不会使酒类产品变味。

(5) 药物的除菌和除微粒

以前药物的灭菌主要采用热压法。但是热压法灭菌时,细菌的尸体仍留在药品中。而且对于热敏性药物,如胰岛素、血清蛋白等不能采用热压法灭菌。对于这类情况,微孔膜有突出的优点,经过微孔膜过滤后,细菌被截留,无细菌尸体残留在药物中。常温操作也不会引起药物的受热破坏和变性。许多液态药物如注射液、眼药水等,用常规的过滤技术难以达到要求,必须采用微滤技术。

5.6.2 超滤技术

1. 超滤技术和超滤膜的特点

超滤技术始于1861年,其核心部件就是超滤膜。超滤膜属于多孔膜,膜孔径在1～100 nm,孔积率约为60%左右,孔密度为10^{11} 个/cm^2 左右。分离截留的原理为筛分,小于孔径的微粒随溶剂一起透过膜上的微孔,而大于孔径的微粒则被截留。膜上微孔的尺寸和形状决定膜的分离效率。其过滤粒径介于微滤和反渗透之间,在0.1 MPa～0.5 MPa的静压差推动下截留各种可溶性大分子,如多糖、蛋白质、酶等相对分子质量大于500的大分子及胶体,形成浓缩液,达到溶液的净化、分离及浓缩目的。

制备超滤膜的材料主要有聚砜、聚酰胺、聚丙烯腈和醋酸纤维素等。超滤膜的工作条件取决于膜的材质,如醋酸纤维素超滤膜适用于pH＝3～8,三醋酸纤维素超滤膜适用于pH＝2～9,芳香聚酰胺超滤膜适用于pH＝5～9,温度为0℃～40℃,而聚醚砜超滤膜的使用温度则可超过100℃。

2. 超滤膜技术应用领域

超滤膜的应用十分广泛,在作为反渗透预处理、饮用水制备、制药、色素提取、阳极电泳漆和阴极电泳漆的生产、电子工业高纯水的制备、工业废水的处理等众多领域都发挥着重要作用。

超滤技术主要用于含分子量500～500 000的微粒溶液的分离,是目前应用最广的膜分离过程之一。它的应用领域涉及化工、食品、医药、生化等,主要可归纳为以下几个方面。

(1) 纯水的制备

超滤技术广泛用于水中细菌、病毒和其他异物的除去,用于制备高纯饮用水、电子工业超净水和医用无菌水等。

(2) 汽车、家具等制品电泳涂装淋洗水的处理

汽车、家具等制品的电泳涂装淋洗水中常含有1%～2%的涂料(高分子物质),用超滤装置可分离出清水重复用于清洗,同时又使涂料得到浓缩重新用于电泳涂装。

(3) 食品工业中的废水处理

在牛奶加工厂中用超滤技术可从乳清中分离蛋白和低分子量的乳糖。

(4) 果汁、酒等饮料的消毒与澄清

应用超滤技术可除去果汁的果胶和酒中的微生物等杂质,使果汁和酒在净化处理的同时保持原有的色、香、味,操作方便,成本较低。

(5) 在医药和生化工业中用于处理热敏性物质

应用超滤技术分离浓缩生物活性物质，从生物中提取药物等。

(6) 造纸厂的废水处理

目前超滤技术广泛用于处理造纸厂排放的废水。

5.6.3 反渗透技术

1. 反渗透原理及反渗透膜的特点

渗透是自然界中一种常见的现象。人类很早以前就已经自觉或不自觉地使用渗透或反渗透分离物质。目前，反渗透技术已经发展成为一种普遍使用的现代分离技术。在海水和苦咸水的脱盐淡化、超纯水制备、废水处理等方面，反渗透技术有不可比拟的优势。

渗透和反渗透的原理如图 5-2 所示。如果用一张只能透过水而不能透过溶质的半透膜将两种不同浓度的水溶液隔开，水会自然地透过半透膜从低浓度水溶液向高浓度水溶液一侧迁移，这一现象称渗透[图 5-2(a)]。这一过程的推动力是低浓度溶液中水的化学位与高浓度溶液中水的化学位之差，表现为水的渗透压。随着水的渗透，高浓度水溶液一侧的液面升高，压力增大。当液面升高 H 时，渗透达到平衡，两侧的压力差称为渗透压[图 5-2(b)]。渗透过程达到平衡后，水不再有渗透，渗透通量为零。如果在高浓度水溶液一侧加压，使高浓度水溶液侧与低浓度水溶液侧的压差大于渗透压，则高浓度水溶液中的水将通过半透膜流向低浓度水溶液侧，这一过程就称为反渗透[图 5-2(c)]。

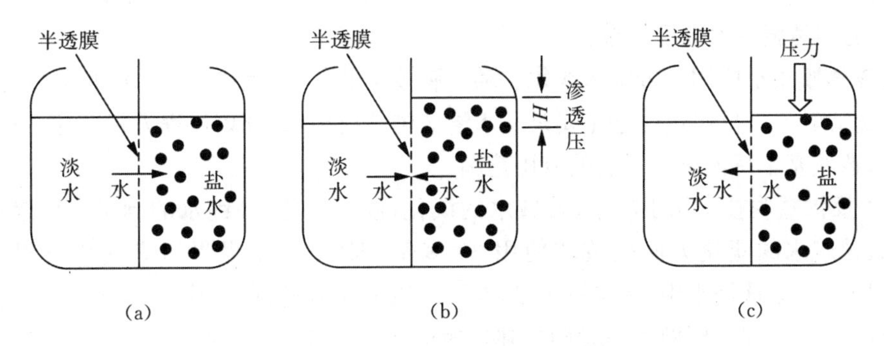

图 5-2 渗透与反渗透原理示意图

显然反渗透技术分离推动力来源于压力，功能是截留离子物质而仅透过溶剂。它是压力驱动分离过程中分离颗粒粒径最小的一种分离方法。用于实施反渗透操作的膜为反渗透膜，大多数属于不对称膜，膜孔径在 0.1～0.5 nm，孔积率约为 50%以下，孔密度为 10^{12} 个/cm^2 左右，操作压力在 0.69 MPa～5.5 MPa。反渗透膜将料液分成两部分：透过膜的是含溶质很少的溶剂，称为渗透液；未透过膜的液体，溶质浓度增高，称为浓缩液。因此，反渗透膜必须有高透水率、高脱盐率，而且要耐一定的酸碱、耐微生物、耐压。

制备反渗透膜的材料主要有醋酸纤维素、芳香族聚酰胺、聚苯并咪唑、磺化聚苯醚、聚芳砜、聚醚酮、聚芳醚酮、聚四氟乙烯等。

2. 反渗透与超滤、微孔过滤的比较

微孔过滤、超滤和反渗透技术的原理和操作特点的比较如表 5-3 所示。

表 5-3 反渗透、超滤和微孔过滤技术的原理和操作特点比较

分离技术类型	反渗透	超滤	微孔过滤
膜的形式	表面致密的非对称膜、复合膜等	非对称膜，表面有微孔	微孔膜
膜材料	纤维素、聚酰胺等	聚丙烯腈、聚砜等	纤维素、PVC 等
操作压力/MPa	2～100	0.1～0.5	0.01～0.2
分离的物质	分子量小于 500 的小分子物质	分子量大于 500 的大分子和细小胶体微粒	0.1～10 μm 的粒子
分离机理	非简单筛分，膜的物理化学性能对分离起主要作用	筛分，膜的物理化学性能对分离起一定作用	筛分，膜的物理结构对分离起决定作用
水的渗透通量 /($m^3 \cdot m^{-2} \cdot d^{-1}$)	0.1～2.5	0.5～5	20～200

反渗透、超滤和微孔过滤都是以压力差为推动力使溶剂通过膜的分离过程，它们组成了分离溶液中的离子、分子到固体微粒的三级膜分离过程。一般来说，分离溶液中分子量低于 500 的低分子物质，应该采用反渗透膜；分离溶液中分子量大于 500 的大分子或极细的胶体粒子可以选择超滤膜，而分离溶液中直径为 0.1～10 μm 的粒子应该选微孔膜。以上关于反渗透膜、超滤膜和微孔膜之间的分界并不是十分严格、明确的，它们之间可能存在一定的重叠。

3. 反渗透膜技术应用领域

反渗透膜最早应用于苦咸水淡化。随着膜技术的发展，反渗透技术已扩展到化工、电子及医药等领域。反渗透过程主要是从水溶液中分离出水，分离过程无相变化，不消耗化学药品，这些基本特征决定了它的应用范围。

(1) 反渗透膜技术用于海水、苦咸水的淡化，硬水软化，高纯水的制备。反渗透技术在海水、苦咸水的淡化方面已成功使用 30 多年，据统计，全世界所有淡化过程生产的 $1.15\times10^7\ m^3/d$ 饮用水中，反渗透占 23.4%。该方法能耗低、投资运行费用低、占地小、设备腐蚀轻、易建造、易操作、易维修、建厂时间短。近年来，反渗透技术在家用饮水机及直饮水给水系统中的应用更体现了其优越性。

(2) 反渗透膜技术在医药、食品工业中用以浓缩药液、果汁、咖啡浸液等。与常用的冷冻干燥和蒸发脱水浓缩等工艺比较，反渗透法脱水浓缩成本较低，而且产品的疗效、风味和营养等均不受影响。

(3) 反渗透膜技术在印染、食品、造纸等工业中用于处理污水、回收利用废业中有用的物质等。

5.6.4 纳滤技术

1. 纳滤膜的特点

纳滤膜是 20 世纪 80 年代在反渗透复合膜基础上开发出来的，是超低压反渗透技术的延续和发展分支。目前，纳滤膜已从反渗透技术中分离出来，成为独立的分离技术。

纳滤膜主要用于截留粒径在0.1～1 nm、分子量为1 000左右的物质，操作压一般小于1.5 MPa。纳滤膜可以使一价盐和小分子物质透过，对高价态离子有较高的截留率。纳滤膜的孔径介于反渗透膜和超滤膜之间，但与上述两种膜有所交叉。达到相同的渗透量，纳滤膜需要的操作压力比反渗透膜需要的压力小0.5 MPa～3 MPa，因此通常又被称为低压反渗透膜或疏松反渗透膜。

目前关于纳滤膜的研究多集中在应用方面，而有关纳滤膜的制备、性能表征、传质机理等方面的研究还不够系统、全面。进一步改进纳滤膜的制作工艺，研究膜材料改性，可极大提高纳滤膜的分离效果与清洗周期。

2. 纳滤技术的应用领域

纳滤技术最早也是应用于海水及苦咸水的淡化方面。由于该技术对低价离子与高价离子的分离特性良好，因此在硬度高和有机物含量高、浊度低的原水处理及高纯水制备中颇受瞩目；在食品行业中，纳滤膜可用于果汁生产，大大节省能源；在医药行业可用于氨基酸生产、抗生素回收等方面；在石化生产的催化剂分离回收等方面更有着不可比拟的作用。

5.6.5 电渗析技术

1. 电渗析

电渗析是指在电场作用下，以电位差为推动力、溶液中带电离子选择性透过离子交换膜，从而把电解质从溶液中分离出来，实现溶液的淡化、浓缩及钝化；也可通过电渗析实现盐的电解，制备氯气和氢氧化钠等。电渗析的核心是离子交换膜。与离子交换树脂类似，离子交换膜按其可交换离子的性能可分为阳离子交换膜、阴离子交换膜和双极离子交换膜。这三种膜的可交换离子分别对应为阳离子、阴离子和阴阳离子。

2. 电渗析技术应用领域

自电渗析技术问世后，其在苦咸水淡化、饮用水及工业用水制备方面展示了巨大的优势。随着电渗析理论和技术研究的深入，我国在电渗析主要装置部件及结构方面都有巨大的创新，仅离子交换膜产量就占到了世界的1/3。我国的电渗析装置主要由国家海洋局杭州水处理技术开发中心生产，现可提供200 m^3/d规模的海水淡化装置。

电渗析技术在食品工业、化工及工业废水的处理方面也发挥着重要的作用，特别是与反渗透、纳滤等精过滤技术的结合，在电子、制药等行业的高纯水制备中扮演重要角色。此外，离子交换膜还大量应用于氯碱工业。全氟磺酸膜(Nafion)以化学稳定性著称，是目前唯一能同时耐40%NaOH和100℃温度的离子交换膜，因而被广泛应用于食盐电解制备氯碱的电解池隔膜。

5.6.6 渗透蒸发技术

1. 渗透蒸发技术和渗透蒸发膜的特点

渗透蒸发技术是近十几年中颇受人们关注的膜分离技术，可用于传统分离手段较难处理的恒沸物及近沸点物系的分离。渗透蒸发是指液体混合物在膜两侧组分的蒸气分压差的推动下，透过膜并部分蒸发，从而达到分离目的的一种膜分离方法。其具有一次分离度高、操作简单、无污染、能耗低等特点。

渗透蒸发膜主要分为亲水膜和疏水膜，前者优先渗透水、甲醇等，而后者优先渗透有机成分。但不管是哪种渗透蒸发膜，都是不对称膜。用于制备渗透蒸发膜的合成高分子材料包括聚乙烯(PE)、聚丙烯(PP)、聚苯乙烯(PS)、聚四氟乙烯(PTFE)等非极性材料和聚乙烯醇(PVA)、聚丙烯腈(PAN)、聚二甲基硅氧烷(PDMS)等极性材料。非极性膜大多被用于分离烃类有机物，如苯与环己烷、二甲苯异构体、甲苯与庚烷以及甲苯与醇类等，但选择性一般较低。

2. 渗透蒸发技术应用领域

渗透蒸发作为一种无污染、高能效的膜分离技术已经引起广泛关注。该技术最显著的特点是很高的单级分离度，节能且适应性强，易于调节。目前渗透蒸发膜分离技术已在无水乙醇的生产中实现了工业化。与传统的恒沸精馏制备无水乙醇法相比，渗透蒸发技术可大大降低运行费用，且不受气-液平衡的限制。

除了以上用途外，渗透蒸发膜在其他领域的应用尚处在实验室阶段。预计有较好应用前景的领域有：工业废水处理中采用渗透蒸发膜去除少量有毒有机物（如苯、酚、含氯化合物等）；气体分离、医疗、航空等领域用于富氧操作；石油化工工业中用于烷烃和烯烃、脂肪烃和芳烃、近沸点物、同系物、同分异构体等的分离等。

5.6.7 气体膜分离技术

1. 气体膜分离技术及气体分离膜的特点

气体膜分离技术是指利用气体混合物中各组分在膜中传质速率不同，从而使各组分分离的过程。实施气体膜分离使用的膜即为气体分离膜，气体分离的驱动力是膜两侧的压力差，分离过程是溶解—扩散—脱溶。气体分离膜有非多孔膜和多孔膜这两种类型。非多孔膜主要包括均质膜、非对称膜及复合膜，其孔径较小，为0.5～1 nm。而用于气体分离的多孔膜孔径较大，一般在5～30 nm，属于微孔膜。

根据不同的分离对象，气体分离膜采用不同的材料制备。如美国孟山都公司1979年首创Prism中空纤维复合气体分离膜，主要用于氢气的分离。其材料主要有醋酸纤维素、聚砜、聚酰亚胺等。制备富氧膜的材料主要有两类：一是聚二甲基硅氧烷(PDMS)及其改性产品；二是含三甲基硅烷基的高分子材料。

2. 气体膜分离技术的应用领域

气体分离膜是当前各国均极为重视开发的产品，已有不少产品用于工业化生产。如美国杜邦公司用聚酯类中空纤维制成的氢气分离膜，对组成为70%H_2，30%CH_4、C_2H_6和C_3H_8的混合气体进行分离，可获得含90%H_2的分离效果。

此外，富氧膜，分离N_2、CO_2、SO_2、H_2S等气体的膜，都已有工业化的应用。如从天然气中分离氮、从合成氨尾气中回收氢、从空气中分离N_2或CO_2，从烟道气中分离SO_2、从煤气中分离H_2S或CO_2等，均可采用气体分离膜来实现。

5.6.8 液膜分离技术

1. 液膜分离技术与液膜特点

液膜分离技术是1965年由美国埃克森(Exxon)研究和工程公司的黎念之博士提出

的一种新型膜分离技术。直到20世纪80年代中期，奥地利的J. Draxler等科学家采用液膜法从黏胶废液中回收锌获得成功，液膜分离技术才进入了实用阶段。

液膜是一层很薄的液体膜。它能把两个互溶的但组成不同的溶液隔开，并通过这层液膜的选择性渗透作用实现物质的分离。根据形成液膜的材料不同，液膜可以是水性的，也可是溶剂型的。

液膜的特点是传质推动力大，速率高，且试剂消耗量少，这对于传统萃取工艺中试剂昂贵的场合具有重要的经济意义。另外，液膜的选择性好，往往只能对某种类型的离子或分子的分离具有选择性，分离效果显著。目前液膜分离技术的最大缺点是强度低、破损率高、难以稳定操作，而且过程与设备复杂。

2. 液膜分离技术应用领域

(1) 在生物化学中的应用

在生物化学中，为了防止酶受外界物质的干扰而常常需要将酶“固定化”。利用液膜封闭来固定酶比其他传统的酶固定方法有如下的优点：① 容易制备；② 便于固定低分子量的和多酶的体系；③ 在系统中加入辅助酶时，无需借助小分子载体吸附技术（小分子载体吸附往往会降低辅助酶的作用）。

(2) 在医学中的应用

液膜在医学上用途很广泛，如液膜人工肺、液膜人工肝、液膜人工肾以及液膜解毒、液膜缓释药物等。目前，液膜在青霉素及氨基酸的提纯、回收领域也较为活跃。

(3) 在萃取分离方面的应用

液膜分离技术可用于萃取处理含铬、硝基化合物、酚等的废水。我国利用液膜处理含酚废水的技术已经比较成熟。此外，在石油、气体分离，矿物浸出液的加工和稀有元素的分离等方面也有应用。

1. 什么是分离膜？
2. 膜分离主要有哪几种形式？
3. 与蒸馏、分馏、沉淀、萃取、吸附等传统的分离方法相比，膜分离具有哪些特点？
4. 按膜分离过程，高分子分离膜可以分为哪几类？每类分别具有什么特点？
5. 什么是致密膜？什么是多孔膜？介绍它们的制备方法。
6. 请分析致密膜的分离机制和多孔分离膜的分离机制。
7. 反渗透膜的分离机制是什么？
8. 膜分离的驱动力主要有哪些？举例说明它们各自驱动的膜分离过程。
9. 请分析超滤、微滤及纳滤的分离机制，它们分离的物质有何不同？
10. 什么是选择性？什么是透过性？为什么有的物质可以通过分离膜，而有些物质却无法通过分离膜？
11. 请简述高分子功能膜的结构与性质的关系。
12. 请分析为什么反渗透分离过程所需的压力比微滤过程需要的压力大。

阅读材料

——高分子分离膜的发展前景

在当今世界能源、水资源短缺，水污染日益严重的情况下，膜分离材料受到了世界各国的重视，成为实现经济可持续发展的重要组成部分。高分子分离膜材料技术是适应当代新产业发展的一项高新技术，目前已普遍用于污水处理、医药、农业、化工、电子、轻工、纺织、冶金、石油化工等领域。分离膜材料技术被公认为20世纪末至21世纪中期最有发展前途的高新技术之一，其技术的发展将有力地推动我国相关行业的发展。

目前，我国微滤、超滤、纳滤、反渗透以及电渗析膜的分离技术相当成熟。但膜材料制备水平较低，为了促进膜产业发展首先要解决膜材料结构的可控制备，再提高膜的材料性能，从而进一步发展我国的高分子膜产业。高分子分离膜材料是一种新兴的材料，它的应用在环境保护、资源有效利用方面有着不可忽视的重要意义。因此，发展高分子分离膜产业对于我国的可持续发展是非常有利的，我们应不断探索创新，开辟出新天地。

第6章 高吸液高分子材料

(1) 熟知高吸水性高分子材料的结构特征及吸水机理。

(2) 熟悉高吸水性高分子材料的性能,能理解其吸水性能的影响因素。

(3) 了解高吸水性高分子材料的制备方法。

(4) 能举例说明高吸水性高分子材料的应用。

(5) 掌握高吸油性高分子材料的结构及吸油机理。

(6) 知道高吸油性高分子材料的性能,能理解其性能的影响因素。

(7) 能举例说明高吸油性高分子材料的应用。

6.1 概述

高吸液高分子材料主要可以分为高吸水性高分子材料和高吸油性高分子材料。

6.1.1 高吸水性高分子材料

自古以来,吸水材料的任务一直是由纸、棉花和海绵等材料承担,后来又用泡沫塑料吸水。但这些材料的吸水能力通常很低,吸水量最多仅为自身重量的20倍左右,而且一旦受到外力作用,很容易脱水,保水性很差。

20世纪60年代末期,美国农业部北方研究所首先开发成功超吸水性高分子材料(super absorbent polymer),它是淀粉-丙烯腈接枝共聚物的水解产物。这是一种含有强亲水性基团并通常具有一定交联度的高分子材料。它不溶于水和有机溶剂,吸水能力可达自身重量的500~2 000倍,最高可达5 000倍,而且一般在1分钟至数分钟内即可达到最大吸水量。吸水后立即溶胀为水凝胶,有优良的保水性,即使受压也不易脱水。吸收了水的材料干燥后,吸水能力仍可恢复。

高吸水性高分子材料也称为高吸水性树脂、超强吸水剂、高吸水性聚合物,是一种具有优异吸水能力和保水能力的新型高分子材料,属于一种典型的功能高分子材料。

由于非常优异的吸水和保水能力,高吸水性高分子材料引起了人们较大的兴趣。同世以来，发展极其迅速，应用领域已经渗透到各行各业。如在石油、化工等部门中被用作堵水剂、脱水剂等；在医疗卫生部门中被用作外用药膏的基材、缓释性药剂、抗血栓材料等；在农业部门中被用作土壤改良剂等。在日常生活，其也可用作吸水性抹布、一次性尿布、插花材料等。

6.1.2 高吸油性高分子材料

近年来，日益严重的油污染已对环境及人类生活构成了极大的威胁。目前，国内主要应用的是传统吸油材料。虽然，传统吸油材料成本低廉，但它们不仅吸油还会吸水，受压时还会出现漏油。这些缺点限制了传统吸油材料在油水混合领域的应用。因此，高性能吸油材料的研发已成为重大的研究课题。

20 世纪 60 年代，美国首先研发出了一种高吸油性高分子材料。该种材料是一类交联聚合物，属于新型的功能高分子材料。高吸油性高分子材料对于不同种类的油，吸油量为自重的几倍至近百倍，吸油量大、吸油速度快且保油能力强，同时具有热稳定性好、高孔隙率和比表面积、容易回收等优势。高吸油性高分子材料可用在工业含油废水处理、缓释基材、防漏油密封材料以及油污过滤材料、橡胶改性剂、纸张用添加剂、胶黏剂添加剂等环保、工业、农业等各个领域。

6.2 高吸水性高分子材料

6.2.1 高吸水性高分子材料的结构特征

高吸水性高分子材料可吸收相当于自身重量几百倍到几千倍的水，是目前所有吸水剂中吸水功能最强的材料。高吸水性高分子材料之所有具有如此优异的吸水性能，其特殊的结构特征起到了决定性作用。

(1) 高吸水性高分子材料分子中应具有大量的强亲水性基因，如羟基、羧基、酰胺基等。这样当高分子材料与水接触时能够与水分子形成氢键，具有优异的亲水性，可以迅速吸水。

(2) 聚合物内部应该具有浓度较高的可解离基团，用以保证聚合物体系在水中具有足够的离子浓度，这样在体系内部会由于离子浓度差别产生指向聚合物内部的渗透压。

(3) 聚合物应呈交联型结构(三维网络结构)，这样才能保证聚合物骨架在水中不被溶解，而只能溶胀。实际上高吸水性高分子的原料多是水溶性的线形高分子，如果不对原料进行交联处理，则材料吸水后将部分溶于水形成水溶液，或形成具有一定流动性的糊状物，从而失去保水的目的。而经过适度交联的聚合物遇水时，材料不仅能够快速被水溶胀，而且由于吸入的水被牢牢束缚在呈凝胶状的三维网络分子骨架内部，不易流失与挥发。

(4) 聚合物应该具有较高的分子量，因为分子量增加，吸水后材料的机械强度增加，同时吸水能力也可以提高。

6.2.2 高吸水性高分子材料的吸水机理

高吸水性高分子材料优异的吸水和保水性能主要基于材料的亲水性、溶胀性及保水性等特性。性能优异的吸水高分子材料均含有较多的亲水基团和离子性基团，而且必须具有一定的交联度，其吸水、保水过程主要经过以下几个阶段。

(1) 与水分子接触时，首先聚合物内的亲水性基团与水分子会形成强烈的氢键作用。进入聚合物内部的水将树脂溶胀，且在聚合物溶胀体系与水之间形成一个界面。

(2) 进入内部的水将聚合物可解离基团水解(离子化)，其中阳离子(或阴离子)固定在聚合物骨架上，阴离子(或阳离子)可以自由移动。产生的离子使体系内部离子浓度提高，在体系内部由于离子浓度差别产生渗透压，此时，渗透压的作用促使更多的水分子通过界面进入体系内部。而且由于固定于聚合物骨架上的离子对可移动离子的静电吸附作用，使可移动离子不容易扩散到材料分子体系外部，渗透压得以保持。

(3) 溶胀过程中，一方面，在渗透压作用下，大量水分子进入体系内部，使得高分子材料体系内、外渗透压逐渐降低；另一方面，大量水分子进入聚合物交联网格内，导致网格向三维空间扩展，使网络骨架受到应力而产生弹性收缩，阻止水分子的进一步渗入。当交联网络骨架的弹性收缩力与渗透压达到平衡时，水将无法进入体系内部，溶胀达到平衡，吸水量达到最大。

(4) 最后是保水阶段，由吸水的过程可以看出高吸水性高分子材料利用分子中大量的亲水基团与水分子之间强烈的氢键作用吸水；而且吸收的水会被三维网络骨架的橡胶弹性作用牢固地束缚在网格中，水分子的热运动受到限制，不易重新从网格中逸出。因此，高吸水性高分子材料一旦吸足水后，即形成溶胀的凝胶体。这种凝胶体的保水能力很强，即使加压也不能把水挤出。

由此可见，高吸水性高分子与海绵、纱布、脱脂棉等物理吸水性吸水材料不同，它们是通过化学作用吸水，即通过化学键的方式把水和亲水性物质结合在一起成为一个整体。一旦吸水成为膨胀的凝胶体，即使挤压也很难脱水。

6.2.3 高吸水性高分子材料的性能

1. 高吸水性

作为高吸水性高分子材料，高的吸水能力是其最重要的特征之一。考察和表征高吸水性高分子材料吸水性的指标通常有两个：一是吸水率，二是吸水速度。

吸水率是表征聚合物吸水性的最常用指标，其物理意义为每克聚合物吸收的水的重量，单位为 g 水/g 聚合物。从目前已经研制成功的高吸水性高分子材料来看，其吸水率均在自身重量的 500～12 000 倍，最高可达 4 000 倍以上，是纸和棉花等传统吸水材料吸水能力的 100 倍左右。

吸水速率是指材料达到最大吸水量所需要的时间，单位为 min。与纸张、棉花、海绵等吸水材料相比，高吸水性高分子材料的吸水速率较慢，一般在 1 分钟至数分钟内吸水量达到最大。

2. 强保水性

水分子进入高分子网格后，由于网格的弹性束缚，水分子的热运动受到限制，不易重新从网格中逸出，因此，高吸水性高分子材料还具有优异的保水性。如表 6-1 所示，当施加 7 kg/cm^2 的压力时，棉花的吸水率下降了近 95%，而对高吸水性高分子材料施加相同的压力，吸水率仅仅降低了 4.7%，可见高吸水性高分子材料具有非常优异的加压保水性。

表 6-1　高吸水性高分子材料与棉花加压保水性比较

吸水材料	吸收液	吸水率(g/g)	
		未加压	加压 7 kg/cm^2
棉花	去离子水	40	2.1
HSPAN	去离子水	850	810

差热分析结果表明，吸水后的高吸水性高分子材料在受热至 100℃时，失水率仅为 10%左右；受热至 150℃时，失水率不超过 50%，可见其还具有非常优异的加热保水性(见表 6-2)。

表 6-2　丙烯腈接枝淀粉的热失水率

牌号	100℃时失水率/%	150℃时失水率/%
SAN52	9.9	44.6
SAN53	11.1	39.3
SAN61	5.4	—
SAN62	10.5	47.3
SAN63	11.6	49.2

例如，将 300 g 砂子与 0.3 g 高吸水性高分子材料混合，加入 100 g 水，置于 20℃、相对湿度为 60%的环境下，大约 30 天后，水才蒸发干；而如果不加高吸水性高分子材料，则在同样条件下，只需 7 天，水分就完全蒸发。

3. 吸氨性

高吸水性高分子材料一般为含羧酸基的阴离子高分子，因此为提高吸水能力，必须进行皂化，使大部分羧酸基团转变为羧酸盐基团。但通常高吸水性高分子材料的水解度仅为 70%左右，另有 30%左右的羧酸基团保留下来，使其呈现一定的弱酸性。这种弱酸性使得它们对类似氨的碱性物质有强烈的吸收作用。高吸水性高分子材料的这种吸氨性，特别有利于尿布、卫生用品和公共厕所等场合的除臭。因为尿液是生物体的排泄物，其中含有尿素酶。在尿素酶的作用下，尿液中的尿素逐渐分解成氨。而高吸水性高分子材料不仅能吸收氨，使尿液呈中性，同时还有抑制尿素酶分解的功能，从而防止了异味的产生。

4. 增稠性

聚氧乙烯、羧甲基纤维素、聚丙烯酸钠等高吸水性高分子材料均可作为水性体系的增稠剂使用。高吸水性高分子材料吸水后体积可迅速膨胀至原来的几百倍到几千倍，因此增稠效果远远高于上述增稠剂。例如，用质量分数为 0.4%的高吸水性高分子材料，能使水的黏度增大约 1 万倍；而用等量的普通增稠剂，水的黏度几乎不变，需要加入质量分数为 2%以上的增稠剂才达到这么高的黏度。

6.2.4 高吸水性高分子材料吸水性能的影响因素

1. 化学结构的影响

从化学组成和分子结构看，高吸水性高分子材料是分子中含有亲水性基团和离子性基团的交联型高分子。材料中亲水性基团的存在是必不可少的条件，亲水性基团吸附水分子，并促使水分子向网状结构内部渗透。因为在普通水中，水分子是以氢键形式互相联结在一起的，运动受到一定限制。而在亲水性基团作用下，水分子易于摆脱氢键的作用而成为自由水分子，这就为网格的扩张和向网格内部的渗透创造了条件。当亲水性基团与水分子接触时，会相互作用形成各种水合状态。实验证明，由于亲水性水合作用而吸附在高吸水性高分子材料中亲水基团周围的水分子层厚度约为 $5\times10^{-10}\sim6\times10^{-10}$ m，相当于 2～3 个水分子的厚度。研究认为，第一层水分子是由亲水性基团与水分子形成了配位键或氢键的水合水，第二、三层则是水分子与水合水形成的氢键结合层。再往外，亲水性基团对水分子的作用力已很微弱，水分子不再受到束缚。按这种结构计算，每克高吸水性高分子材料所吸收的水合水的重量约为 6～8 g，加上疏水性基团所冻结的水分子，也不过 15 g 左右。这个数字与高吸水性高分子材料的吸水量相比，相差 1～2 个数量级，而与棉花、海绵等传统吸水材料的吸水量相当。显然，还有更重要的结构因素在影响着高吸水性高分子材料的吸水能力。

此外，高吸水性高分子材料含有的可解离基团越多，水解度越高，在体系内外产生的渗透压就越大，材料的吸水率就越高。但当水解度过高时，交联剂部分也将发生水解而断裂，使材料的网络骨架受到破坏。

2. 骨架交联度的影响

研究发现，高吸水性高分子材料骨架的交联网状结构对材料的吸水性能有着极其重要的影响。未经交联的高吸水性高分子材料一般是水溶性的，基本上没有吸水能力。而少量交联后，吸水率则会成百上千倍地增加。但随着交联密度的增加，吸水率反而下降。图 6-1 为交联剂聚乙二醇双丙烯酸盐（PAGDA）对聚丙烯酸钠系高吸水性高分子材料吸水能力的影响。由图可见，当交联剂用量从 0.02 g 增至 0.4 g 时，聚合物的吸水能力下降 60%以上。

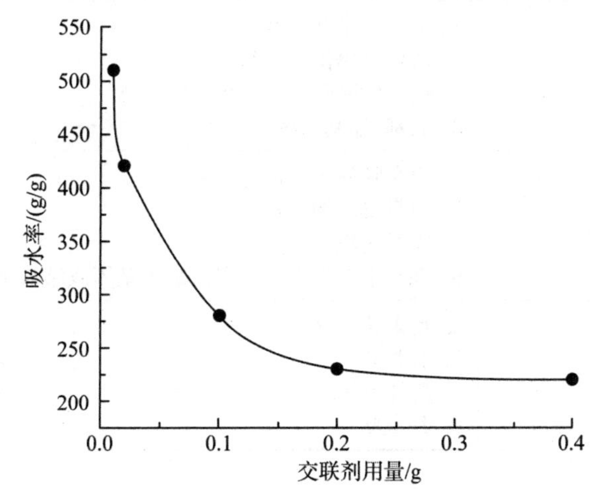

图 6-1 交联剂用量对聚丙烯酸钠系高吸水性高分子材料吸水能力的影响

由高吸水性高分子材料的吸水机理可知，被高吸水性高分子材料吸收的水主要是被束缚在高分子骨架的网状结构内。随着骨架交联度的增加，一方面网孔尺寸变小，水分子不易渗入，影响水分子的渗透，据测定，当骨架网格的有效链长为 10^{-9}～10^{-8} m 时，材料具有最大的吸水性；另一方面交联网络骨架的弹性收缩力增大，这也不利于水分子的渗透。因此，对于高吸水性高分子材料，只有适当增大聚合物骨架的交联度，才有利于材料吸水能力的提高。

3. 外部因素的影响

环境温度、压力及水的组成是影响高吸水性高分子材料性能最重要的外部因素。温度会对水的表面张力产生影响，因此对高分子材料的保水能力产生一定程度的影响。而外界压力将直接叠加到高分子骨架网络的内聚力上，因此外界压力的增加会导致材料最大吸水量的降低。显然温度和压力对高分子材料吸水性能的影响是可以预见的。水的组成对高吸水性高分子材料性能的影响比较复杂。水的组成中最重要的是盐的浓度。由高吸水性高分子材料的吸水机理可知，最大吸水量是高分子骨架网络的弹性收缩力和体系内外的渗透压达到平衡的结果。如果水中含有盐，则会导致体系内外渗透压的降低，从而降低材料的最大吸水量。而且水中盐浓度越高，最大吸水量的降低程度就越大。另外，水的酸碱度也对树脂的吸水性产生重要影响，因为某些高吸水性高分子材料在酸或碱性溶液中易于溶解，从而影响材料的稳定性。

6.2.5 高吸水性高分子材料的分类

根据原料来源、亲水基团引入方法、交联方法、产品形状等的不同，高吸水性高分子材料可有多种分类方法，如表 6-3 所示，其中以原料来源这一分类方法最为常用。

表 6-3 高吸水性高分子材料分类

分类方法	类别
按原料来源分类	a. 淀粉类 b. 纤维素类 c. 合成聚合物类：聚丙烯酸盐系，聚乙烯醇系，聚氧乙烯系等
按亲水基团引入方式分类	a. 亲水单体直接聚合 b. 疏水性单体羧甲基化 c. 疏水性聚合物用亲水单体接枝 d. 腈基、酯基水解
按交联方法分类	a. 用交联剂网状化反应 b. 自身交联网状化反应 c. 辐射交联 d. 在水溶性聚合物中引入疏水基团或结晶结构
按产品形状分类	a. 粉末状 b. 颗粒状 c. 薄片状 d. 纤维状

6.2.6 高吸水性高分子材料的制备方法

1. 淀粉类

美国农业部北方研究中心最早开发的淀粉类高吸水性高分子材料是采用接枝合成法制备的。即先将丙烯腈接枝到淀粉等亲水性天然高分子上，再加入强碱使氰基水解成羧酸盐和酰胺基团。但由于体系黏度很大，水解反应不能十分彻底，会残留有毒的丙烯腈单体，限制了它们的应用。

日本三洋化成公司采取的改进方法是将淀粉和丙烯酸在引发剂作用下进行接枝共聚。这种方法的单体转化率较高，残留单体为0.4%以下，而且无毒性。

国内的长春应用化学研究所采用射线辐照玉米淀粉和土豆淀粉产生自由基，然后在水溶液中引发接枝丙烯酰胺，也得到了吸水率达2 000倍的高吸水性淀粉树脂。

现主要采用玉米淀粉和小麦淀粉作为制备高吸水性高分子材料的淀粉，也可采用土豆、红薯和大米的淀粉为原料，甚至有直接采用面粉为原料的。

2. 纤维素类

纤维素类高吸水性高分子材料的制备方法是1978年由德国赫尔斯特(Holst)公司首先报道的。纤维素分子中含有可反应的活性羟基，在碱性介质中，以多官能团单体作为交联剂，卤代脂肪酸(如一氯醋酸)或其他醚化剂(如环氧乙烷)进行醚化反应和交联反应，可得不同吸水率的高吸水性高分子材料。

此外，也可采用纤维素与其他单体进行接枝共聚引入亲水性基团的方法来制取高吸水性高分子材料，制备方法与淀粉类基本相同。如单体可采用丙烯腈、丙烯酸及其盐、丙烯酰胺等，交联剂可采用双丙烯酰胺基化合物(如N,N-亚甲基二丙烯酰胺等)，引发体系则可采用亚盐-过氧化氢、四价铈盐、黄原酸酯等，也可用γ射线辐射引发。不同的引发方法所得的共聚物，其分子量和支链数量差别很大。

与淀粉类高吸水性高分子材料相比，纤维素类的吸水能力比较低，一般为自身重量的几百倍，但是作为纤维素形态的吸水性高分子材料，在一些特殊形式的用途方面，淀粉类往往无法将其取代。例如，与合成纤维混纺制作高吸水性织物以改善合成纤维的吸水性能，这方面的应用显然非纤维素类莫属。

3. 合成聚合物类

合成聚合物类高吸水性高分子材料目前主要有聚丙烯酸盐系和聚乙烯醇系两大系列。根据所用原料、制备工艺和亲水基团引入方式的不同，衍生出许多品种。

(1) 聚丙烯酸盐系

聚丙烯酸盐系高吸水性高分子材料的制备方法主要有丙烯酸直接聚合皂化法、聚丙烯腈水解法和聚丙烯酸酯水解法三种工艺路线，最终产品均为交联型结构。

(2) 聚乙烯醇系

聚乙烯醇是一种水溶性高分子，分子中存在大量活性羟基，用一定方法使其交联并引入电离性基团，可获得高吸水性的交联产物。所用的交联剂有顺丁烯二酸酐、邻苯二甲酸酐、双丙烯酰胺脂肪酸等。这些交联剂在起交联作用的同时，引入了电离性基团，起到了一举两得的效果。根据交联剂的不同，吸水率一般为自身重量的700～1 500倍。

6.2.7 高吸水性高分子材料的应用

高吸水性高分子材料由于其特殊的性能，已经在农业、建筑、医疗、日常生活等领域得到了广泛应用。

1. 在农业方面的应用

高吸水性高分子材料可以吸收自身重量几百倍甚至上千倍的水，因此是一种优异的保水剂。在农业方面，高吸水性高分子材料常被用来提高发芽率、成活率，抗旱保苗。

2. 在建筑方面的应用

将高吸水性高分子材料与其他高分子材料混合，可以加工成止水带，是一种理想的建筑工程中的止水材料。将高吸水性高分子材料添加到其他建筑材料中，由于其吸水膨胀性，可作为水密封材料。另外，高吸水性高分子材料还可以用作土建的固化剂、速凝剂和结露防止剂等。

3. 在医疗领域的应用

高吸水性高分子材料作为吸水剂可以用来制作保持部分被测溶液的医用检验试片，含水量大、使用舒适的外用软膏，能吸收浸出液并可防止化脓的治伤绷带及人工皮肤、缓释性药剂等。

4. 在日常生活中的应用

高吸水性高分子材料可以用来制造婴儿一次性尿布、妇女卫生用品、餐巾、手帕、绷带、脱脂棉等。这是高吸水性高分子材料最早开发的应用领域，也是目前高吸水性高分子材料使用量最大的领域，约占高吸水性高分子材料总使用量的一半以上。

5. 在其他领域的应用

高吸水性高分子材料还可以用作包装材料、保鲜材料、脱水剂、食品增量剂等，也可以作为油类、有机溶剂的脱水剂。另外，高吸水性高分子材料还可作为增稠剂广泛用于化工、纺织、印染等行业。

6.3 高吸油性高分子材料

6.3.1 高吸油性高分子材料的结构

与高吸水性高分子材料一样，高吸油性高分子材料的骨架也是一种三维的交联网状结构，材料骨架内部具有一定微孔结构。在骨架上分布有大量的亲油基团，如 $-(CH_2)_nCH_3$、$-C_6H_5$ 等。由于分子内亲油基的链段和油分子的溶剂化作用，高吸油性高分子材料发生膨润。基于交联的存在，该材料不溶于油。由此可见，交联度和亲油性基团与高吸油性高分子材料的性能有密切关系。

6.3.2 高吸油性高分子材料的吸油机理

高吸油性高分子材料主要有两种吸油方式，一种是通过溶剂化作用，把油吸引到高分子链的周围;另一种是利用高分子骨架中的毛细通道来聚集油分子。

对于低交联型的高分子材料主要通过溶剂化作用来吸油。首先材料中的亲油基团与油分子间存在弱的范德华力作用,油被吸附到材料中,以分子扩散控制;当一定量的油分子进入后,油分子和高分子链段发生溶剂化作用,此时由于油分子进入得还比较少,尚不足以使高分子链段伸展开,高分子链仍然卷曲缠结着,因此仍然是分子扩散控制;当油分子进入足够多,溶剂化作用足够强,链段伸展开来,网络中只有共价键交联的交联点存在,这时才开始由热力学推动力推动(即由热力学不平衡态向平衡态方向进行)。当高分子充分溶胀,从高分子弹性力学模型可知,高分子链伸展到一定程度会慢慢回缩,即存在弹性回缩力,最终达到热力学平衡态。

对于高交联型的高分子材料主要利用毛细管作用来吸油。由于高分子链骨架交联度较高,因此树脂的比表面积高、孔隙率高,又由于树脂中的亲油基团与油分子间存在一定的范德华力作用,因此在树脂表面可以吸附较大量的油分子。油分子只有进入骨架孔内才能被吸附,因此,油分子与树脂骨架中孔的相对大小决定了吸油的速率。油分子越大,其在树脂骨架内的扩散速度就越慢。对于同一种油分子,树脂骨架中孔的孔径越大,油分子扩散速度就越快,吸附速度也就越快。但要注意,如果孔径过大的话,会影响材料的比表面积,从而降低油的吸附量。

由于吸油树脂中的亲油基团与油分子间只存在较弱的范德华力作用,因此不管以哪种方式吸油,吸油量一般都不高,只能吸附材料自身重量几十倍的油,其吸附量远低于高吸水性树脂对于水的吸附量。

6.3.3 高吸油性高分子材料的分类

按照不同的依据,高吸油性高分子材料可以分为不同的种类。根据形态,高吸油性高分子材料可以分为粒状固体型、粒状水浆型、片状型、织物型、乳液型及包覆型等。根据单体的不同,吸油性高分子材料主要可以分为两大类,一种是聚丙烯酸酯类,另一种是聚烯烃类。

1. 聚丙烯酸酯类

丙烯酸酯和甲基丙烯酸酯是聚丙烯酸酯类高吸油性高分子材料常用的聚合单体。目前该吸油材料聚合工艺较为成熟,相关文献报道很多,是国内研究高吸油性高分子材料的主要研究方向。

2. 聚烯烃类

由于聚烯烃分子中不含有亲水性的极性基团,因此聚烯烃类高吸油性高分子材料对油分子具有更强的亲和力,尤其是长碳链烯烃对各种油分子都具有优异的吸附能力。目前该类吸油高分子材料是国外吸油材料的研究热点。但受制于高碳烯烃来源少的缺点,聚烯烃类高吸油性高分子材料至今仍处于研究开发阶段。

6.3.4 高吸油性高分子材料的性能

1. 吸油能力好

高吸油性高分子材料对烃类化合物有较好的吸收能力,而对低碳链的、可溶于水的醇、酮等化合物的吸收能力却很低。当高吸油性高分子材料具有与所需油品相似的结构时，吸油能力明显提高；合成高分子材料的单体与油品的溶解度参数相近时，高分子材料的吸收能力提高，此过程与“相似相溶”原理一致。

2. 适当的吸油速度

高吸油性高分子材料对油的吸收速度与树脂三维网状结构有关，还与油的黏度、单位质量树脂的表面积以及树脂的形态有关。适度交联、适当减小粒径能提高吸油速度。温度越高，油扩散速度增加，吸油速度加快。

3. 良好的保油效果

高吸油性高分子材料是通过亲油基对油的亲和力而将油吸收到树脂内部，树脂发生溶胀，接近于化学吸附，因此在压力下油的保持能力很好。

4. 对油品的吸收选择性好

高吸油性高分子材料能够选择性吸收溶于或混于水中的油类物质，对水几乎不吸收。若处理水面浮油，其回收速度和程度与材料最大吸油量和水面浮油量有关。

5. 再生性

为了避免吸油后材料造成的二次污染，需对吸油后的材料进行再生处理。常用的再生方法有水蒸馏法、乙醇置换法等。

6.3.5 高吸油性高分子材料吸油性的影响因素

1. 单体结构的影响

单体不同，生成的树脂对油品的亲和力不同。高吸油性高分子材料对油分子的亲和力大小、对油分子的吸附速度直接受合成树脂的单体极性的影响。当高分子材料与油分子的溶度参数相近时，高分子材料具有最大的吸油量。另外，单体的空间结构决定了高分子骨架内部微孔的数量和大小。这不仅影响吸油量和吸油速率，更对油品的选择性有很大的影响。选择适当的共聚单体可有效改进高分子材料对油的亲和力及其内部结构，因此是改善高分子材料性能的有效方式。

2. 交联剂的种类与用量的影响

交联剂的种类不同、交联剂的用量不同，制得的吸油高分子材料的性能也不同。吸油高分子材料骨架的交联形式主要有物理交联、化学交联和离子结合等。其中化学交联是最常见的交联方式，多选用含两个不饱和键以上的烷烃、芳烃或丙烯酸酯类为交联剂。

由吸油机理可知，吸油初始阶段是油分子在树脂骨架中的扩散，扩散系数正比于吸油高分子材料的弹性模量。如果交联剂用量较少，则树脂骨架的交联度较小，链段与链段之间的相互作用力减小，油分子在树脂骨架中的扩散能力增强，吸油速度加快。但如果交联剂用量过少，高分子骨架的交联度过小，会导致吸油高分子材料的弹性模量降低，使得扩散系数减小，从而降低吸油速度。而且当高分子骨架的交联度过小时，材料可能会溶于油中或吸油后形成凝胶状，使吸油率较低，同时也不利于回收与使用。当交联剂用量过多时，交联点间网链长度过短，高分子的溶胀能力降低，导致吸油能力也降低。因此，对于交联剂的用量应综合考虑，应在不影响使用的前提下尽可能降低交联剂的用量。

3. 引发剂的影响

吸油性高分子材料一般选用油溶性自由基引发剂，如过氧化苯甲酰、偶氮二异丁腈等。引发剂对吸油高分子材料性能的影响主要在于引发剂的用量，其用量过大或过小都会降低吸油率。

如果引发剂用量过少，会降低反应速度，减小树脂骨架交联度，材料的吸油率也会降低，而且会导致材料吸油后呈无强度的凝胶状。当引发剂用量过大时，会加快反应速度，增大树脂骨架交联度、降低树脂相对分子质量，因此，材料吸油率也会降低。

4. 分散剂的影响

分散剂的主要作用是使高分子在聚合过程中形成稳定、均匀的颗粒，因此分散剂的种类和用量直接决定材料的粒径大小，同时间接影响高分子材料的相对分子质量。

选择合适的分散剂及其用量，不仅可有效降低生产成本，还能减少产品中分散剂的残余量，对改善产品的吸油率有着重要作用。

5. 聚合工艺的影响

随着乳液聚合工艺的不断发展，出现了许多新兴的聚合技术，运用制孔技术改善树脂结构，就可以在基本保持原有工艺的基础上，大幅度提高吸油高分子材料的吸油率和吸油速度。

6.3.6 高吸油性高分子材料的应用

不同于传统吸油材料，高吸油性高分子材料不仅吸油不吸水，而且受压力时不漏油，同时兼有体积小、质量轻、回收方便、吸油种类多等优势，因此，日益受到人们的重视，在许多领域成为一种新型的高效环保材料和特种吸油材料。

1. 在环境保护中的应用

高吸油性高分子材料在治理含油污水、废弃液体及油船、油罐泄漏事故而造成的环境污染方面具有十分广阔的应用前景。粒状固体型、水浆型、包覆型高吸油性高分子材料主要用作海洋、工厂漏油的处理剂，还可用作各种吸油材料，如废油处理剂、电镀制品废油、氯烃化合物浮油等处理剂。高吸油性高分子材料不仅吸油量大、吸油速度快，而且密度小，可浮在水面上，方便回收。

2. 用作各种基材

高吸油性高分子材料吸油后在一定外力作用下不漏油，并且吸附的油与周围环境之间有一定的浓度梯度，因此，吸收的油会慢慢释放出来，即具有缓释性，可以作为这些物质的缓释基材。例如，片状型的高吸油性高分子材料，利用其特性可制作各种芳香剂、杀虫剂、杀菌剂和诱鱼剂的载体基材。

3. 用作纸张添加剂

在纸张中添加乳液型(粒径在 0.1 微米以下)高吸油性高分子材料可得到特定性能的纸质材料。

4. 用作橡胶改性剂

乳液型高吸油性高分子材料作为橡胶的油性改性剂，可以有效增强橡胶的耐热性、耐寒性等。

5. 用作合成高分子的改性添加剂

高吸油性高分子材料可以作为合成高分子的改性添加剂，将其与纤维基材、合成高分子黏合剂等混合(其中高吸油性高分子材料占比为总质量的 5%～30%),可制成各种形状的密封材料,具有很好的油封性能,而且当油溶胀后,材料强度降低很小。

思考题

1. 举例说明高吸水性高分子材料具有哪些结构特征?这些特殊结构在吸水和保水过程中起到什么作用?

2. 为什么高吸水性高分子材料对去离子水和生理盐水的吸水量有很大的差异?

3. 高吸水性高分子材料具有哪些优异的性能?

4. 高吸水性高分子材料为什么具有吸氨性?

5. 试分析影响高吸水性高分子材料吸水能力的因素。

6. 以常见的淀粉衍生物型高吸水性高分子材料的制备过程为例,简要分析其制备的主要步骤。

7. 目前尿不湿的主要成分是聚丙烯酸钠,请分析为什么尿不湿具有优异的吸水和保水能力?

8. 请认真观察生活,举例说明高吸水性高分子材料在日常生活中的应用。

9. 高吸油性高分子材料具有哪些结构特征?

10. 分析高吸油性高分子材料的吸油机理。

11. 高吸油性高分子材料具有哪些基本性能?

12. 影响高吸油性高分子材料吸油性能的因素有哪些?

13. 高吸油性高分子材料的骨架交联度是不是越低越好?为什么?

14. 举例说明高吸油性高分子材料的应用。

15. 根据形态,高吸油性高分子材料主要可以分为哪几类?应用于载体基材的主要是哪种类型的高吸油性高分子材料?

阅读材料

——“尿不湿”的发展史

根据出土的文物,“尿裤”这种东西在原始人类的时代就已经被发明了,当时的“尿裤”主要是一些茂盛的树叶和树皮、野兽的皮毛,或是一些松软的苔藓。从古代到近现代,人们主要将废旧的衣服裁成宝宝的尿布。直到 18 世纪末至 19 世纪中叶爆发了第一次工业革命,催生了第一次尿布革命。棉纺布的工业化生产,使刚生产出的棉布马上用来做尿布成为现实。于是 19 世纪西方社会的妈妈们有幸首先用到了专为宝宝加工制作出的纯棉尿布。但随着社会节奏的加快,越来越多的年轻父母对清洗尿布的工作不胜其烦。

19 世纪 50 年代,摄影师亚历山大·帕克斯在暗房中的一次偶然实验中意外发明了塑料。20 世纪初,一场大雨让美国的史古脱纸业公司的一批纸因运送时保存不当而潮湿皱褶，意外发明了卫生纸。这两次意外发明为瑞典人鲍里斯特尔在1942年发明一次性尿裤提供了原材料。这种一次性尿裤分为两层，外层由塑料制成，内层则是用卫生纸做成的吸收垫。这是世界上第一款纸尿裤，但它仍有很多缺点，如塑料布不透气；卫生纸吸水能力有限，且在潮湿后极容易破碎成小块等。

第二次世界大战以后，德国人发明了一种质地柔软、透气吸水性很强的纤维棉纸。尿裤演变成中间使用多层这种纤维棉纸，由纱布固定好，整体做成短裤形状，这已经和如今的尿不湿的形式非常接近了。但这种纸尿裤成本过高，而且纤维棉纸的吸水性有限，需要频繁更替才能保证宝宝屁股干爽。

真正将尿不湿商业化生产的是宝洁公司，该公司的研发部门使纸尿裤进一步降低了成本，使得一部分家庭的宝宝终于用上了不再需要手洗的一次性纸尿裤。为此，纸尿裤被1961年出版的《时代》周刊评为20世纪最伟大100项发明之一。虽然一次性纸尿裤的成本有所下降，但纤维棉布吸水性不足的问题依旧没有解决。

20世纪60年代，是航天载人科技突飞猛进的时代。航天技术的发展，在解决航天员外太空生活的问题时，激发了纸尿裤改进。于是在20世纪80年代，华人工程师唐鑫为美国宇航服发明了一种纸尿片，每个尿片可以吸收高达1 400 mL的水分。尿片采用高分子材料制成，代表着当时材料科技的最高水平。高吸水性材料的纸尿片成功解决了航天员在太空的难言之隐。很快的，宝宝们的纸尿裤也开始采用这种材料。至此，纸尿裤的成本与吸水性都得到了很好的解决，于是全球各地的小宝宝们都开始穿起了纸尿裤。可见，宝宝尿裤的每一次升级，都反映着人类科技的发展与进步。

第7章 反应型高分子材料

(1) 熟悉反应型高分子材料的定义及特点。

(2) 知道高分子化学反应试剂的分类及各种反应试剂的种类。

(3) 熟知高分子载体上的固相合成法的过程，知道对固相合成用高分子骨架的性能要求，掌握多肽的固相合成。

(4) 了解高分子酸碱催化剂的催化方式。

(5) 掌握高分子金属络合物催化剂的制备方法。

(6) 了解高分子金属络合物催化剂的特点及载体对催化剂性能的影响。

(7) 能举例说明高分子化学反应试剂和催化剂的应用。

7.1 概述

7.1.1 反应型高分子材料的定义

反应型高分子材料是指具有化学活性，且应用在化学反应过程中的一类功能高分子材料。反应型高分子材料主要用于化学合成和化学反应，有时也利用其反应活性制备化学敏感器和生物敏感器。

反应型高分子材料主要包括高分子试剂和高分子催化剂两大类。高分子化学反应试剂是指小分子试剂经过高分子化，在聚合物骨架上引入反应活性基团，得到具有化学试剂功能的高分子化合物。它们化学反应性很强，能和特定的化学物质发生特定化学反应，而且它们直接参与合成反应，并在反应中消耗自身。常见的能形成碳-碳键的烷基化试剂——格氏试剂、能与化合物中羟基和氨基反应形成酯和酰胺的酰基化试剂等就属于化学试剂。

高分子化学反应催化剂是指通过聚合、接枝等方法将小分子催化剂高分子化，使具有催化活性的化学结构与高分子骨架结合，得到具有催化活性的一类功能高分子材料。催化剂是一类特殊物质，它虽然参与化学反应，但是其自身在反应前后并没有发生变化(虽然在反应过程中有变化发生)。催化剂在化学反应中主要起促进反应进行的作用，能几十倍、几百倍地增加化学反应速度。常用催化剂多为酸或碱性物质(用于酸碱催化),或者为金属或金属络合物。

7.1.2 反应型高分子材料的特点

由高分子化学反应试剂和高分子化学反应催化剂的定义可知,反应型高分子材料是由反应型小分子高分子化制得。因此,反应型高分子材料不仅具有小分子试剂和催化剂的反应性质,同时还具有高分子的特性。反应型小分子的高分子化可以带来以下优点。

(1) 提高试剂的稳定性和安全性

高分子骨架的引入对功能基具有一定的屏蔽作用,可大大提高其稳定性,从而增加某些不易处理和储存试剂的稳定性,增加安全性,如小分子过氧酸经过高分子化后稳定性大大增加。另外,分子量增加后挥发性的减小,也在一定程度上增加了易燃、易爆试剂的安全性。挥发性减小还可以消除某些试剂的不良气味,净化工作环境。

(2) 易回收、再生和重复使用

利用高分子反应试剂和催化剂的可回收性和可再生性,可以将某些贵重的催化剂和反应试剂高分子化后使用,以便于回收再用,达到降低成本和减少环境污染的目的。这一技术对开发贵金属络合催化剂和催化专一性极强的酶催化剂(固化酶),以及采用易对环境产生污染的试剂具有特别重大的意义。

(3) 简化操作过程

一般来说,经过高分子化得到的高分子反应试剂和催化剂在反应体系中仅能溶胀,而不能溶解;这样在化学反应完成之后,可以借助简单的过滤方法使之与小分子原料和产物相互分离,从而简化操作过程,提高产品纯度。

(4) 提高化学反应的机械化和自动化程度

利用高分子载体连接多官能团反应试剂的一端,使反应只在试剂的另一端进行,可实现定向连续合成。反应产物连接在固体载体上不仅使之易于分离和纯化,而且有利于实现化学反应的机械化和自动化。

(5) 提高化学反应的选择性

利用高分子载体的空间立体效应,可以实现"模板反应"。这种具有独特空间结构的高分子试剂,利用它的高分子效应和微环境效应,可以实现立体选择合成。在高分子骨架上引入特定光学结构,可以完成某些光学异构体的合成和拆分。

(6) 提供在均相反应条件下难以达到的反应环境

将某些反应活性结构有一定间隔地连接在刚性高分子骨架上,使其相互之间难以接触,可以实现常规有机反应中难以达到的"无限稀释"条件。利用高分子反应试剂中官能团相互间的难接近性和反应活性中心之间的隔离性,可以避免化学反应中试剂的"自反应"现象,从而避免或减少副反应的发生。同时,将反应活性中心置于高分子骨架特定官能团附近,可以利用其产生的邻位协同效应,加快反应速度、提高产物收率和反应的选择性。

可见,与反应型小分子相比,反应型高分子材料保持或基本保持小分子试剂的反应性能或催化性能。其优势在于可简化分离纯化等后处理过程,提高试剂的稳定性和易处理性。同时有些高分子试剂和高分子催化剂还会表现出特殊的反应性能或催化性能,如无限稀释效应、立体选择效应、邻位协同效应等。另外，反应型高分子试剂的不溶性、多孔性、高选择性、化学稳定性改进了化学反应工艺。

反应型小分子的高分子化也不可避免地带来一些缺点：

(1) 增加试剂生产的成本。在试剂生产中高分子骨架的引入和高分子化过程都会使高分子化学试剂和催化剂的生产成本提高。比较复杂的制备工艺也是成本增加的因素之一。

(2) 降低化学反应速度。由于高分子骨架的立体阻碍和多相反应的特点，与小分子试剂相比，由高分子化学试剂进行的化学反应，其反应速度一般比较慢。

(3) 有机高分子载体的耐热性较差，高温下的反应不适用。

7.1.3 反应型高分子材料的制备方法

不管是高分子化学反应试剂，还是高分子化学反应催化剂，都是由小分子高分子反应试剂或小分子催化剂经高分子化制得。反应型小分子高分子化的途径主要有两种，分别为物理吸附法和化学反应法。

1. 物理吸附法

物理吸附法是指小分子反应试剂或小分子催化剂通过一定的物理方法吸附在高分子骨架上，从而制得高分子反应试剂或高分子催化剂。物理吸附法操作简单，但制得的高分子性能稳定性较差，在使用过程中高分子骨架上吸附的反应试剂或小分子催化剂会脱离，导致失去反应功能。

2. 化学反应法

化学反应法是指通过一定的化学反应将小分子反应试剂或小分子催化剂共价接枝到高分子骨架上，或者直接合成具有反应活性中心结构或催化活性中心结构的可聚合单体，然后通过一定的聚合方法使单体发生聚合，制得反应型功能高分子。相比于物理吸附法，化学反应法操作较复杂，成本较高，但制得的反应型功能高分子性能稳定性好。

物理吸附法或化学反应法制备反应型功能高分子都需要高分子骨架，作为反应型高分子的高分子骨架一般需要满足以下要求：

(1) 在常用有机溶剂中只发生溶胀而不溶解。

(2) 具有较优异的机械性能，刚性和柔性适当，不易受到破坏。

(3) 具有一定的化学活性，容易功能化，而且高分子骨架上接枝功能基的活性点分布均匀。

(4) 高分子的功能基易于接近反应试剂。

(5) 在反应过程不会产生副反应。

(6) 能够通过简单、经济、高效率的反应实现再生。

7.2 高分子化学反应试剂

高分子化学反应试剂是将小分子化学反应试剂高分子化得到的，其在有机合成中的应用始于 20 世纪 60 年代。

从化学角度看,高分子化学反应试剂可以分为两大类:高分子负载的反应底物和高分子负载的小分子试剂。高分子负载的反应底物是指将普通的反应底物通过化学反应接枝在高分子骨架上,然后将之与小分子化学试剂反应,得到高分子承载的产物,再通过一定的化学反应将产物从高分子骨架脱下来,去除高分子骨架,经过简单的纯化处理即得到所需产物。多肽、多糖、寡核苷酸的固相合成反应就是这类反应的典型代表。高分子负载的小分子试剂是指将小分子试剂通过一定的方式结合到高分子骨架上,然后利用高分子骨架上的小分子试剂进行化学反应,得到高分子承载的产物。

根据化学活性,高分子化学反应试剂可以分为:高分子氧化还原试剂、高分子卤代试剂、高分子烷基化试剂、高分子酰基化试剂、高分子磷试剂、用于多肽和多糖等合成的固相合成试剂等。

7.2.1 高分子氧化还原试剂

化学反应中反应物之间有电子转移过程发生,这种反应前后反应物中某些原子价态发生变化的反应称为氧化还原反应。其中主反应物失去电子的反应为氧化反应,主反应物得到电子的反应为还原反应。在高分子试剂参与的化学反应中,发生了氧化和(或)还原反应,这些高分子试剂即为高分子氧化还原试剂。高分子氧化还原试剂主要包括氧化还原型高分子试剂、高分子氧化试剂及高分子还原试剂。

1. 氧化还原型高分子试剂

氧化还原型高分子试剂是高分子骨架上含多个可逆氧化还原中心,兼具氧化和还原功能,自身具有可逆氧化还原特性的一类高分子化学反应试剂,又称电子转移树脂。氧化还原型高分子试剂的特点是能够在不同情况下表现出不同反应活性;在反应中起氧化还是还原作用取决于反应的初始氧化态,有的伴随颜色变化。经过氧化或还原反应后,试剂易于根据其氧化还原反应的可逆性将试剂再生使用。

(1) 氧化还原型高分子试剂的种类及应用

常见的氧化还原型高分子试剂主要有以下几种,不同种类的氧化还原型高分子试剂具有不同的应用。

① 醌型高分子试剂

$$\text{Ⓟ-}C_6H_3(OH)_2 \underset{\text{还原}}{\overset{\text{氧化}}{\rightleftharpoons}} \text{Ⓟ-}C_6H_3(=O)_2 + 2H^+ + 2e^-$$

醌型氧化还原高分子试剂主要用于乙烯制备乙醛,还有其他一些用途,如作为细菌培养时的氧气吸收剂、化学品储存和化学反应中的阻聚剂、彩色照相中的还原剂,以及氧化还原试纸等。

② 硫醇型高分子试剂

$$\text{Ⓟ}-RSH \underset{\text{还原}}{\overset{\text{氧化}}{\rightleftharpoons}} \text{Ⓟ}-RS-SR-\text{Ⓟ} + 2H^+ + 2e^-$$

硫醇型氧化还原高分子试剂主要用于还原二硫化物和蛋白质中的过硫键。

③ 吡啶型高分子试剂

P
H
H
N — R + HA $\underset{\text{还原}}{\overset{\text{氧化}}{\rightleftharpoons}}$ P N$^+$ — RA$^-$ + 2H$^+$ + 2e$^-$

吡啶型氧化还原高分子试剂中高分子烟酰胺类可用于制备聚合物修饰电极以及研究生化反应;联吡啶类因光致氧化-还原变色性可用于光电显示材料、电子转移催化剂。

④ 二茂铁型高分子试剂

P
Fe + HA $\underset{\text{还原}}{\overset{\text{氧化}}{\rightleftharpoons}}$ P Fe$^+$A$^-$ + H$^+$ + e$^-$

二茂铁高分子试剂可以与四价砷、对苯醌和稀硝酸等发生反应,可逆地被氧化成三价的二茂铁离子。这种铁离子可以再被三价钛或抗坏血酸还原。伴随着氧化还原反应的进行,高分子试剂的颜色也发生变化。

⑤ 多核芳香杂环型高分子试剂

H
N
S
NR$_2$ NR$_2$ $\underset{\text{还原}}{\overset{\text{氧化}}{\rightleftharpoons}}$ N S NR$_2$ NR$_2^+$ + H$^+$ + e$^-$

氧化还原型高分子试剂中可逆的氧化还原活性中心与高分子骨架相连,是一种比较温和的氧化-还原试剂。参与化学反应时,与骨架相连的氧化还原活性中心与反应物发生反应,而高分子骨架一般只起到对氧化-还原活性中心的负载作用。

(2) 氧化还原型高分子试剂的制备方法

目前,氧化还原型高分子试剂的制备方法主要有以下三种:

① 含氧化还原功能基的单体聚合

从合成具有氧化还原活性的单体出发,首先制备含有氧化还原反应活性中心结构、具有可聚合基团的活性单体;再利用聚合反应可将单体制备成高分子反应试剂。

该方法制备的氧化还原型高分子试剂中氧化还原活性中心在整个聚合物中分布均匀,活性中心密度较大。但该方法要注意基团保护,而且形成的高分子试剂的机械强度受聚合单体的影响较大,难以得到保障。

② 通过大分子的化学反应接上氧化还原功能基

以某种商品聚合物为载体,利用特定化学反应,将具有氧化还原反应活性中心结构的小分子试剂接枝到聚合物骨架上，可构成具有同样氧化还原反应活性的高分子反应试剂。

该方法制备的氧化还原型高分子试剂的机械强度受活性中心的影响不大。但该方法制得的高分子试剂功能化程度有限，氧化还原活性中心主要分布在聚合物表面和浅层，活性点担载量较小，试剂的使用寿命受到一定限制。

③ 氧化还原性低分子吸附在离子交换树脂上

前两种方法都属于化学反应法，而氧化还原性低分子吸附在离子交换树脂上属于物理法，即将氧化还原性小分子通过一定的物理法吸附在已有的高分子骨架上。该方法简便易行，成本低；但制得的氧化还原型高分子试剂，其氧化-还原活性中心稳定性差，在使用过程中高分子骨架上的氧化还原性小分子会解离下来。

2. 高分子氧化试剂

多数小分子氧化剂的化学性质不稳定，易爆、易燃、易分解，而且一些沸点较低的氧化剂在常温下有比较难闻的气味。为了消除或减弱小分子氧化剂的这些缺点，常常将小分子氧化剂高分子化，制得氧化型高分子试剂，即高分子氧化试剂。小分子氧化剂的高分子化主要作用是在保证试剂活性的前提下，增加其物理及化学稳定性。

与小分子氧化剂相比，高分子氧化剂具有以下特点：

① 稳定性改善。

② 毒性降低。

③ 选择性提高。如氯代硫代苯甲醚选择性氧化二元醇的一个羟基；高分子硒选择性地氧化烯烃成醇，或氧化成醛。

高分子氧化剂在有机合成中主要做氧化剂使用，主要有高分子过氧酸、高分子硒氧化剂及高分子高价碘试剂等。

(1) 高分子过氧酸

高分子过氧酸指含有过氧酸结构(—CO—O—OH)的高分子氧化剂。与小分子过氧酸试剂相比，高分子骨架的引入使其化学稳定性大大提高，在20℃下可以保存70天，在−20℃时可以保持7个月而无显著变化，并消除了爆炸危险。高分子过氧酸最重要的用途是将烯烃氧化成环氧化合物(采用芳香骨架型过氧酸)或邻二羟基化合物(采用脂肪族骨架过氧酸)。

高分子过氧酸的制备多以聚苯乙烯为原料，经过乙酰化、氧化反应得到聚乙烯苯甲酸，然后与过氧化氢反应得到高分子过氧酸。或者以聚甲基丙烯酸甲酯为原料，经碱性水解释放出羧基，再与过氧化氢反应实现过氧化，如下式。

$$\xrightarrow{CH_3COCl} \quad \xrightarrow{KMnO_4} \quad \xrightarrow[70\%H_2O_2]{CH_3SO_3H}$$

(2) 高分子硒氧化剂

高分子硒氧化剂指含有硒氧化物(—SeO—)的高分子氧化剂。硒氧化物试剂是一种能够将烯烃氧化成邻二羟基化合物,将芳香环外甲基氧化成醛的选择性氧化剂。虽然有机硒化合物是常用的氧化试剂,但是小分子有机硒有毒,并具有恶臭,对工业化使用不利。高分子化的硒试剂可以有效消除上述缺点。

高分子硒试剂的制备通常以聚对氯苯乙烯为原料,将其与硒酚钠反应生成二苯硒醚型高分子硒试剂,如下式。

Cl → (1.Mg, THF; 2.Se; 3.H^+) → SeH → (AIBN) → $[\;]_n$ SeH → (NaBH$_4$, Cl) → $[\;]_n$ Se → ([O]) → $[\;]_n$ Se=O

(3) 高分子高价碘试剂

与小分子高价碘试剂一样,高分子高价碘试剂具有非常优异的氧化性能和选择性。高分子高价碘试剂能够在比较温和的条件下将醇氧化成醛、将苯乙酮氧化成醌,并能发生氧化-脱水反应。

3. 高分子还原试剂

小分子还原试剂都具有稳定性差、易分解失效的不足。为此,常将小分子还原试剂进行高分子化制得高分子还原试剂。高分子还原试剂不仅克服了同类型小分子还原试剂稳定性差的缺点,而且具有选择性高、可再生的优点。高分子还原试剂主要有高分子锡氢还原试剂、高分子磺酰肼试剂、高分子硼氢化合物等。

(1) 高分子锡氢还原试剂

高分子锡氢还原试剂是指一类含有—Sn—H 功能基的高分子还原试剂。高分子锡氢还原试剂不仅有效克服了小分子锡氢还原试剂稳定性差的问题,还具备了小分子锡氢还原试剂所不具备的高选择性。这种高选择性正是由于高分子骨架的引入限制了基团的活动造成的。例如,高分子锡氢还原试剂在还原醛、酮时,首先—Sn—H 与 $\rangle$C═O 发生加成反应,随后 $\vert$HC—O—Sn 键发生水解得到还原产物。

高分子锡氢还原试剂还可以只还原二元醛中的一个醛基,如其与对苯二甲醛反应,86%的产物都是单醛基。

高分子锡氢还原试剂常用于还原醛。高分子锡氢还原试剂可以将苯甲醛、苯甲酮、叔丁基甲酮等具有能稳定碳正离子基团的含羰基化合物还原成相应的醇类化合物,产率高达 91%~92%。

(2) 高分子磺酰肼试剂

高分子磺酰肼试剂是指含—SO_2—NH—NH_2 功能基的一类高分子还原试剂。高分子磺酰肼试剂常用于碳碳双键加氢反应,而且具有较高的选择性,对碳碳双键加氢时不影响羰基。

(3) 高分子硼氢化合物

将小分子硼氢化合物负载在高分子骨架上即制得了高分子硼氢化合物。如将硼氢化钠通过一定方法吸附在聚乙烯吡啶骨架上，制得的含有 BH_3 的高分子硼氢化合物可以有效还原醛、酮等。高分子硼氢化合物在还原时具有选择性，即首先生成硼酸酯，再用酸分解生成产物醇。

此外，将 BH_3 通过一定方法吸附在交联聚(α-乙烯基吡啶)骨架上也可以制得高分子还原试剂，该还原试剂可以将环己酮、苯乙酮、正辛醛还原成相应的醇，产率可高达93%～100%。

7.2.2 高分子传递试剂

高分子传递试剂能将高分子骨架上所带的化学基团传递给其他低分子反应物，使其被卤化、酰基化、烷基化等。高分子传递试剂主要包括高分子卤化试剂、高分子酰基化试剂、高分子烷基化试剂、高分子偶氮化试剂、高分子偶合试剂、高分子亲核试剂等。

1. 高分子卤代试剂

高分子卤代试剂含有高活性的介稳态卤原子，通过亲核取代或亲电加成，可完成有机合成中的卤代反应。小分子卤代试剂具有较强的挥发性和腐蚀性，不仅会恶化工作环境，而且会导致设备被严重腐蚀。为此，常将小分子卤代试剂引入并在高分子骨架上制得高分子卤代试剂，以克服其易挥发、腐蚀性强的缺点。制备高分子卤代试剂主要有两种方法：①反应型，又称化学法，即通过化学反应将卤素引入高分子功能基，主要以含苯基磷高分子为骨架；②负载型，又称物理法，即通过小分子卤素与高分子的络合、离子交换或吸附而成。与小分子卤代试剂相比，高分子卤代试剂不仅具有低的挥发性和腐蚀性，而且反应温和，简化了反应过程和分离步骤。另外，高分子骨架的空间和立体效应还赋予了高分子卤代试剂更好的反应选择性。因而，高分子卤代试剂在有机卤代反应中得到了日益广泛的应用。目前应用较多的高分子卤代试剂主要有二卤化磷型、*N*-卤代酰亚胺型及三价碘型等。

(1) 二卤化磷型卤代试剂

二卤化磷型卤代试剂在有机合成反应中主要将醇转化为氯代烷，或将羧酸转化为酰氯，反应如下式所示。

$$\left[\!-CH_2-\underset{\underset{C_6H_4-PPh_2Cl_2}{|}}{CH}-\!\right]_n + ROH \longrightarrow RCl + \left[\!-CH_2-\underset{\underset{C_6H_4-P(=O)Ph_2}{|}}{CH}-\!\right]_n$$

$$\left[\!-CH_2-\underset{\underset{C_6H_4-PPh_2Cl_2}{|}}{CH}-\!\right]_n + RCOOH \longrightarrow RCOCl + \left[\!-CH_2-\underset{\underset{C_6H_4-P(=O)Ph_2}{|}}{CH}-\!\right]_n$$

该反应条件温和，反应产率高，而且二卤化磷型卤代试剂回收后可再生。

(2) *N*-卤代酰亚胺型卤代试剂

N-卤代酰亚胺型卤代试剂可以对羟基、活泼氢等基团进行溴代反应，反应如下。

$$\text{ROH} \xrightarrow{\text{高分子化NBS}} \text{RBr}$$

$$C_6H_5-C(CH_3)_2-H \xrightarrow{\text{高分子化NBS}} C_6H_5-C(CH_3)_2-Br$$

N-卤代酰亚胺型卤代试剂对不饱和烃进行加成反应，反应如下式。

$$\text{环己烯} \xrightarrow{\text{高分子化NBS}} \text{1,2-二溴环己烷}$$

该反应中，*N*-卤代酰亚胺型卤代试剂具有很高的反应选择性。

(3) 三价碘型高分子卤代试剂

三价碘型高分子卤代试剂主要用于氟代和氯代反应，也可用于加成反应。

$$\text{ROH} \xrightarrow{\text{三价碘型高分子试剂}} \text{RX} \quad (\text{X为Cl, F})$$

2. 高分子酰基化反应试剂

酰基化反应试剂可以与氨基、羧基和羟基发生酰化反应，生成酰胺、酸酐及酯类化合物。多数酰基化反应是可逆的，因此通常需要加入过量的反应试剂促使反应正向进行，这导致反应结束后过量的反应试剂和反应产物的分离十分耗时、复杂。为此，常将小分子酰基化反应试剂引入高分子骨架，这样可以大大简化分离过程。因此，高分子酰基化反应试剂获得了越来越广泛的应用，如用于有机合成中活泼官能团的保护、极性产物的气相色谱分析、天然产物有效成分的分离提取。目前，高分子活性酯和高分子酸酐是最常用的两种高分子酰基化反应试剂。

(1) 高分子活性酯

典型的高分子活性酯酰基化反应试剂的合成如下。

$$CH_2{=}CH-C_6H_4-OCH_3 \xrightarrow[\text{AIBN}]{\text{DVB}} \left[CH_2-CH\right]_n(C_6H_4-OCH_3) \xrightarrow[H^+]{\text{HBr}} \left[CH_2-CH\right]_n(C_6H_4-OH) \xrightarrow{HNO_3}$$

$$\left[CH_2-CH\right]_n(C_6H_3(NO_2)-OH) \xrightarrow{\text{RCOCl}} \left[CH_2-CH\right]_n(C_6H_3(NO_2)-OCOR)$$

高分子活性酯在酰基化反应中主要用于活泼基团的保护，使胺和醇酰化，分别生成酰胺和酯。高分子活性酯在多肽的合成、药物的合成，以及改变化合物的极性方面具有极其重要的应用。

(2) 高分子酸酐

高分子酸酐也是一种典型的高分子酰基化反应试剂，主要以聚对羟基苯乙烯为原料，通过如下反应制得。

$$-\!\!\left[CH_2-CH\right]_n\!-(C_6H_4)CH_2OH \xrightarrow{COCl_2} -\!\!\left[CH_2-CH\right]_n\!-(C_6H_4)CH_2OCOCl \xrightarrow[(CH_3CH_2)_3N]{RCOOH} -\!\!\left[CH_2-CH\right]_n\!-(C_6H_4)CH_2OC(=O)-O-C(=O)-R$$

高分子酸酐也可以用乙烯基苯甲酸聚合后与乙二酰氯得到聚合型酰氯，再与苯甲酸反应制得。

$$CH_2=CH(C_6H_4)COOH \xrightarrow{\text{聚合}} -\!\!\left[CH_2-CH\right]_n\!-(C_6H_4)COOH \xrightarrow{(COCl)_2} -\!\!\left[CH_2-CH\right]_n\!-(C_6H_4)COCl \xrightarrow{C_6H_5COOH} -\!\!\left[CH_2-CH\right]_n\!-(C_6H_4)C(=O)-O-C(=O)-C_6H_5$$

高分子酸酐已经广泛应用于药物合成，主要用于对含有硫原子和氮原子的杂环化合物中的氨基选择性酰化，而不影响化合物的其他结构（如下式所示）。如使用高分子酸酐对头孢素中的氨基进行酰基化，可以得到长效型抗菌药物。

$$-\!\!\left[CH_2-CH\right]_n\!-(C_6H_4)CH_2OC(=O)-O-C(=O)-R + H_2N\text{-(头孢环; S, N, O=)}\text{-}CH_2OCOCH_3,\ COO\text{-}t\text{-}C_4H_9 \longrightarrow RCONH\text{-(头孢环; S, N, O=)}\text{-}CH_2OCOCH_3,\ COO\text{-}t\text{-}C_4H_9 + -\!\!\left[CH_2-CH\right]_n\!-(C_6H_4)CH_2OH$$

3. 高分子烷基化反应试剂

烷基化反应指在有机物中引入烷基或芳基，从而形成 C—C 键，以增加碳骨架长度。高分子烷基化反应试剂在烷基化反应中主要作为含有单碳原子基团的供体，如甲基、氰基等。高分子烷基化反应试剂主要有高分子金属有机试剂、叠氮结构高分子试剂等。

(1) 高分子金属有机试剂

硫甲基锂型高分子烷基化试剂是一种典型的高分子金属有机试剂。如聚巯甲基苯乙烯主要用于碘代烷与二碘代烷的同系列化反应，起到增加碘化物中碳链长度的作用。该反应收率较高，而且反应后的烷基化试剂可以通过与丁基锂反应实现再生，从而可以重复利用。

$$\text{-[}CH_2\text{—}CH\text{]}_n\text{-}(C_6H_4)\text{—}SCH_3 \xrightarrow{n\text{-BuLi}} \text{-[}CH_2\text{—}CH\text{]}_n\text{-}(C_6H_4)\text{—}SCH_2^-Li^+ \xrightarrow{RCH_2CH_2I}$$

$$\text{-[}CH_2\text{—}CH\text{]}_n\text{-}(C_6H_4)\text{—}SCH_2CH_2CH_2R \xrightarrow{NaI/CH_3I/DMF} R(CH_2)_3I$$

(2) 叠氮结构高分子试剂

含—N ═N—NHCH$_3$ 叠氮结构的高分子是一种典型的高分子烷基化反应试剂。该高分子反应试剂与羧酸反应生成相应的酯，而作为副产物的氮气在反应中会自动去除，因此该反应容易进行到底。

$$\text{-[}CH_2\text{—}CH\text{]}_n\text{-}(C_6H_4)\text{—}N{=}N\text{—}N(H)CH_3 + RCOOH \longrightarrow RCOOCH_3 + N_2\uparrow + \text{-[}CH_2\text{—}CH\text{]}_n\text{-}(C_6H_4)\text{—}NH_2$$

7.2.3 高分子载体上的固相合成法

长久以来，生命的基础、蛋白质的子结构——肽的合成一直是一个极具挑战性的问题。一开始主要采用液相法合成多肽。但是液相法合成多肽反应步骤复杂、难于分离、总产率低，而且周期长。例如，采用常规的液相法合成舒缓激肽(有生物活性的九肽化合物)，一般需要一年的时间。

1963 年，美国生物化学家 R. B. Merrifield 发展了一种新的合成方法——多肽固相合成法(solid phase synthesis)，又称为 Merrifield 固相肽合成法。这是多肽合成化学的一个重大突破，为有机合成揭开了新的一页。它的最大特点是不必纯化中间产物，合成过程可以连续进行，从而为多肽合成自动化奠定基础。现在广泛应用的"蛋白质自动合成仪"就是在这个基础上发展起来的。

1. 固相合成法过程

固相合成法每一步反应的产物都以固相形式存在，在整个过程中，反应物与产物始终在不同的相中。具体来说，固相合成法采用不溶于反应体系的低交联度高分子材料作为载体，将反应试剂通过与高分子上活性基的反应固定于高分子骨架上。反应过程中间产物始终与高分子载体相连，从而整个反应过程自始至终都在高分子载体(固相)上进行。反应完成后再将产物从载体上脱下即可。在固相合成法中高分子骨架上的活性基团常常只需要参与第一反应和最后一步脱去产物的反应。

可见，固相合成法一般主要分为三个步骤，如图 7-1 所示。

(1) 反应底物通过连接基负载到高分子载体上

一般将含有双官能团或多官能团的小分子反应试剂(A)通过化学反应与带有活性基团(X)的高分子载体共价相连。

(2) 载体上，反应底物与试剂进行反应生成目标产物

第一步反应得到的一端连着高分子载体、一端为游离态的活性官能团的中间产物($A_1A_2\cdots$)，会与其他小分子反应试剂发生单步或多步反应，生成的产物始终与高分子骨架相连。反应过程中添加的过量低分子反应试剂、小分子副产物等采用过滤法除去后，再进行下一步反应，直到预定的产物在高分子骨架上完全形成。

(3) 把产物从载体上脱离下来

反应进行完后，将合成好的预定产物通过水解反应从高分子骨架上脱下。

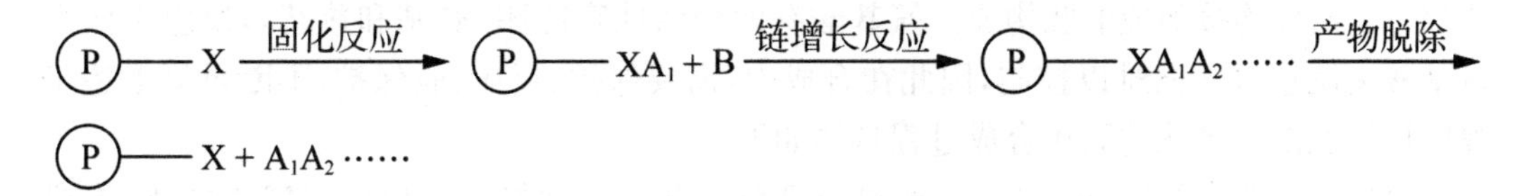

图 7-1 固相合成法过程示意图

2. 固相合成用高分子骨架

由固相合成法的过程可以看出，固相合成用高分子骨架主要起到两种特殊的作用：一方面对合成反应起到固体承载作用；另一方面连接小分子反应试剂，而且与小分子形成的键在一定条件可以发生水解。因此，选用的高分子载体必须满足以下要求：

(1) 高分子载体不能溶解于反应介质中，这样才能保住合成反应在固相上进行，从而简化合成步骤。

(2) 高分子载体在反应介质中要能很好地溶胀，因此高分子载体要适度交联，这样可以使反应以适当的速度进行。

(3) 高分子载体的活性基团与小分子反应试剂应具有较高的反应活性，即要易于负载上小分子试剂。

(4) 接枝了小分子反应试剂后，高分子载体要呈化学惰性，不再参与生成目标产物的

化学反应。

(5) 高分载体与小分子反应试剂形成的键在反应过程中、温和条件下应具有优异的稳定性,但固相反应结束后要容易发生水解,以便产物的脱离。

(6) 高分子载体应可以用相对简单的方法再生使用。为了降低成本、提高材料的利用率,高分子载体的重复使用是非常必要的,也符合绿色化学的要求。

在固相合成法中使用的高分子载体主要分为两类,一类是天然高分子材料,如纤维素、棉花等;另一类是合成高分子材料,如聚苯乙烯、聚乙烯、聚丙烯等。高分子的载体形状主要有微球、针、冠、微管及蝶形等。

3. 多肽的固相合成

高分子载体上的固相合成法以其特有的分离纯化步骤简化,反应总产率高,合成方法可程序化、自动化进行,引起了人们的极大兴趣和关注。这种方法可进行分子设计,合成有特定序列的高分子。目前,固相合成法已广泛用于有机合成,生物活性大分子蛋白质、低聚核苷酸(多肽)、酶、寡糖等的定向合成及手性不对称合成,消旋体的析离。

多肽固相合成用高分子载体的选择主要依据以下原则:①不溶于普通溶剂;②有一定刚性和柔性,机械稳定性好;③功能基分布均匀,可定量分析;④功能基易被反应试剂接近;⑤固相无副反应;⑥易于再生,重复使用。用1%二乙烯苯交联的聚苯乙烯树脂经氯甲基化后能够很好地满足以上条件,是目前多肽固相合成常用的高分子载体。氯甲基化苯乙烯-二乙烯基苯共聚物具有一定的机械稳定性,而且在常规有机溶剂中能够高度溶胀,悬挂的肽链在反应中可以高度溶剂化,小分子反应试剂可以自由扩散进入高分子骨架之中,因此,不仅可以在高分子骨架表面发生反应,在骨架内部也可以发生反应。

蛋白质和核酸是两类决定生命现象的主要物质。蛋白质是由以氨基酸为基本单元,按照一定次序连接而成的肽构成。氨基酸有两个活性官能团(氨基和羧基),反应中两个氨基酸头尾连接方向难以控制,因此在合成中,需要保护、反应、脱保护,不断重复上述步骤以加长肽链。多肽的固相合成过程具体如下:

(1) 一个氨基酸分子(反应物)通过与高分子载体上功能基的反应固定于载体,形成固化键(苄酯键)。

$$\left[\!-CH_2CH-\right]_n\text{—}C_6H_4\text{—}CH_2Cl \xrightarrow[\text{碱}]{HOOC-CH(R^1)NHR^2} \left[\!-CH_2CH-\right]_n\text{—}C_6H_4\text{—}CH_2OCO-CH(R^1)NHR^2$$

保护基

高分子载体上的功能基影响着第一个氨基酸分子与载体形成固化键(该氨基酸从此在反应体系中不溶,直到从载体上脱下为止,因此称固化键)的难易和效率,同时关系着最终多肽从载体上脱下的效率。氯甲基、羟甲基是常见的将第一个氨基酸分子固化在高分子骨架的功能基。这个功能基与第一个氨基酸反应形成的固化键都是苄酯键。而形成苄酯键时作为催化剂和中和所生成的盐酸的试剂一般都是有机碱，这样可以保证不发生重排等副反应。

（2）氨基酸的去保护和质子化

氨基酸与高分子载体（高分子酰氯试剂）反应，分子间脱氯化氢。产物以酯键的形式与载体连接，在载体上构成一个反应增长点。反应过程最重要的是氨基的保护。

在保证生成的酯键不断裂的条件下进行脱氨基保护反应，一般是条件温和的酸性水解反应。脱保护的氨基作为进一步反应的官能团，叔丁氧羰基（t-Boc）是常用氨基保护基，具体反应式如下所示。

$$\xrightarrow{H^+} \left[CH_2CH\right]_n(C_6H_4)CH_2OCO-CH(R^1)NHR_2 \xrightarrow[DCC]{HOOC-CH(R'^1)NHR^2} \left[CH_2CH\right]_n(C_6H_4)CH_2OCO-CH(R^1)NHCO-CH(R'^1)NHR^2$$

（3）肽键的生成

加另外一个氨基受到保护的氨基酸（另一反应物）与载体上的氨基发生酰化反应，形成酰胺键，也称肽键。

（4）肽链增长

重复步骤（2）（3），按指定次序增加氨基酸链节，直至所需要序列的肽链逐步完成。

$$\longrightarrow \left[CH_2CH\right]_n(C_6H_4)CH_2OCO-CH(R^1)NHCO-CH(R'^1)NH-CO-CH(R''^1)NHR^2$$

（5）多肽解脱

用适宜的酸（氢溴酸和乙酸的混合液，或者用三氟乙酸及氢氟酸）使苄酯键酸解，并使载体和肽之间的酯键断裂制得预期序列的多肽，同时脱保护基。

$$\xrightarrow{HX} \xrightarrow{\text{氨基酸}} \left[CH_2CH\right]_n(C_6H_4)CH_2OCO-CH(R^1)NHCO-CH(R'^1)NH-CO-CH(R''^1)NH\sim\sim\sim CO-CH(R^n)NH_2$$

多肽的固相合成过程具有以下特点：

① 每步反应后皆分离出中间体小球。

② 合成的全过程中不需要再精制和提纯。

③ 反应中氨基酸等反应试剂都是大大过量的，反应过后过量的试剂可以回收再用。

7.3 高分子催化剂

7.3.1 概述

将催化活性物种(通常是金属离子、金属络合物等)以物理方式(吸附、包埋)或化学作用(离子键、共价键)固化于线形或交联聚合物载体上形成具有催化功能的高分子材料，叫作高分子负载金属或金属络合物催化剂，简称高分子负载催化剂，通常称为高分子催化剂。

催化剂能加快化学反应的速率，极大地促进了化学工业的发展，许多化学反应若没有适当的催化剂就无法实现工业化生产，如聚乙烯、聚丙烯。高分子催化剂是一种活性高、选择性强的节能型催化剂，在实用性、耐久性、操作性和经济性等方面都优于传统的催化剂，而且容易加工成小球状、薄膜状、纤维状等各种形态，大大扩展了适用范围。因此，高分子催化剂已经成为催化剂领域的一个新分支，在化工中应用越来越广泛。

金属、无机非金属化合物催化剂及小分子酸碱催化剂通常需要高温、高压的反应条件，而且活性、选择性低，不易与产物分离。有机金属络合物催化剂虽然活性、选择性高，反应条件温和，但易失活、难分离、易流失、腐蚀设备、成本高。为此，通常将具有催化活性的小分子化合物，通过化学键合或物理吸附的方法，负载在高分子骨架上制成高分子催化剂。即高分子催化剂主要由高分子主链和催化活性基团这两部分组成，其中具有催化活性的基团既可以置于高分子的主链上，也可以位于高分子的侧链上。与小分子催化剂相比，高分子催化剂具有如下特点：

(1) 高分子催化剂都是固体。不论气相反应还是溶液反应，都是非均相反应，固体与气体、液体容易分离，催化剂容易回收。

(2) 高分子催化剂对水、空气都很稳定。一般高分子催化剂在空气中放置一年都不会失活，但是一些常用的有机反应催化剂，如无水三氯化铝，则对水很敏感，吸水后容易失活。

(3) 高分子催化剂活性大，反应速度快，产率高，反应条件温和。

(4) 高分子催化剂可以提高反应的选择性。

(5) 高分子催化剂对反应设备腐蚀性低。

(6) 高分子催化剂反应活性往往比相应低分子催化剂低。

这些优点使得高分子催化剂得以广泛应用。目前高分子催化剂主要有三类：①天然高分子催化剂。目前已经鉴定出 3 000 多种酶为天然高分子催化剂，如蛋白酶、淀粉酶、水解酶、氧化还原酶等，具有催化效率高和高度专一的特点，但易受强酸、强碱和高温等条件的影响。②半天然高分子催化剂，如固定化酶。③合成高分子催化剂，主要包括高分子酸碱催化剂、高分子配位化合物(金属络合物)催化剂、高分子相转移催化剂及高分子胶体保护的金属簇催化剂等。

7.3.2 高分子酸碱催化剂

高分子酸碱催化剂即为第 4 章介绍的酸性或碱性离子交换树脂。阳离子交换树脂可以提供质子，起到酸性催化剂的作用，而阴离子交换树脂可以提供氢氧根离子，起到碱性催化剂的作用，因此，离子交换树脂可以作为高分子酸碱催化剂使用。离子交换树脂不仅可在有机合成中发挥酸（碱）的催化作用，而且易分离回收，可重复使用，产物不需中和，反应条件温和，催化反应可连续进行。

人们应用酸性或碱性离子交换树脂作为催化剂，已实现了各种各样的有机合成。实际上，所有能用均相酸或碱催化的有机反应，都可用相应离子交换树脂作为催化剂。

酸性或碱性离子交换树脂作为酸、碱催化剂适用的常见反应类型包括酯化反应、醇醛缩合反应、烷基化反应、脱水反应、环氧化反应、水解反应、环合反应、加成反应、分子重排反应，以及某些聚合反应。最常见的聚苯乙烯型酸、碱催化用离子交换树脂的分子结构如图 7-2 所示。

SO_3H

（a）酸催化用树脂

$CH_2\overset{\oplus}{N}R_3\overset{\ominus}{O}H$

（b）碱催化用树脂

图 7-2 聚苯乙烯型酸、碱催化用离子交换树脂分子结构

聚苯乙烯型强酸离子交换树脂不耐高温，最高使用温度不能超过 120℃，若温度超过时，含有的磺酸基会脱落而导致材料失活。为此常采用以下措施来提高聚苯乙烯型强酸离子交换树脂的耐温性能。

（1）进行不均匀磺化，使磺化反应仅仅发生在大孔树脂的内表面及外表面，制得的大孔黄酸树脂的最高使用温度可达 160℃。

（2）在聚苯乙烯树脂的苯环上进行傅克酰基化反应，再进行磺化反应，将磺酸基引入酰基的邻位，这样磺酸基在 200℃高温下也不会发生脱落。

（3）将对位磺酸基异构化转位成间位磺酸基，间位磺酸基可长时间耐 200℃高温。

（4）用 F_2 对聚苯乙烯型强酸离子交换树脂进行氟化，制得的树脂具有很好的耐温性和催化活性，尤其适用于催化非极性介质中的有机反应，如苯的烷基化反应。

高分子酸碱催化剂的催化方式主要有与反应物混合搅拌、固定在反应床上、作为反应器中填料等。

（1）与反应物混合搅拌

在搅拌状态下，高分子催化剂与反应物充分混合，催化反应结束后通过过滤等简单过程，分离产品和高分子催化剂。该种催化方式中的高分子催化剂经过简单处理，即可循环使用。

（2）固定在反应床上

将高分子催化剂固定在反应床上，当反应物流过反应床时催化其反应，产物与高分子催化剂自然分离。当反应一定时间后，高分子催化剂的催化效率降低，经过简单的处理即可提高其催化效率。

(3) 作为反应器中填料

将高分子催化剂作为填料加入柱状反应器中,当反应物流过反应器时催化其反应生成产物,产物与高分子催化剂自然分离。当反应一定时间后,高分子催化剂的催化效率降低,但经过简单的处理即可提高其催化效率。

7.3.3 高分子金属络合物催化剂

金属络合物是指金属或类似金属的原子同其他原子或原子团(配位体)通过配位键结合起来的集合体。许多金属络合物、金属、金属氧化物在有机合成和化学工业中均可作为催化剂。金属相金属氧化物在多数溶剂中不溶解,一般为天然多相催化剂。而金属络合物催化剂由于其易溶性常常与反应体系成为一相,多数只能作为均相反应的催化剂。这样既会对产物和反应后处理过程造成污染,又使得反应的催化剂难于回收,导致均相催化剂在有机合成和工业上的应用受到很大的限制。当金属络合物的配位体为高分子量时(高分子配位体),或者即使是低分子配位体,但同金属离子络合也能生成较高分子量的络合体时,这样的络合体称作高分子金属络合物。高分子金属络合物催化剂的溶解度会大大下降,可以改造成为多相催化剂。这种催化剂不仅后处理简单,在反应完成后可方便地借助固-液分离方法将高分子催化剂与反应体系中其他组分分离、再生和重复使用,可降低成本和减少环境污染;并且具有较高的催化活性、立体选择性、较好的稳定性。即高分子金属络合物催化剂同时集合了多相催化剂、均相催化剂的优点。

高分子金属络合物催化剂的配位体通常需要具有以下结构特点:①含有 P、S、O、N 等具有未配对电子的配位原子,如 EDTA、胺类、醚类及杂环类化合物等;②具有离域性强的 π 电子体系,如芳香族化合物和环戊二烯等均是常见配位体。

1. 高分子金属络合物催化剂的制备

根据金属配合物的特点,高分子金属络合物催化剂主要有以下四种制备方法。

(1) 高分子配体与金属或金属络合物直接反应

高分子骨架中已具备有效官能团,可以通过与催化剂前体进行亲核取代或亲电加成等反应,直接与金属或金属络合物反应,生成四种结构的络合物:单受体型[图 7-3(a)]、多受体型[图 7-3(b)]、分子内螯合[图 7-3(c)]和分子间交联[图 7-3(d)]的四种络合物。此法制备方法简单,但是高分子骨架中必须具备有效官能团,才能将活性物质通过共价键接到高分子上从而形成有效的催化剂,因此局限性较大,对高分子骨架要求较高。

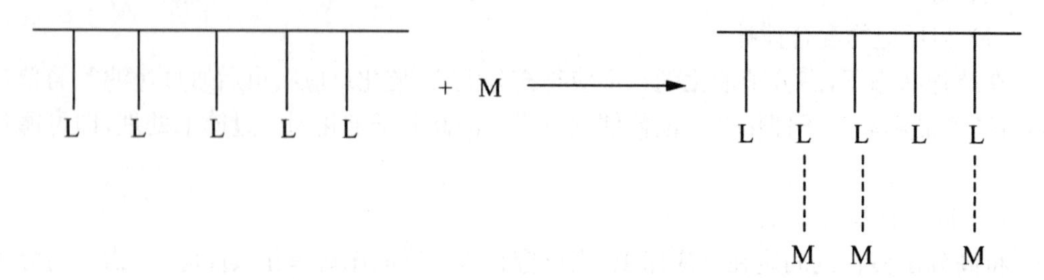

(a) 单受体型

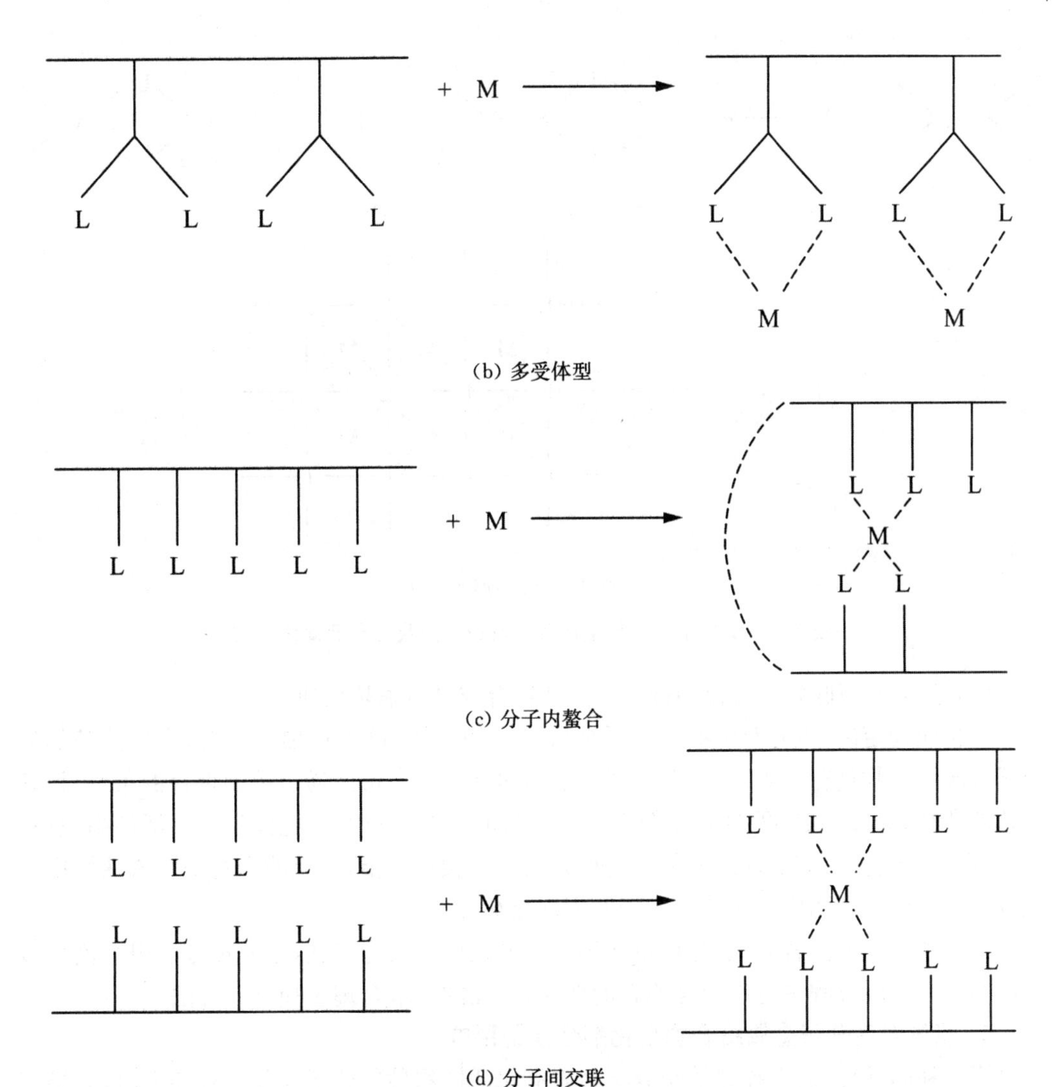

图 7-3 高分子配体与金属或金属络合物反应

(2) 先对高分子进行官能化，再与催化活性中心(金属离子)连接

先对高分子进行官能化，再与催化活性中心连接是有机高分子负载催化剂方法中应用最多的一种，其最大的特点在于配体设计极其灵活，制备过程简单。通过基本的有机反应引入高效的配体，最后通过配位作用将金属催化剂固载化。但是，这种方法制得的催化剂形态较难控制。

(3) 低分子配体与金属离子反应生成高分子金属络合物

含多配位基的低分子配体与金属离子相互作用，形成主链上含有金属离子的链状高分子[图 7-4(a)]；或者通过低分子配体与金属离子反应，再经配体间缩合反应生成网状高分子[图 7-4(b)]。

(a) 主链上含有金属离子的链状高分子

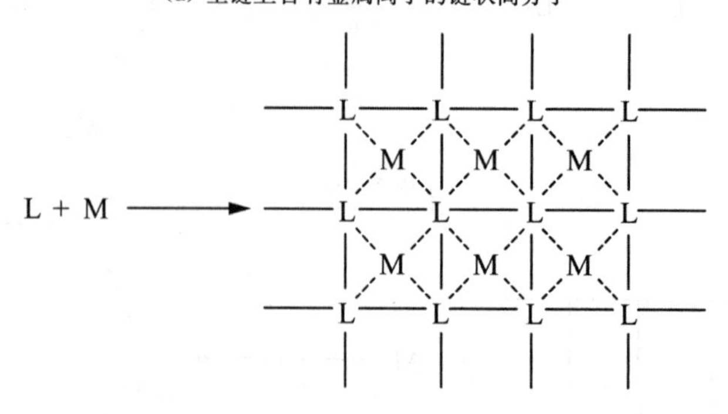

(b) 网状高分子金属络合物

图 7-4　低分子配体与金属离子反应生成高分子金属络合物

(4) 含金属的低分子络合物进行自由基聚合或进行缩聚反应

先合成稳定的、带有双键的低分子金属络合物单体，再进行烯类聚合；含功能基的低分子金属络合物进行缩聚反应，制得高分子金属络合物。可以通过控制聚合的条件，得到合适的孔径、粒度、强度的凝胶或粉末。该方法的主要优点在于配体设计灵活性高，且在均相体系中进行，反应活性高。但是这种方法操作相对复杂，合成的产物中金属活性中心很容易被包到共聚物内部而使其不能发挥催化活性。

这四种合成方法各有优缺点，目前第二种方法应用最为广泛，第四种方法研究前景较为广阔。在实际过程中可以根据原料的性质、产品的要求合理选择合成方法。

2. 载体对高分子金属络合物催化剂性能的影响

当一种高活性、高选择性的小分子金属催化活性物种负载于高分子骨架上时，其稳定性、催化活性及选择性都会发生变化。当高分子载体、配体结构使用恰当时，高分子母体对催化活性物种有增稳、助活、提高选择性效应等作用。研究表明，高分子不仅是负载金属催化剂的惰性载体，而且还可以对催化剂的活性中心进行修饰，并使催化剂的结构发生变化，形成通常在小分子配合物中很难看到的特殊结构，从而影响催化剂的催化反应过程，即同种金属使用不同的配体所得到的催化剂其催化活性可能相差很大，这就是高分子载体的基体效应。下面通过高分子金属络合物催化剂与普通金属催化剂的比较，具体说明高分子载体对高分子金属络合物催化剂性能的作用。

(1) 基位隔离效应

基位隔离效应是指被负载于高分子骨架上的催化活性功能基团由于高分子链的刚性而处于彼此隔离的状态，这是高分子金属络合物催化剂特有的。

例如，将可溶性的均相二茂铁络合物应用于烯烃催化加氧时，发现其催化活性并不高，而且反应后催化剂不能回收利用。这是由于在氢化反应条件下，二茂铁生成了一种无催化活性的二聚体。当把二茂铁络合物连接到轻度交联(20%)的聚苯乙烯载体上时，其催化加氧活性显著提高了60倍。这是由于键合在一定刚性聚苯乙烯上的二茂铁由于基位隔离效应，大大降低了发生二聚副反应的可能性，从而使其催化活性得以提升。

(2) 增稳效应

均相络合催化剂是一类比较容易失活的催化剂，但将其负载于高分子骨架上后，催化剂的稳定性将得到明显的提高，这就是由于高分子载体的引入而带来的增稳效应。例如，与原位制备的胶态钯催化剂相比，负载于交联聚苯乙烯的胶态钯催化剂对于1，5，9-环十二碳三烯的催化加氢活性显著提高了16倍。研究表明，催化剂重复使用20次后，非负载的胶态钯催化剂在催化反应后聚集成了无催化活性的钯黑，而在膦化交联聚苯乙烯上钯原子簇粒径未发生明显变化，这正是得益于高分子骨架的增稳效应。

(3) 选择效应

通过对高分子载体结构的控制而制得的高分子负载金属催化剂，往往比相应的小分子催化活性物种呈现更高的催化选择性，这就是高分子载体的选择效应，具体包括以下几个方面。

① 尺寸选择性

高分子金属络合物催化剂的尺寸选择性主要包括两个方面。一方面，一定孔径的多孔性高分子金属络合物催化剂对于分子尺寸不同的底物显示不同的催化活性。另一方面，对于同一种类的高分子金属络合物催化剂，高分子骨架的孔径与底物分子尺寸匹配效应也会显著影响催化反应的结果。相比于同均相体系，高分子金属络合物催化剂对底物的尺寸要求更高。

② 区域选择性

高分子金属络合物催化剂在区域选择性上有着重要的影响。例如，以聚苯乙烯负载膦铑络合物催化剂进行底物催化加氢反应时，链双键加氧选择性比应用对应均相络合物催化剂提高了8.2倍。

③ 立体异构选择性

对于催化不对称合成而言，产物的立体异构选择性至关重要。例如，用络合物$Pd(PPh_3)_4$催化手性化合物分子中酰氧基的烯丙胺化反应时，产物为顺、反异构体的混合物。而在相同反应条件下使用高分子负载膦钯催化剂时，产物是单一的构型。

④ 正构/异构产物选择性

正构/异构产物的选择性对许多反应非常重要。例如，α-烯烃的氢甲酰化反应合成酸是石油化学工业的一个重要反应，但是反应经常得到的是正构醛和异构醛的混合物。但正构醛的商品价值远高于异构醛，因此，提高氢甲酰化反应产物中的正构/异构产物比值具有重要意义。研究发现，高分子负载铑络合物可以有效地催化α-烯烃氢甲酰化反应，并且正构产物选择性明显高于对应的均相络合物催化剂。

⑤ 协同效应

若将催化剂和助催化剂(与催化剂相互协作并能促进催化剂活性的物质)引入同一高分子骨架上，催化剂和助催化剂之间协同作用，能更好促进催化反应。例如，将疏水性咪唑催化功能基和亲水性羧酸根基团同时负载于同一高分子载体上，该高分子催化剂A对于阳离子性底物B的催化水解效率要比小分子咪唑基化合物C的催化效率高100倍。研究发现羧酸根基团与咪唑基的协同作用有效促进了 A 对 B 的催化水解作用，羧酸根基团通过静电场作用对带正电荷的 C 进行吸引，进而协助咪唑基 B 完成催化水解反应。

3. 高分子金属络合物催化剂的特点

传统的小分子催化剂活性低、选择性差，往往需要高温、高压等苛刻的反应条件，能耗大、效率低，且污染环境。高分子金属络合物催化剂结合了均相催化剂和多相催化剂的优点，交联型高分子催化剂不溶于所有溶剂，但在高度溶胀的情况下，活性中心所处的状态类似于溶解状态，这将使高分子催化剂既具有小分子催化剂的高活性和高选择性的优点，又具有复相催化剂的易与产物分离的性质。

(1) 循环使用

由于引入了高分子骨架，使催化剂在反应过程中降低了损失，可以循环使用，因此可以降低催化剂的使用成本。

(2) 催化活性高

同一个高分子骨架上可以同时具有两种或两种以上的催化活性中心，使得多步催化反应有可能在同一个催化剂分子上完成，因此提高了催化剂的催化性能。

(3) 催化选择性高

高分子骨架改变了反应点的立体环境，使高分子催化剂的立体选择性发生变化，提高催化选择性。

近二十年来，高分子金属络合物催化剂的研究引起了人们极大的关注，若将多相催化剂、均相催化剂视为第一代、第二代催化剂，那么高分子金属络合物催化剂就是第三代催化剂。

4. 高分子金属络合物催化剂在催化反应中的应用

金属酶是与金属离子结合的酶，其具有很高的催化活性和选择性，而高分子金属络合物是金属离子和高分子配体的复合体，人们期望它也有较高的催化活性和选择性。它催化的反应包括催化加氢、氧化反应、氢甲酰化反应、氰基化反应、偶联反应等。

(1) 催化加氢

催化加氢反应是高分子金属络合物催化剂应用最多的领域。已合成了许多具有高活性、高选择性和稳定性的高分子催化剂。催化加氢反应在有机合成中有着广泛和重要的应用。烯烃、芳香烃、硝基化合物和醛、酮等带有不饱和键的化合物都可以在高分子金属络合物催化剂存在下进行加氢反应。

高分子铑络合物是一种常用的催化加氢催化剂，该催化剂以聚对氯甲基苯乙烯为高分子骨架，先用 $LiPPh_2$ 对高分子骨架进行官能化，得到的高分子配合物再与三(三苯基膦)氯化铑[$RhCl(PPh_3)_3$]反应，磷与铑离子配位即制得具有催化活性的高分子铑络合物，反应如下式所示。

在该催化剂催化作用下，烯烃在室温、氢气压力只有 1 MPa 的温和条件下即可加氢。与相应低分子催化剂 $RhCl(PPh_3)_3$ 相比，降低了对氧的敏感性和腐蚀性，选择性也明显提高，这种催化剂还可使三乙氧基硅烷($C_6H_{16}O_3Si$)与 1-己烯进行硅氢加成反应，收率达 90%以上。

$$\text{(P)}-C_6H_4-CH_2Cl \xrightarrow{LiPPh_2} \text{(P)}-C_6H_4-CH_2PPh_2 \xrightarrow{RhCl(PPh_3)_3} \text{(P)}-C_6H_4-CH_2-P(Ph_2)-RhCl(PPh_3)_3$$

(2) 氧化反应

与低分子金属络合物相比,用高分子金属络合物作为有机氧化反应的催化剂,具有反应平稳、安全、催化活性高及反应选择性好等特点。目前,高分子金属络合物催化剂在氧化反应中主要应用于烷烃的氧化、烯烃的环氧化、醇类和酸类的氧化等方面。

已成功合成一种高分子负载锰催化剂用来催化氧化仲醇,该催化剂是通过聚苯乙烯支载聚胺树状高分子负载锰配合物合成的,在利用氧气氧化仲醇时显示出很高的催化活性,并且催化剂可循环使用多次仍显示出较好的催化活性。

(3) 氢甲酰化反应

烯烃的氢甲酰化反应是化学工业中制备醛的重要方法之一。经典的氢甲酰化反应是利用铑的膦配体羰基络合物或者其高分子键联体为催化剂在有机溶剂中进行的。已成功制备了一种水溶性双亲高分子键联的铑卡宾络合物,并成功地在水介质中进行了水-油两相的氢甲酰化反应。反应完后立即发生相分离,高分子负载铑催化剂位于水相,油相为产物和未反应的醛。该催化剂重复使用多次活性无明显改变。

(4) 氰基化反应

芳香族氰基化合物是重要的有机合成中间体,在农药、染料和医药领域的应用很广。例如,一种高分子负载希夫碱钯络合物,以 $K_4Fe(CN)_6$ 作为氰基化试剂,催化碘代芳烃的氰基化反应有较高的收率,并且催化剂可以重复使用多次仍保持较高的活性。

(5) 偶联反应

2010 年诺贝尔化学奖颁给 20 世纪对偶联反应有卓越贡献的 Heck、Negishi、Suzuki 三位科学家,偶联反应由于其用途的广泛受到了越来越多的关注。近几年,负载型金属催化剂在偶联反应上的应用已相当深入。其通常有两种负载方式:

① 金属催化剂直接负载到功能化聚苯乙烯上。

② 通过含有金属催化剂的单体进行共聚。

相对于均相催化剂而言,高分子负载金属催化剂是一种既经济又绿色的催化剂。

思考题

1. 什么是反应型高分子材料?主要包括哪几类?
2. 为什么反应型小分子要进行高分子化?
3. 反应型小分子的高分子化具有哪些缺点?

4. 请举例介绍反应型高分子材料的制备方法。

5. 反应型高分子材料的高分子骨架一般需要具备哪些性能？

6. 根据化学活性，高分子化学反应试剂可以分为哪几类？

7. 请举例介绍高分子氧化还原试剂的制备方法。

8. 将小分子氧化剂进行高分子化可以带来哪些优势？

9. 高分子卤代试剂主要有哪些制备方法？

10. 请介绍固相合成法的具体过程。

11. 固相合成用高分子骨架需要具备哪些性能？主要起到哪些作用？选择主要依据哪些原则？

12. 与小分子催化剂相比，高分子催化剂具有哪些特点？

13. 如何提高聚苯乙烯型强酸离子交换树脂的耐温性能？

14. 高分子酸碱催化剂的催化方式主要有哪些？

15. 高分子金属络合物催化剂的配体通常需要具有哪些结构特点？

16. 高分子金属络合物催化剂的制备主要有哪些方法？

17. 载体对高分子金属络合物催化剂性能具有哪些影响？

18. 高分子金属络合物催化剂具有哪些特点？

19. 请举例介绍高分子金属络合物催化剂在催化反应中的应用。

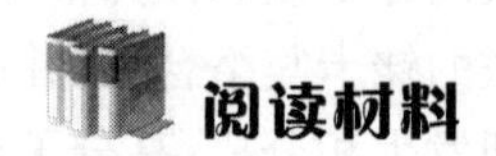

——中国催化剂之父　闵恩泽

闵恩泽(1924年2月—2016年3月)，四川成都人，石油化工催化剂专家，中国科学院院士、中国工程院院士、第三世界科学院院士、英国皇家化学会会士，2007年度国家最高科学技术奖获得者，感动中国2007年度人物之一，是中国炼油催化应用科学的奠基者、石油化工技术自主创新的先行者、绿色化学的开拓者，被誉为“中国催化剂之父”。

闵恩泽毕生都在为石油炼制催化剂制造技术拼搏。面对国外技术封锁，他成功研发小球硅铝裂化催化剂、微球硅铝裂化催化剂等以满足国防和炼厂建设急需；领导了钼镍磷加氢催化剂、半合成裂化催化剂等的研制、开发和应用，帮助石化企业从低谷中崛起，实现盈利；而后进军绿色化学领域，取得重大经济效益和社会效益。

研发炼油催化剂是闵恩泽事业的起点。催化剂技术是现代炼油工业的核心，被称作石化工艺的“芯片”。100多年前，美国人率先用催化剂加工石油，从此决定了全世界炼油技术的方向。20世纪50年代，中国完全没有研制催化剂的能力；20世纪60年代，中国跃升为能够生产各种炼油催化剂的少数国家之一；20世纪80年代，中国的催化剂超过国外水准；21世纪初，中国的绿色炼油工艺开始走向工业化。这几次技术跨越，闵恩泽功不可没。值得一提的是，国际小行星中心2010年9月23日发布公报，将第30991号小行星永久命名为“闵恩泽星”。

第8章 光功能高分子材料

(1) 知道光的吸收和分子的激发态,熟悉激发态的衰减,了解光化学定律。
(2) 熟知光功能高分子的光化学反应。
(3) 知道光功能高分子材料的分类。
(4) 熟悉光敏涂料的组成及性能,能理解光敏涂料固化反应的影响因素。
(5) 熟悉光致抗蚀剂的分类,知道光致抗蚀剂的性能。
(6) 掌握高分子光稳定剂的作用机理及种类。
(7) 了解高分子光降解的反应机理。
(8) 掌握光致导电高分子材料的导电机理及敏化机理。
(9) 能举例说明光致导电高分子材料的应用。
(10) 知道光致变色高分子材料的定义与分类。
(11) 熟知光致变色高分子材料的光致变色机理。
(12) 能举例说明光致变色高分子材料的应用。
(13) 了解高分子非线性光学材料。

8.1 概述

光功能高分子材料作为功能高分子材料的一个重要分支,自1954年由美国柯达公司开发的聚乙烯醇肉桂酸酯成功应用于印刷制版以后,在理论研究和推广应用方面都取得了很大的进展,应用领域已从电子、印刷、精细化工等领域扩大到塑料、纤维、涂料、油墨、胶黏剂、医疗、生化和农业等方面,发展之势方兴未艾。

8.1.1 光功能高分子材料的定义

光功能高分子材料,也称感光性高分子,是指在光参量作用下能够表现出某些特殊物理或化学性能的高分子材料,即能够对光进行传输、吸收、储存、转换的一类高分子材料。光是一种能量形式,光功能高分子材料吸收光能后,分子会从基态跃迁至激发态,处于激发态的分子进而会发生物理、化学反应(如光聚合、光交联等),产生一系列结构和形态变化,从而表现出特殊的功能(如光能转换、光导电等)。

8.1.2 光功能高分子材料的分类

光功能高分子材料经过多年的发展,品种日益增多,需要一套科学的分类方法,但至今为止,尚无一种公认的分类方法。下面是一些常用的分类方法。

1. 根据功能分类

根据光功能高分子材料在光参量作用下表现出的特殊功能和性质对其进行分类是目前最主要的分类方法。常见的光功能高分子材料主要有以下几类。

(1) 光化学功能高分子材料

光化学功能高分子材料主要包括光敏涂料、光致抗蚀剂、高分子光稳定剂、光降解高分子材料等。

(2) 光致导电高分子材料

光致导电高分子材料是指在光的作用下,材料载流子能迅速增加,电导率能发生显著提高的高分子材料。

(3) 光致变色高分子材料

光致变色高分子材料是指具有光致发光功能的光功能高分子材料。材料吸收光后,分子结构发生变化,导致吸收波长发生明显变化,从而材料的外观颜色发生改变。

(4) 高分子非线性光学材料

高分子非线性光学材料是在强光作用下会表现出明显超极化性质,具有明显二阶或者三阶非线性光学性质的一类高分子材料。

2. 其他分类方法

(1) 根据与光的作用机理分类

光功能高分子材料按光的作用机理可以分为光物理功能高分子材料和光化学功能高分子材料。

(2) 根据光反应的类型分类

光功能高分子材料按光反应的类型可以分为光交联型、光聚合型、光氧化还原型、光二聚型、光分解型等。

(3) 根据感光基团的种类分类

光功能高分子材料按感光基因的种类可以分为重氮型、叠氮型、肉桂酰型、丙烯酸酯型等。

(4) 根据物理变化分类

光功能高分子材料按物理变化可以分为光致不溶型、光致溶化型、光降解型、光导电型、光致变色型等。

(5) 根据骨架聚合物种类分类

光功能高分子材料按骨架聚合物种类可以分为 PVA 系、聚酯系、尼龙系、丙烯酸酯系、环氧系、氨基甲酸酯(聚氨酯)系等。

8.2 光物理和光化学原理

光是一种电磁波。在一定波长和频率范围内，它能引起人们的视觉，这部分光称为可见光。广义的光还包括不能为人的肉眼所看见的微波、红外线、紫外线、X射线和 γ 射线等。

从光化学和光物理原理可知，包括高分子在内的许多物质吸收光子以后，可以从基态跃迁到激发态。处于激发态的分子容易发生化学反应，如光聚合反应、光降解反应；研究这种现象的科学即为光化学。激发态的分子也可以发生物理变化，如光致发光、光致导电现象；研究这种现象的科学即为光物理。

8.2.1 光吸收和分子的激发态

现代光学理论认为，光具有波粒二相性。光的微粒性是指光有量子化的能量，这种能量是不连续的。光的波动性是指光线有干涉、绕射、衍射和偏振等现象，具有波长和频率。光的最小能量微粒称为光量子，或称光子。在光化学反应中，光是以光量子为单位被吸收的。

当光照到物质表面时，光可以在物质表面发生反射或穿透物质，这不改变光的能量。光也可以被物质吸收，被吸收的光的能量在物质内部被消耗或转化。发生光化学或光物理反应必然涉及光的吸收。光的吸收一般用透光率表示，记作 T，定义为透射出体系的光强 I 与入射到体系的光强 I_0 之比。如果吸收光的体系厚度为 l，浓度为 c，则有朗伯-比尔(Lambert-Beer)定律：

$$\lg T = \frac{\lg I}{I_0} = -\varepsilon l c \tag{8-1}$$

其中，ε 称为摩尔消光系数。它是吸收光的物质的特征常数，也是光学的重要特征值，仅与化合物的性质和光的波长有关。同种物质对不同波长的光具有不同的 ε 值。一般物质会对某一波长的光具有最大的 ε 值，该光的波长即为该物质的最大吸收波长。ε 值还与物质分子结构密切相关，在分子结构中能够吸收紫外和可见光的基团称为发色团，也叫生色团。当光子被分子的发色团吸收后，光子能量转移到分子内部，引起分子电子结构改变，外层电子可以从低能态跃迁到高能态，此时分子处于激发态，激发态分子所具有的能量称为激发能。

8.2.2 激发态的衰减

一个激发到较高能态的分子是不稳定的，除了发生化学反应外，它还将尽快采取不同的方式自动地放出能量，回到基态。多原子分子和在适当压力下的单原子气体，其激发态有多种失去激发能的途径，如①电子状态之间的非辐射转变，放出热能；②电子状态之间辐射转变，放出荧光或磷光；③分子之间的能量传递；④化学反应。

显然，光化学研究感兴趣的是③和④两种转变。但这两种转变只有在能量传递速度或化学反应速度大于其他能量消失速度时才能发生。

光是光敏高分子材料各项功能发生的基本控制因素，一切功能的产生都是材料吸收光以后发生相应的物理化学变化的结果。

8.2.3 光化学定律

人们很早就观察到了光化学现象，如染过色的衣服经过光的照射会出现褪色现象，卤化银遇见光会变黑，植物只有在光照下(光合成)才会生长等。

1817 年格鲁塞斯(Gtotthus)和德雷珀(Draper)最早对光化学现象进行了定量研究，它们研究发现不是所有射入光都可以使物质发生化学反应，只有被分子吸收的光才能有效地引起化学反应。这就是光化学第一定律，即 Gtotthus-Draper 定律。

20 世纪初斯达克和爱因斯坦对光化学反应进行了深入研究，发现一个分子只有在吸收了一个光量子之后，才能发生光化学反应。这就是光化学第二定律，即 Stark-Einstein 定律。光化学第二定律也可以有另一种表达形式：物质吸收一个光量子的能量，只可活化一个分子，使之成为激发态。

现代光化学研究发现，在一般情况下，光化学反应是符合这两个定律的。但亦发现不少实际例子与上述定律并不相符。如用激光进行强烈的连续照射所引起的双光量子反应中，一个分子可连续吸收两个光量子。而有的分子所形成的激发态则可能将能量进一步传递给其他分子，形成多于一个活化分子，引起连锁反应，如苯乙烯的光聚合反应。因此，爱因斯坦又提出了量子收率的概念，作为对光化学第二定律的补充。量子收率用 φ 表示，是光化学反应中起反应的分子数与吸收的光量子数的比值。

被吸收的光量子数可用光度计测定，反应的分子数可通过各种分析方法测得，因此，量子收率的概念比光化学定律更为实用。实验表明，φ 值的变化范围极大，大可至上百万，小可到很小的分数。知道了量子收率 φ 值，对于理解光化学反应的机理有很大的帮助。$\varphi \leqslant 1$ 时是直接反应；$\varphi > 1$ 时是连锁反应。例如，乙烯基单体的光聚合，产生一个活性种后可加成多个单体，$\varphi > 1$，是连锁反应。

8.2.4 光功能高分子材料的光化学反应

在光化学反应研究的初期，曾认为光化学反应对波长的依赖性很大。但事实证明，光化学反应几乎不依赖于波长。因为能发生化学反应的激发态的数目是很有限的，不管吸收什么波长的光，最后都成为相同的激发态，而其他多余能量都通过各种方式释放出来。

1. 分子的光活化过程

从光化学定律可知，光化学反应的本质是分子吸收光能后的活化。当分子吸收光能后，只要有足够的能量，分子就能被活化。

分子的活化有两种途径，一是分子中的电子受光照后，能级发生变化而活化；二是分子被另一光活化的分子传递来的能量活化，即分子间的能量传递。

2. 光化学反应过程

光功能高分子的光化学反应主要包括分子的激发过程(活化过程)与化学反应过程。

分子激发过程是指分子吸收光能，电子从基态向高能级跃迁，成为激发态。光化学反应是指激发态分子向其他分子转移能量或产生各种活性中间体而发生化学反应。

3. 光化学反应的条件

高分子材料在光照下，要想发生光化学反应必须满足以下三个条件：

(1) 聚合体系中必须有一个组分能吸收某一波长范围的光能。

(2) 吸收光能的分子能进一步分解或与其他分子相互作用而生成初级活性种。

(3) 光化学反应过程中所生成的大分子化学键应能经受光的辐射。

可见高分子材料发生光化学反应的关键在于选择适当能量的光辐射。

4. 光化学反应类型

光功能高分子材料在光照作用下主要可以发生光聚合反应、光交联反应、光降解反应和光异构化反应这四类反应。

(1) 光聚合反应

光聚合反应是指具有双键的乙烯化合物和低聚物(或称为预聚物)因光的作用而产生游离基或由光引发剂产生游离基，从而引起了游离基聚合，使分子量明显增大。这种聚合有均聚和共聚，也可能伴随着光交联反应。可见光聚合是引起产物分子量增大的过程，此时反应物是小分子单体，或者分子量较低的低聚物。

根据反应类型不同，光聚合反应主要包括光引发自由基聚合、离子型光聚合和光固相聚合三种。其中光引发自由基聚合可以由三种不同方式发生：一是光直接激发单体或激发带有发色团的聚合物分子到激发态而产生自由基(反应活性种)引发聚合；二是光激发分子复合物(大多为电荷转移复合物)，由受激发分子复合物解离产生自由基、离子等活性种引发聚合；三是光活性分子(光引发剂、光敏剂)引发光聚合。阳离子光聚合主要包括光引发阳离子双键聚合(乙烯基不饱和单体)和光引发阳离子开环聚合(环张力单体)。光固相聚合也称局部聚合，主要是生成高结晶度聚合物。

光聚合反应的活性种是由光化学反应产生，且光聚合只有在链引发阶段需要吸收光能，因此与普通化学法引发的聚合反应相比，光聚合反应具有以下优点：

① 活化能低，易于低温聚合。

② 可获得不含引发剂残基的纯的高分子。

③ 量子效率高。吸收一个光子可导致大量单体分子聚合为大分子。

(2) 光交联反应

原线形结构的预聚物本身含有多种官能团，或与有多种官能团的单体受到光辐射的作用，形成具有交联键的体型结构分子的过程，称作光交联反应。即光交联反应是以线形高分子或者线形高分子与单体的混合物为原料，在光的作用下发生交联反应生成不溶性的网状聚合物。根据反应机理的不同，光交联反应可以进一步分为链聚合和非链聚合，其中链聚合最为普遍。

光功能高分子材料用来制作抗蚀图像时，虽然也利用光分解、光聚合反应，但光交联反应特别有效。其原因是交联导致高分子链变成网状结构，它对溶剂的溶解度的变化是明显的。

(3) 光降解反应

光降解反应是指在光的作用下聚合物链发生断裂而分子量降低的光化学过程。光降解反应的存在使高分子材料发生老化、力学性能变坏，从而失去使用价值。然而光降解反应对现代社会提倡的绿色化学、有效处理废弃塑料是有益的，通过光降解可以解决很多环境污染的难题。光降解反应还有一个重要的工业应用是正性光致抗蚀剂。

（4）光异构化学反应

光异构化学反应是一种很常见的光化学反应。光致顺反异构是典型的光异构化学反应，该反应具有很多用途，有巨大的应用潜力。例如，光致顺反异构会引起材料的颜色变化，该性质可用于信息记录领域。

可见，光功能高分子材料上述四种光化学反应都是在材料分子吸收光能后发生能量转移，进而引发的化学反应。但是光聚合反应与光交联反应使得生成的高分子分子量变大，溶解度降低；光降解反应使产物分子量降低，溶解度增大；而光异构反应虽然不会改变产物的分子量，但是产物结构发生了变化，从而导致光吸收等性质发生变化。这些光化学反应的性质都可以被利用，构成在工业上具有重要意义的功能材料。

8.3 光化学功能高分子材料

由光功能高分子材料的分类可知，光化学功能高分子材料主要包括光敏涂料、光致抗蚀剂、高分子光稳定剂、光降解高分子材料等。

8.3.1 光敏涂料

传统的涂料是溶剂型的，有些涂料中溶剂的含量高达50%以上。这些涂料一是通过溶剂的自身蒸发，二是通过烘烤而干燥成膜，它们都是引起大气污染的祸首。

光敏涂料是光化学反应的具体应用之一，是指以光功能高分子为主要成膜物质的一种特殊涂料，具体指在光照作用下能发生光聚合或光交联反应、具有快速光固化性能的能够保护材料表面和/或具有美观作用的一类高分子材料。

光敏涂料与传统的自然干燥或热固化涂料相比具有以下优点：

（1）固化速度快，可在数十秒内固化。

（2）不需要加热，耗能少。

（3）污染少。

（4）便于组织自动化光固上漆生产流水作业线，从而提高生产效率和经济效益。

光敏涂料因为不用大量溶剂挥发，可避免环境污染，因此是一种新型环保涂料。光敏涂料固化时间短，涂层在粉刷后可进行交联等光化学反应，从而得到交联度高、机械强度大的涂层。该涂层还具有光亮好、附着力强及耐腐蚀性强等优点。另外，可以利用涂层被感光部分的不溶性和未感光部位的可溶性，制作光雕涂装。因而光敏涂料在仪器、仪表、电子电路和印刷工业等有着广泛用途。

例如，水性聚氨酯防水涂料（WPU）就是一种光敏涂料，产品无毒无味，具有良好的黏结性和不透水性，对砂浆水泥基石面和石材、金属制品都有很强的黏附力，产品的化学性质稳定，能长期经受日光的照射，强度高、延伸率大、弹性好、防水效果好。

光敏涂料在使用上可分为两类,一类是作为塑料、金属(如包装罐)、木材(如家具)、包装纸(箱)、玻璃、光导纤维和电子器件的表面涂料,起装饰和保护层作用;另一类是作抗蚀剂用,如制造印刷电路板等。

光敏涂料不可避免地存在一些缺点,如受到紫外光穿透能力的限制,不适合作为形状复杂物体的表面涂层。若采用电子束固化,虽然穿透能力强,但其射线源及固化装置昂贵。此外,光敏涂料的价格往往比一般涂料高,在一定程度上会限制其应用。

1. 光敏涂料的主要组成

光敏涂料主要由成膜物质和添加剂组成,添加剂主要包括交联剂、稀释剂、光敏剂(或光引发剂)、热阻聚剂及调色颜料等。其中成膜物质是可以进一步反应的低聚物,它们是光敏涂料的主要成分,决定了涂料的基本力学性能。交联剂的主要作用是使线形成膜物质发生交联反应,从而形成三维网状结构,并固化成膜。因此,交联剂对成膜物质的固化过程和涂层的性质具有一定的影响。稀释剂的存在主要起到调节涂料黏度的作用。光敏剂吸收光能后跃迁到激发态,然后发生分子内或分子间能量转移,将能量传递给另一个分子,而光敏剂回到基态,类似于化学反应的催化剂。光引发剂吸收光能后跃迁到激发态,当激发态能量高于键断裂所需的能量时,断键产生自由基,引发反应,光引发剂被消耗。因此,光引发剂和光敏剂的主要作用是提高光子效率,有利于自由基等活性种的产生,从而提高光固化速度、调节感光范围。热阻聚剂的添加可以阻止体系中热聚合或热交联反应的发生。添加调色颜料主要用来改变涂层的外观颜色。

作为光敏涂料的成膜物质(预聚物)应该具有能进一步发生光聚合和光交联反应的能力,因此其必须带有可聚合的基团。预聚物常为分子量较小的低聚物,或者为可溶线形聚合物,为了取得一定的黏度和合适的熔点,分子量一般要求在 1 000~5 000。涂层最终的性能,如硬度、柔韧性、耐久性及黏附性等,在很大程度上与预聚物有关。常用的光敏涂料的成膜物质主要有以下四类。

(1) 环氧树脂型低聚物

环氧树脂有良好的黏结性和成膜性。在环氧预聚物中,每个分子至少有两个环氧基,环氧基作为光聚合基团,在光照作用下,环氧基可以进行开环聚合,但环氧基仅位于链端,因此,光聚合反应只能得到分子量更大的线形聚合物。为此,需要在环氧树脂型低聚物中加入丙烯酸或甲基丙烯酸结构,增加的双键可以作为光交联的活性点,这样经过光固化就可以制得具有三维交联网络结构的高分子涂层。例如,用双酚 A 型环氧树脂与丙烯酸反应生成环氧树脂的丙烯酸酯(二丙烯酸双酚 A 二缩水甘油醚酯)。

$$\underset{\backslash O/}{H_2C-CHCH_2}-O-C_6H_4-\overset{CH_3}{\underset{CH_3}{C}}-C_6H_4-O-\underset{\backslash O/}{CH_2CH-CH_2} + 2H_2C=CH-COOH \longrightarrow$$

$$H_2C=CHCOOCH_2\underset{OH}{CH}CH_2-O-C_6H_4-\overset{CH_3}{\underset{CH_3}{C}}-C_6H_4-OCH_2\underset{OH}{CH}CH_2OCOCH=CH_2$$

（2）不饱和聚酯低聚物

在分子侧基中或分子末端上含有不饱和基的聚酯是一类极其重要的感光材料，在印刷制版、涂料等方面均有广泛的用途。用于光敏涂料的线形不饱和聚酯一般是二元酸和二元醇缩聚物，常用的二元酸有马来酸酐、甲基马来酸酐和富马酸等不饱和羧基衍生物。

不饱和聚酯与烯烃单体在紫外光引发下可以发生加成共聚反应，从而形成交联网络结构完成光固化过程。例如，丙烯酸缩水甘油酯和邻苯二甲酸酐的开环共聚酯，是一种涂膜柔韧而有弹性的光固化涂料。

$$C_6H_4(CO)_2O + H_2C\overset{O}{—}CHCH_2OCOCH{=}CH_2 \longrightarrow \text{[}OC\text{—}C_6H_4\text{—}COOCH_2CH(CH_2OCOCH{=}CH_2)O\text{]}_n$$

（3）聚氨酯型

具有一定不饱和度的聚氨酯也是常用的光敏涂料原料，它具有黏结力强、耐磨和坚韧的特点，但是受到日光中紫外线的照射容易泛黄。用于光敏涂料的聚氨酯一般是通过含羟基的丙烯酸或甲基丙烯酸与多元异氰酸酯反应制备，其中分子中的丙烯酸结构作为光聚合的活性点。

（4）聚醚低聚物

作为光敏涂料的聚醚低聚物一般由环氧化合物和多元醇缩聚而成，分子中游离的羟基是光交联反应的活性点。由于聚醚的分子间作用力比较小，因此，与其他类型的光敏涂料相比，聚醚低聚物属于低黏度涂料，涂料的价格也较低。

2. 光敏涂料的性能

光敏涂料的主要性能包括流平性能、机械性能、化学稳定性、光泽、黏结力及固化速度等。这些性能与光敏涂料的组成密切相关。

（1）流平性

流平性是指涂料被涂刷后，其表面在张力作用下迅速平整光滑的过程。显然，涂料黏度和表面张力的降低、润湿性的增大有利于涂料流平性的改善。稀释剂可以降低涂料的黏度，表面活性剂可以调节涂料的表面张力和润湿性，因此，通常通过稀释剂和表面活性剂添加来调整光敏涂料的流平性。

（2）机械性能

光敏涂料的机械性能包括涂料膜的硬度、柔韧性和冲击强度等。涂料中成膜物质的种类、光固化后涂层的聚合度和交联度是影响涂层机械性能的主要因素。增加层膜分子结构中芳香环的含量、增大交联密度可以提高涂层硬度；适当降低交联密度或提高成膜物质分子量可以改善涂层的柔韧性；而降低成膜物质中官能团的数量或交联密度可以提高涂层冲击强度。

（3）化学稳定性

光敏涂料的化学稳定性包括耐化学品能力和抗老化能力。影响光敏涂料化学稳定性的主要因素是其化学组分。例如，聚酯和聚苯乙烯体系对极性溶剂和水溶液有较好的耐受力；含有丙烯酸单元的涂料在水溶液中，特别是碱性溶液中稳定性较差。

（4）光泽

从涂层光泽的角度，涂料可以分为低光泽涂料（即亚光漆）和高光泽涂料。可以向涂料中加入消光剂来降低涂层光泽度，常用的消光剂有粉状二氧化硅、石蜡或高分子合成蜡。调节涂料表面张力一般可以提高涂层光泽度。

（5）黏结力

涂层与底层间的相容性、被涂层清洁度、涂料表面张力、固化条件是影响光敏涂层与被涂底物的黏结力的主要因素。调节涂料的化学组成可以改变涂层与底层间的相容性，降低涂料表面张力；适当减少成膜物质的官能团密度可以提高光敏涂料的黏结力。

（6）固化速度

影响光敏涂料固化速度的因素主要有成膜物质的反应活性、光敏剂的性质及光源的功率。提高成膜物质的反应活性、增多光敏剂的用量、提高光敏剂的光敏度、增大光源的功率都是提高光敏涂料固化速度的有效方法。

3. 光敏涂料的固化反应及影响因素

与常规涂料相比，光敏涂料最重要的特征是固化过程在光的参与下完成。光聚合和光交联反应是固化的主要原因。影响涂层光固化的主要因素有光源、光引发剂与光敏剂、环境条件。

（1）光源

光源的选择参数包括波长、功率和光照时间等。光源波长决定了光的能量，其选择应该与光引发剂或光敏剂的波长作用范围相匹配。对于多数光引发剂，紫外光是最常采用的光源。光源的功率主要影响光敏涂料的固化速率，提高光源功率可以提高固化速率。涂层的固化反应速度和涂层的厚度决定了光照时间，多数光敏涂料的固化时间很短，在几秒至几十秒之间。

（2）光引发剂与光敏剂

光引发剂在光的作用下可以生成能够引发光固化反应的自由基等活性中心。光引发剂一般是具有发色基团的有机羰基化合物、过氧化物、偶氮化物、硫化物和卤化物等，如安息香、过氧化二苯甲酰、偶氮二异丁腈、硫醇、硫醚等。光敏剂是容易捕获光能的一类化合物，一般不直接生成自由基等活性中心，而是把吸收的光能传递给其他物质分子，促使其他物质分子分解成自由基等活性中心。常用的光敏剂有苯乙酮和二苯甲酮等芳香酮类化合物。光引发剂在光反应过程中被消耗，因此加入量要足够。光敏剂在光反应过程中只承担能量的转移，不存在消耗问题，一般情况下涂料固化速率随着光敏剂浓度增大而增大。但若使用过量的光引发剂或光敏剂，即在靠近紫外线光源部分产生了较高浓度的自由基，自由基浓度的不均衡分布会导致整体光交联速率降低，特别是涂膜底层的光交联速率降低，形成底部发软的“夹生”现象。

（3）环境条件

环境条件对光敏涂料的固化过程有一定的影响。空气中的氧气对光固化反应有阻聚作用，因此在惰性气体中有利于光敏涂料的固化反应；环境温度对固化速率和固化程度都有影响,一般情况下提高环境温度有利于提高固化速度和固化程度。

8.3.2 光致抗蚀剂

光致抗蚀剂又叫光刻胶,指在光(如紫外光)的作用下可以发生光交联或光降解反应,反应后其溶解性等性能发生显著变化,具有光加工性能的高分子材料。它是品种繁多、性能各异、应用极为广泛的功能高分子材料。光刻工艺就是利用光刻胶作为抗蚀涂层的。这类光敏材料在光照(主要是紫外光)时,短时间内即能发生化学反应,使得这类材料的溶解性、熔融性或亲和性在曝光后发生明显的变化,利用这些性能在曝光前后发生的明显差异,控制光照的区域就可得到所需要的几何图形保护层。光刻胶是微电子技术中细微图形加工的关键材料之一,特别是近年来大规模和超大规模集成电路的发展,更是大大促进了光刻胶的研究和应用。

1. 光致抗蚀剂的分类

按照不同的分类方式,光致抗蚀剂可以分为不同的类型:(1)根据光化学反应不同可分为光交联型和光分解型;(2)根据采用光的波长和种类不同可分为可见光刻胶、紫外光刻胶、放射线光刻胶、电子束光刻胶和离子束光刻胶等;(3)根据聚合物的形态或组成的不同可分为感光性化合物与聚合物的混合型及具有感光基团的聚合物型;(4)根据光照后溶解度变化的不同可分为负性光致抗蚀剂(负胶)和正性光致抗蚀剂(正胶)两大类。

根据光照后溶解度变化分类是光致抗蚀剂最常采用的分类方法。负性光致抗蚀剂与光敏涂料相似,在光照作用下会发生光交联反应,称为曝光过程,导致胶的溶解度下降。因此,在溶解过程中该胶层会被保留下来,该过程即为显影过程。可见负性光致抗蚀剂在化学腐蚀过程中(刻蚀过程)可以用来保护氧化层。正性光致抗蚀剂性能和作用正好相反,在光照作用下会发生光降解反应,导致胶层溶解度增加。因此,在显影过程中,胶层会被溶解去除,而被胶层覆盖的部分在刻蚀过程中会被腐蚀掉。图 8-1 是光刻工艺的示意图。

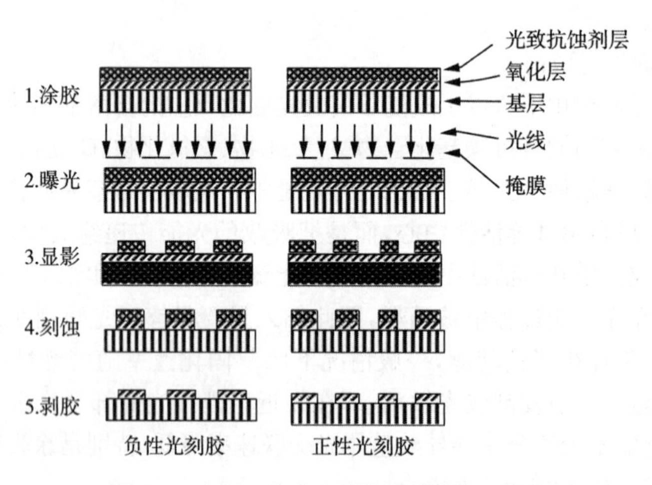

图 8-1 光刻工艺中光致抗蚀剂的作用原理

(1) 负性光致抗蚀剂

负性光致抗蚀剂在光照作用下发生光聚合或光交联,会显著降低胶层的溶解度,从而在显影时胶层不能被溶解而保留在被保护层表面。因此,负性光致抗蚀剂主要是分子链中具有不饱和键、环氧基团等反应活性点的可溶性聚合物,如聚乙烯醇肉桂酸酯光刻胶、环氧化聚丁二烯光刻胶等。

(2) 正性光致抗蚀剂

正性光致抗蚀剂的作用原理与负性光致抗蚀剂正好相反,其在光照作用下主要发生光降解反应,增加了胶层的溶解度,使得胶层在显影过程中被溶解去除。酸催化酚醛树脂就是最早期开发的正性光致抗蚀剂,该树脂中会加入一定量光敏剂,在光照下,光敏剂会发生光化学反应,使得胶层由油溶性转变为水溶性,因此,在碱性水溶液中显影时,光照部分胶层会溶解,从而失去保护作用。可见,酸催化酚醛树脂作为光致抗蚀剂在显影时可以使用水溶液来替代有机溶剂,从安全和经济角度考虑有一定的优势。但是酸催化酚醛树脂对显影工艺要求较高,而且价格较高,同时光照前后胶层的溶解性变化不如负性光致抗蚀剂,因此这类光致抗蚀剂的使用受到一定限制。目前典型的正性光刻胶是具有邻重氮萘醌结构的线性酚醛树脂,分子式如下,这类树脂在紫外光照射下会发生光分解反应,生成碱水溶性分解产物。

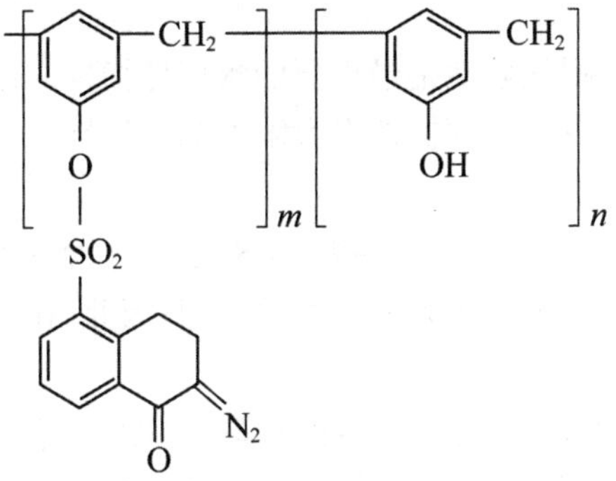

CH_2 CH_2 O OH m n SO_2 N_2 O

2. 光致抗蚀剂的性能

光致抗蚀剂液体涂层或固体膜片,经过有图像的底片或掩膜曝光以后,透光部分便可根据材料的不同发生固化或降解反应,未透光部分则没有反应,由此导致不同部位溶解度差异。通过显影,将不需要的部分溶解去掉,可得到完整精细的图像。这种光成像是光致抗蚀剂所成,而非银盐感光材料。光致抗蚀剂成像功能的几个指标如下。

(1) 感光速度(感度)

光致抗蚀剂的感度(s),被定义为:

$$s = K/E \tag{8-2}$$

式中:K 为常数,E 为曝光能量。曝光能量指光致抗蚀剂在一定条件下曝光,使其转变为不活性物质时所需要的能量。其大小是由曝光光源的光强度(I)和曝光时间(t)决定的:

$$E = It \tag{8-3}$$

光致抗蚀剂的感度主要取决于高分子的结构,尤其是分子中感光性官能团的种类和数量。作为光致抗蚀剂的光功能高分子必须具有足够大的感度。

（2）分辨力

分辨力是指两条以上等间隔排列的线与线之间的幅度能够在感光面上再现的宽度（最小线宽）。也有以单位长度上等间隔排列的线数来表示的，如分辨力为200线/mm，是能够清晰区别5 μm的间隔之义。影响分辨力的主要因素，对于银盐照相来说是银粒子的大小；对于光致抗蚀剂来说，就是分子的大小，因为光致抗蚀剂中分子大小不过10 nm，所以分辨力还有增大的可能性。

实际上在制造集成电路和大规模集成电路时，光致抗蚀剂对于再现1 μm是可能的。单凭目前使用的光学系统，要想测定2 000线/mm以上的分辨力是做不到的。从理论上看，所用光源以紫外光波长为限，因此，忽略感光膜厚度，是有可能达到0.2～0.5 μm的。

（3）显影性

显影性是指显影工序（操作）的各种条件和图像特性之间的相互关系，即显影液的组成、显影液的温度、显影时间、显影方法（浸显法、喷显法、刮显法）等条件变化和感光性高分子的感度、分辨力的关系。一般来说，显影条件对于感度和分辨力等特性变化影响小的材料，称为显影性好的材料。

（4）耐用性

对于照相来说，图像的耐气候性是最重要的耐用性指标。以光致抗蚀剂作抗蚀膜时，在腐蚀、电镀或印刷等工序方面必须保持最大限度的耐用性。

（5）易剥膜性

在光刻和电成形加工后需要剥膜去除抗蚀剂，此时不能侵蚀金属，应仅去除抗蚀剂。不论抗蚀剂性能多好，如若剥膜不顺利就会妨碍使用，因此，在设计感光性高分子时，必须考虑剥膜的难易程度。

光致抗蚀剂的性能受许多因素影响。如胶膜的厚度，一般来说增加膜厚，感度和分辨力均有所降低。树脂的分子量和分子量分布也影响很大，通常分子量愈大，感度愈高，但分辨力下降，所以要在均衡感度和分辨率的关系上制备光致抗蚀剂；分子量分布愈窄愈有利于感度和分辨力的提高。此外，显影液的组成和配比对光刻质量也有明显影响，对于同一种光致抗蚀剂，显影剂不同，光刻精度也不同。

目前对光致抗蚀剂一般有以下要求：①容易形成均匀的薄膜；②对光或射线的灵敏度高；③形成图像的清晰度或分辨率高；④显影时应该除去的部分能迅速溶解；⑤作为图像的保护膜应具有一定的牢度和强度；⑥储存稳定性好；⑦具有与细微光刻要求相适应的化学和物理特征。

8.3.3 高分子光稳定剂

1. 高分子材料的光老化

高分子材料在加工、储存和使用过程中，因受到光、热、氧化剂、水分和其他化学物质的作用，其性能会逐步下降，以致最后失去使用价值，这种现象称为材料的“老化”。只有可见光、紫外光以及氧气作用的老化过程叫作“光老化”，其实质是在光的作用下高分子材料发生了光降解、光氧化和光交联反应等。

光老化的最终结果是高分子材料失去使用价值或被自然地降解破坏。例如聚丙烯制品,如果不对其进行稳定化处理,其仅仅有几个月的户外使用寿命,这大大影响了高分子材料在户外使用的经济性,严重限制了其应用范围。但从环保角度看,光老化对于塑料制品的降解又是有利的。可见,光老化有着正、反两方面的意义,如何合理地避免或有效利用光老化作用是重要的研究课题。高分子材料的老化过程不仅造成巨大的物质损失,同时也对使用这种材料的设备和设施的安全性造成威胁。因此,发展具有良好抗老化能力的功能高分子材料是工、农业生产和科学研究的迫切要求。

2. 高分子光稳定剂及其作用机理

保护高分子材料免受紫外线和氧的破坏,可以有效延长材料的使用寿命。其中最有效的方法就是添加光稳定剂。光稳定剂在材料中会吸收紫外线的能量,并将吸收的能量以无害的形式转换出去,从而抑制或减弱光降解的作用,有效提高高分子材料的耐光性,增强抗老化能力。由于大多数光稳定剂都能够吸收紫外线能量,故光稳定剂又常被称为紫外线吸收剂。

光稳定剂的作用机理主要有三种:

(1) 对有害光线进行屏蔽、吸收。

(2) 将光能转化成其他无害的方式,防止自由基的产生。

(3) 通过猝灭产生的激发态分子或吸收自由基的方式,切断光老化链式反应的进行路线,使其不能继续损害聚合物材料的性能。

光照过程中自由基的产生是光老化过程中最重要的一步,阻止自由基的生成和清除已经生成的自由基是保证聚合物稳定的两个重要方面。阻止自由基的生成和清除自由基的具体方法有以下几种。

(1) 阻止聚合物中自由基的生成

① 保证聚合物中不含有光敏感的光敏剂或者发色团,从而杜绝自由基的产生。

② 使用光屏蔽材料阻止光的射入,使聚合物中的光敏物质无法被激发。屏蔽光的方式可以是表面处理,或者是内部处理。

③ 在聚合物中加入激发态猝灭剂,以猝灭光激发产生的激发态分子,阻止自由基的生成。

(2) 清除光激发产生的有害自由基

加入自由基捕获剂,清除生成的自由基,从而阻止光降解链式反应的发生。因此,各种自由基捕获剂也有可能作为光稳定剂。

(3) 加入抗氧剂

氧气的存在可以大大加快聚合物的老化速率。加入一定的抗氧剂会清除聚合物内部的氧化物,阻止光氧化反应,也可减缓老化速率。

3. 高分子光稳定剂的种类

根据作用机理的不同,高分子光稳定剂主要可以分为光屏蔽剂、激发态淬灭剂及抗氧剂。

(1) 光屏蔽剂

光屏蔽剂可进一步分为光屏蔽添加剂和紫外线吸收剂。

光屏蔽添加剂能阻止高分子材料对各种光线的吸收。光屏蔽添加剂是将颜料分散于受保护的高分子材料中，通过对紫外线和可见光的反射和/或吸收以阻止光激发过程。炭黑是最常用的光屏蔽添加剂，其不仅对光有较好的吸收作用，而且能捕获光老化过程中产生的自由基。但炭黑的添加会影响材料的颜色和光泽。

紫外线吸收剂只能吸收破坏力大的紫外线，并将其能量转化为无害的形式耗散，从而防止高分子材料的老化。因其不吸收其他可见光，所以不影响高分子材料的颜色和光泽。紫外线吸收剂通常具有形成分子内氢键或者进行光重排反应的能力，通过分子内的互变异构来储存和耗散光能，耗散的能量以热的形式转移。

不管是光屏蔽添加剂还是紫外线吸收剂，它们首先都应具有足够大的消光系数，这样才可以在添加量较小的情况下，有效屏蔽有害光源；其次它们还必须能够以无害的方式消耗所吸收的光能，并能保证自身和高分子材料不受损伤。

(2) 激发态淬灭剂

材料吸收光子能量后分子被激发，其能量可以通过多种方式消耗，其中包括将激发态能量转移给激发态淬灭剂。激发态淬灭剂指能够得到激发态分子能量而使激发态分子回到基态，并能以无害的方式消耗得到的能量的物质。如果能量转移给激发态淬灭剂的过程在与自由基生成过程竞争中占优势，那么激发态淬灭剂的存在就能够防止聚合物发生光老化反应，从而提高材料的耐光性能。

激发态分子与淬灭剂分子之间既可以通过长程能量传递，如辐射，也可以通过短程能量传递，如碰撞。具有长程能量传递功能的淬灭剂，其吸收光谱应与激发态分子发射光谱重叠，以保证较高的淬灭效率。目前常用的淬灭剂多为过度金属络合物。

(3) 抗氧剂

由于氧的存在可以大大加快材料的老化过程，所以在高分子材料中加入一定量的抗氧剂可以有效防止材料的光氧化反应，减缓材料的光老化速度。因此，抗氧剂是一种重要的光稳定剂。酚类化合物是一种常见的抗氧剂，但它们在紫外光下稳定性较差，在光氧化条件下很快会被消耗完，因此，酚类化合物作为抗氧剂作用时间较短。高立体阻碍的脂肪类材料一般具有较优异的抗光氧化性能，如 2,2,6,6-四甲基哌啶类高分子化合物是目前典型的高分子抗光氧化剂，它可以有效阻止聚丙烯酸树脂的老化。

8.3.4 光降解高分子材料

光降解高分子材料是指在光照作用下高分子链发生断裂，相对分子质量降低的高分子材料。降解型高分子材料按照降解机理可分为光降解高分子材料、生物降解高分子材料和光-生物降解高分子材料。其中光降解高分子材料已经比较成熟，生物降解高分子材料也崭露头角，具有光、生物双重降解特性的光-生物降解高分子材料正受到人们关注。目前国外工业化的降解型高分子材料以光降解高分子材料为主(约占 70%以上)。

1. 高分子光降解的反应机理

高分子的光降解过程主要是在紫外光区(波长为 290～400 nm)进行的。高分子材料中的各种吸光性添加剂和杂质对光的吸收在降解过程中占有重要的地位。光降解作用是在光照作用下聚合物链发生断裂、相对分子质量降低的光降解过程。

高分子链的光照射断裂机理可分为光无规降解、光解聚和光氧化降解。

（1）光无规降解

无规降解是指高分子链无规则地断裂而生成自由基的降解。其生成的自由基可继续进行各种复杂的反应。在分子量增减的反应中，交联反应和降解反应为竞争反应，其中降解反应超过交联反应而使分子量逐渐下降的反应为无规降解。

（2）光解聚

光解聚通常是聚合反应的逆反应。发生这种反应时，一旦在高分子链中产生自由基，就从该位置一个单体接一个单体地逐渐分解下去。聚合物的光降解很少按这种机理进行。

（3）光氧化降解

聚合物在吸收光能后分子链是否断裂取决于吸收波长的能量与聚合物的键能。一般照射到地球表面的日光波长在300 nm以上，所以聚合物分子多数场合不解离，只呈激发状态，激发的分子本身发生反应。

聚合物的光降解过程中多半有氧气的存在，因而高分子在空气中的光照射断裂是按光氧化降解机理进行的。

2. 光降解型高分子

许多高分子物质受到300 nm以下的短波长光的照射时，显示出光降解性，但在300 nm以上的近紫外光到可见光范围内光降解却比较少。太阳光约含10%的紫外光（波长<400 nm），所以将在300 nm以上波长的光下降解性好的高分子看作是光降解型高分子。典型的光降解型高分子有以下两种。

（1）聚酮类

酮基是能够强烈吸收300 nm左右光波的基团，含酮基的高分子容易吸收紫外线而发生光降解。

（2）聚砜类

聚砜能吸收波长为320～340 nm的光而发生光降解。聚烯砜用电子射线短时间照射就能分解，所以是良好的正性感电子射线抗蚀剂。

3. 光降解高分子材料的应用

光降解高分子材料主要可应用于两个方面：一是包装材料，二是农业用薄膜。

现有的包装材料中大约80%是聚烯烃，如聚乙烯、聚丙烯、聚苯乙烯，此外还有聚酯等。聚烯烃薄膜还被广泛作为农业用覆盖薄膜以保墒、提高土壤温度及抑制杂草生长，但使用后很难从地里清除，所以可用光降解聚烯烃作包装材料和农用地膜，其废弃后即可被日光降解成碎片。当聚烯烃的分子量降到500以下时，容易受微生物破坏，从而进入自然界的生物循环。

8.4 光致导电高分子材料

当物质吸收特定波长的光能量时，材料中载流子数目增加，其导电能力就会增加。在光能作用下导电性能发生变化的性质，是材料导电性能和光学性能的一种组合性能。在无光照射时为绝缘体，而在光的作用下电导值可以增加几个数量级而变为导体的高分子材料称为光致导电高分子材料。这种光控导体在实际应用中有着非常重要的意义。

严格来讲，绝大多数的有机材料都具有光致导电能力，但只有那些光致导电现象显著的、电导率受光照影响改变较大的高分子材料才具有实际应用意义。

8.4.1 光致导电高分子材料的导电机理

1. 光致导电机理

光致导电性质涉及两个重要的物理量：材料的电导和光吸收。光致导电的实质是材料吸收光能量引起电子激发，激发态分子产生电子、空穴等载流子，最后载流子在电场作用下定向运动而形成电流，从而使材料的电导率显著增大。即光致导电有三个过程，依次是光激发、载流子的生产、载流子的定向迁移。可见，光致导电性质的核心是物质具有吸收特定波长光能量，使材料中载流子数目增加的能力。

在实验中通过光照射面与光电流的关系可以确定载流子的种类。当在测定材料光照射面施加正电压，如果电流增加，可以认为空穴是主要载流子；相反，则电子是主要载流子。形成光导载流子的过程主要分两步：

(1) 吸收光能后，光活性高分子中的基态电子跃迁至激发态，激发态分子通过辐射和非辐射耗散过程回到基态，或者发生离子化形成所谓的电子-空穴对，显然只有后者对光致导电现象有贡献。

(2) 在外加电场作用下，电子-空穴发生解离，解离后的电子和空穴发生移动产生电流。

电子-空穴对的产生过程不受外加电场大小的影响，电子-空穴对的产生数量只受吸收的光量子多少及光的激发效率的影响。形成的电子-空穴对在外加电场作用下可以进一步解离，也可以出现二者的重新结合，从而导致电子-空穴对消失，这将不利于材料电导率的提高。

2. 光致导电的影响因素

光激发效率、电子-空穴对的解离效率、载流子的迁移效率是影响光致导电现象的重要因素。

(1) 光激发效率

光照条件一定时，光激发效率越高，产生的激发态分子数越多，电子-空穴对的产生概率越大，产生数目越多，光电流越大。一般来说，增加光敏基团的密度、提高光敏基团光敏效率，都有利于提高材料的光激发效率。

(2) 电子-空穴对的解离效率

降低辐射和非辐射耗散速率可以提高离子化效率，有利于电子-空穴对的解离，载流子数目增多，光电流增大。材料的价带与导带之间的能级差较小，外加电场较大，有利于电子-空穴对的解离。

(3) 载流子的迁移效率

增加外电场强度，不仅有利于电子-空穴对的解离，而且可以增大载流子的迁移速率，从而可以降低电子-空穴对重新复合的概率，有利于材料光电流的提高。

8.4.2 光致导电高分子材料的敏化机理

材料只能选择性地吸收特定频率的光波，也就是说光致导电材料仅对特定范围的光敏感，该范围称为光敏感范围。对于大多数高分子材料来说，依靠本征光生载流子过程产生载流子需要的光子能量较高。在高分子材料中加入低激发能的化合物，可以改变材料的光敏感范围和光电子效率，该过程称为有机光导材料的敏化，具有该性质的添加剂称为光导电敏化剂(即光敏剂)。

常用的光导电敏化剂主要分两类：一类是电子受体分子，能够接受从光导电材料价带中激发产生的电子，生产所谓的电荷转移络合物。另一类是有机颜料，其自身的光谱吸收带在可见光区，吸收可见光后可以将价电子从价带激发到导带。不同光导电敏化剂的敏化机理不同。

1. 电荷转移络合物型敏化机理

常见的光导电聚合物都是弱电子给体，加入强的电子受体可以与其形成电荷转移络合物。在这种络合物中基态的光致导电高分子与激发态的电子受体之间形成新的分子轨道。吸收光子能量后，从光致导电高分子中激发的电子可以进入原属于电子受体的最低空轨道，在电荷转移络合物中形成电子-空穴对，进而在外加电场的作用下发生解离，生成载流子。

2. 有机颜料敏化机理

加入有机颜料后，由于色素的最大吸收波长均在可见波段，添加的色素的特征吸收带成为光敏感范围。色素吸收光子能量后，处在最高占有轨道的电子被激发到色素最低空轨道上，然后相邻的光致导电高分子中价带电子转移到色素空出来的最高占有轨道，完成电荷转移，并在光致导电高分子中留下空穴作为载流子。因此，色素也相当于起到电子受体的作用，只不过是通过价带吸收，而不是导电，但是敏化机理也是通过二者之间的电荷转移完成的。

8.4.3 光致导电高分子材料的结构类型

光致导电高分子材料应在入射光波长处有较高的摩尔吸光系数，而且应该具有较高的量子效率。为此，光致导电高分子材料多为具有离域倾向的 π 电子结构的化合物。目前研究使用最多的光致导电高分子材料主要是高分子骨架上带有光致导电结构的“纯高分子”和小分子光致导体与高分子材料共混形成的的复合型光致导电高分子材料。

高分子材料具有共轭结构时，可能出现光致导电现象，许多高分子及其配合物都具有光致导电能力。综合分析，光致导电高分子材料一般具有以下结构特征：①主链中具有较高程度共轭结构的聚合物，如聚乙炔、聚苯乙烯等；②侧链上连有多环芳烃的聚合物，如萘基、蒽基、芘基等；③侧链上连有芳香氨基的聚合物，如咔唑基。

1. 线形共轭高分子光致导电材料

线形共轭导电高分子在可见光区有很高的光吸收系数，而且吸光后在分子内产生孤子、极化子和双极化子作为载流子，因此，导电能力大大增加，表现出很强的光致导电性能。这类材料的载流子主要为自由电子，表现为电子导电性质，自由电子在材料共轭体系内自由移动，在共轭体系间跳转。但多数线形共轭导电高分子材料的稳定性和加工性能不好，因此只有聚苯乙炔、聚噻吩等少数材料得到研究应用。

2. 侧链带有大共轭结构的光致导电高分子材料

绝大多数多环芳香烃和杂芳烃类共轭结构的化合物，都有较高的摩尔吸光系数和量子效率，因此它们一般具有较强的光致导电性质。如果将这类共轭分子，如萘基、蒽基、芘基等，连接到高分子骨架上则构成光致导电高分子材料。这类材料导电的主要手段是电子或空穴的跳转。

3. 侧链连接芳香胺或含氮杂环的光致导电高分子材料

高分子侧链上连接芳香胺或者含氮杂环(其中最重要的是咔唑基)，则构成光致导电高分子材料。这种光致导电高分子的侧链也可以只连接咔唑基，但更重要的是同时连接咔唑基和光敏化结构(电子接收体)，在分子内形成电子-空穴对，空穴是其主要载流子。

8.4.4 光致导电高分子材料的应用

1. 在静电复印机中的应用

在静电复印过程中光致导电高分子材料在光的控制下收集和释放电荷，通过静电作用吸附带相反电荷的油墨。静电复印的基本过程如图 8-2 所示。

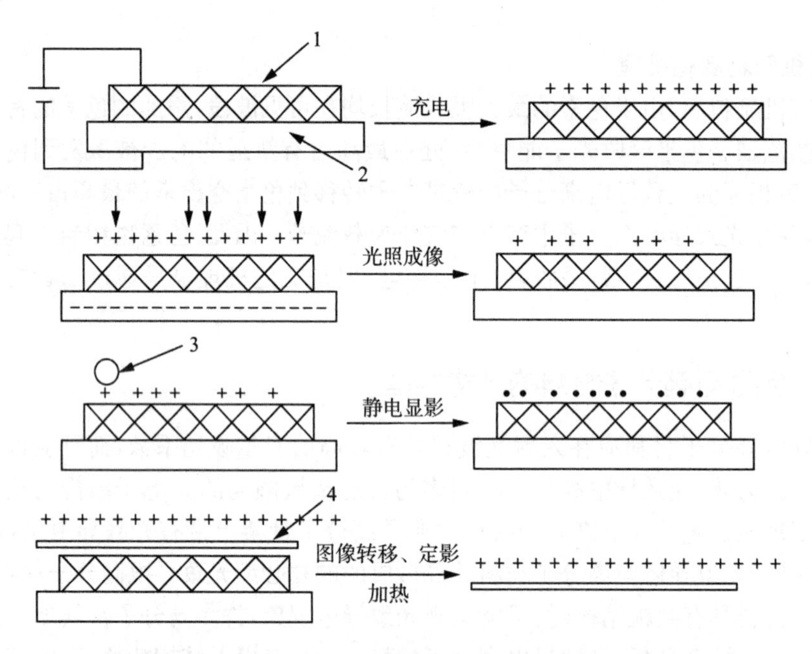

1—光致导电高分子材料；2—导电性基材；3—载体(内)和调色剂(外)；4—复印纸。

图 8-2 静电复印过程示意图

第一步：在无光条件下，电晕向空气放电，使空气中的分子离子化后均匀散布在光导体表面，光致导电高分子材料带上与导电性基材相反的电荷(图中正电)，即对光导材料进行充电。

第二步：曝光过程(即潜影过程)。通过透过或反射，要复制的图像光投射到光导体表面，使受光部分因光导材料电导率提高而正负电荷发生中和，未受光部分的电荷仍得以保存。显然，此时电荷分布与复印图像相同。

第三步：显影过程。显影剂通常是由载体和调色剂两部分组成，其中调色剂是含有颜料或染料的高分子，在与载体混合时由于摩擦而带电，且所带电荷与光导体所带电荷相反（负电）。调色剂通过静电吸引被吸附在光导体表面带电荷部分，使第二步中得到的静电影像变成由调色剂构成的可见影像。

第四步：将该影像再通过静电引力转移到带有相反电荷的复印纸上，经过加热定影将图像在纸面固化，完成复印任务。

2. 在激光打印机中的应用

激光打印机的工作原理与静电复印机类似，只是光源采用半导体激光器。目前研究较多的激光打印机的光导材料有偶氮染料类、四方酸类和酞菁类等小分子有机化合物，在使用过程中往往用高分子材料作为成膜剂（共混）使用。

3. 在光电传感器中的应用

光致导电高分子材料在烟尘浊度监测仪中具有重要的应用。防止工业烟尘污染是环保的重要任务之一。为了消除工业烟尘污染，首先要知道烟尘排放量，因此必须对烟尘源进行监测、自动显示和超标报警。烟道里的烟尘浊度是通过光在烟道里传输过程中的变化大小来检测的。如果烟道浊度增加，光源发出的光被烟尘颗粒的吸收和折射增加，到达光检测器的光减少，因而光检测器输出信号的强弱便可反映烟道浊度的变化。

4. 在光敏电阻中的应用

光致导电高分子材料被广泛用作光敏电阻材料。把光敏电阻连接到外电路中，在外加电压的作用下，用光照射就能改变电路中电流的大小。其灵敏度高，光谱特性好，光谱响应可从紫外区到红外区范围内，体积小、重量轻、性能稳定、价格便宜，因此应用比较广泛。

5. 在图像传感器方面的应用

图像传感器是利用光致导电特性实现图像信息的接收与处理的关键功能器件。因此，光致导电高分子材料在图像传感器方面具有极大的应用潜能，被广泛作为摄像机、数码照相机和红外成像设备中的电荷耦合器件用于图像的接收。

8.5 光致变色高分子材料

8.5.1 光致变色高分子材料的定义与分类

含有光致变色基团的化合物受一定波长的光照射时发生颜色变化，而在另一波长的光或热的作用下又恢复原来的颜色，这种可逆的变色现象称为光色互变或光致变色。在光的作用下能可逆地发生颜色变化的高分子材料称为光致变色高分子材料。这类材料在光照射下，化学结构会发生某种可逆性变化，因而其对光的吸收光谱也会发生某种改变，从外观上看是相应地产生颜色变化。注意不可逆过程不属于光致变色。

光致变色高分子材料一般被人为地分为两类，一类是在光照下，材料由无色或浅色转变为深色，称为正性光致变色高分子材料；另一类在光照下材料的颜色由深色转变成无色或浅色，称为逆光致变色高分子材料。这种划分只有相对意义。在光致变色过程中，变色现象大多与高分子吸收光后的结构变化有关系，如聚合物发生互变异构、顺反异构、开环反应，生成离子，离解成自由基；或者发生氧化还原反应等。

8.5.2 光致变色高分子材料的制备

对光致变色材料的研究始于20世纪初，最初主要研究对象为功能性光致变色染料。功能性染料在光的照射下出现颜色或颜色变化，停止光照，材料颜色恢复。但功能性光致变色染料多为小分子，不便于制造器件。将光致变色的小分子染料引入高分子的主链或侧链中，或二者共混，可得到一系列光致变色高分子材料。制备光致变色高分子材料有三种途径。

(1) 通过接枝反应以共价键将光致变色结构单元连接在高分子的侧链上，从而得到侧基含有光致变色体的高分子。

(2) 通过侧基或主链连接光致变色结构的单体的均聚或共聚，制得光致变色高分子材料。

(3) 把小分子光致变色材料与高分子共混，使共混后的高分子材料具有光致变色功能。

其中，通过第一、第二种方式制得的材料是真正意义上的光致变色功能高分子材料。而将光致变色化合物添加到聚合物中形成的光致变色聚合物通常认为不属于光致变色高分子材料。

因此，严格意义上的光致变色高分子材料通常有两种结构形式：(1)光致变色颜料小分子作为侧链基团直接与主链大分子相连或通过间隔基与主链大分子相连；(2)光致变色颜料小分子作为主链结构单元或共聚单元而形成高分子。将光致变色基团导入聚合物侧链中就制得了光致变色高分子材料，因此光致变色高聚物的种类很多，已经发表的有偶氮苯类、三苯基甲烷类、水杨醛缩苯胺类、二硫腙类。还有的聚合物是主链上带有光致变色基团，如聚甲川。

8.5.3 常见的光致变色高分子材料

目前，典型的光致变色高分子材料主要有含硫卡巴腙络合物的光致变色聚合物、含偶氮苯的光致变色高分子、含螺苯并吡喃结构的光致变色高分子及氧化还原型光致变色高分子这四类。

1. 含硫卡巴腙络合物的光致变色高分子材料

含硫卡巴腙络合物的光致变色高分子材料中最为典型的是对(甲基丙烯酰胺基)苯基汞二硫腙络合物与苯乙烯、甲基丙烯酸甲酯、丙烯酸丁酯和丙烯酰胺等共聚而制得的光致变色高分子。这类材料在光照条件下化学结构会发生如下变化。

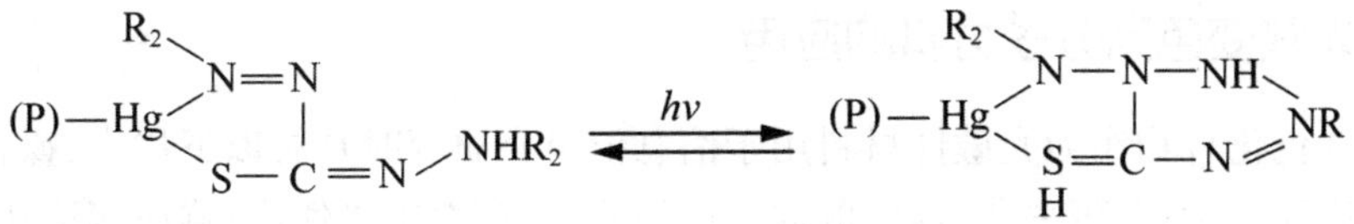

光照前材料最大吸收波长为 490 nm，材料呈橘红色，光照后材料的最大吸收波长为 580 nm，材料颜色变为暗棕色或紫色。

2. 含偶氮苯的光致变色高分子材料

含偶氮苯的光致变色高分子材料是由于偶氮苯型在光照作用下发生了光致互变异构反应而导致了变色。如下反应式所示：在光照条件下，偶氮苯由反式结构转为顺式结构，此时最大吸收波长为 350 nm，但此时材料结构不稳定，遮住光照后，材料会恢复到原来稳定的反式结构，此时最大吸收波长为 310 nm。

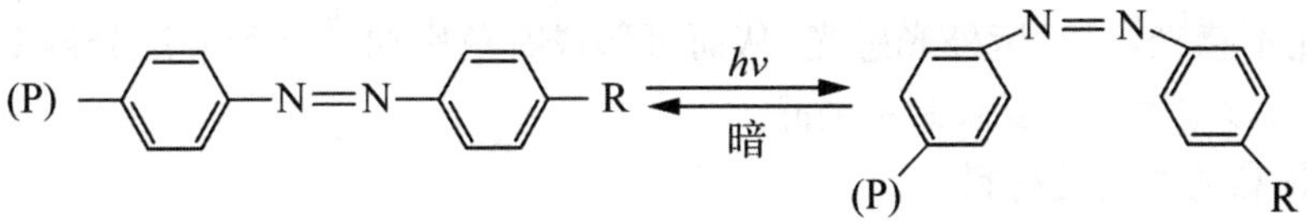

3. 氧化还原型光致变色高分子材料

氧化还原型光致变色高分子材料主要指含有联吡啶盐结构或含有硫堇结构或含有噻嗪结构的高分子衍生物。联吡啶盐衍生物在氧化态呈现无色或浅黄色，在第一还原态呈现深蓝色。含有硫堇和噻嗪结构的高分子衍生物在氧化态时是有色的，而在还原态时是无色的。

8.5.4 光致变色机理

理想的光致变色过程主要由两步组成：

(1) 激活反应　激活反应即显色反应，指化合物经一定波长的光照射后显色和变色的过程。

(2) 消色反应　消色反应主要有两种：①热消色反应，指化合物通过加热恢复原来的颜色；②光消色反应，指化合物通过另一波长的光照射恢复原来的颜色。

由于有机物质在结构上千差万别，因而光致变色机理也有很多不同，宏观上可分为光化学过程和光物理过程。

光化学变色较为复杂，可分为顺反异构反应、氧化还原反应、离解反应、环化反应以及氢转移互变异构化反应等。例如，在聚丙烯酸类高分子侧链上引入硫代缩氨基脲汞基团，其在光照时会发生氢原子转移的互变异构，从而引发变色现象；偶氮苯类高聚物的光致变色是由于光照条件下发生了双键的顺反互变异构而产生的；具有联吡啶盐结构的氧化还原高分子材料在光的作用下形成阳离子自由基结构而产生深颜色。

光物理过程的变色行为，通常是有机物质吸光而激发生成激发态(主要是形成激发三线态)，而某些处于激发三线态的物质允许进行三线态—三线态的跃迁，此时伴随有特征的吸收光谱变化而导致光致变色。

8.5.5 光致变色高分子材料的应用

光致变色化合物作为光敏性材料用于信息记录介质等时具有以下优点：操作简单，不用湿法显影和定影；分辨率非常高，成像后可消除，能多次重复使用；响应速度快。其缺点是灵敏度低，像的保留时间不长。

光致变色高分子材料主要有以下几个方面的应用。

1. 信息存储元件

利用光致变色高分子材料受不同强度和波长光照射时可反复循环变色的特点，可以将其制成计算机的记忆存储元件，实现信息的记忆与消除过程，其记录信息的密度大得难以想象，抗疲劳性能好，能快速写入和擦除信息。

2. 自显影全息记录照相

在透明胶片等支持体上涂一层很薄的光致变色高分子材料（如螺吡喃、俘精酸酐等），其对可见光不感光，只对紫外光感光，从而可形成有色影像。这种方法分辨率高，不会产生操作误差，影像可以反复录制和消除。

3. 装饰和防护包装材料

光致变色高分子材料可用于指甲漆、漆雕艺品、T 恤衫、墙壁纸等装饰品，可将光致变色化合物加入一般油墨或涂料中制成丝网印刷油墨或涂料；可制成包装膜、建筑物的调光玻璃窗、汽车及飞机的屏风玻璃等，防护日光照射，保证安全；还可做成护目镜，防止阳光、激光、电焊光的伤害。

4. 辐射计量计

光致变色高分子材料可用作强光的辐射计量计，可以计量电离辐射、紫外线、X 射线和 γ 射线等。

5. 感光材料

光致变色高分子材料感光度较低，且有些化合物只对紫外光敏感，可以应用于印刷工业方面，如制版等。

6. 国防材料

光致变色高分子材料对强光特别敏感，可以制作强光辐射剂，且能测量电离辐射，探测紫外线、X 射线、γ 射线等的剂量。如将其涂在飞船的外部，能快速精确地计量高辐射的剂量。还可以制成多层滤光器，控制辐射光的强度，防止紫外线对人眼及身体造成伤害。如果把高灵敏度的光致变色体系指示屏用于武器，可记录飞机、军舰的行踪，形成可褪色的暂时痕迹。

7. 防伪技术

防伪技术主要有两种方式，一是通过直接观察获得，二是通过对防伪标志的检查而验证产品的真实性。水印、全息照片、显微印刷属于第一种，而有机光致变色材料用于防伪系统，属于第二种。其颜色角度效应无法用高清晰度的扫描仪、彩色复印机及其他设备复制，印刷特征用任何其他油墨和印刷方式都无法效仿。

8.6 高分子非线性光学材料

非线性光学，又称强光光学，是现代光学的一个分支，是研究介质在强相干光作用下产生的非线性现象及其应用。在强光作用下物质的响应与场强呈现非线性关系，与场强有关的光学效应称为非线性光学效应。非线性光学材料就是光学性质依赖于入射光强度的材料，其性质只有在激光这样的强相干光作用下才能表现出来。

利用非线性光学晶体的倍频、和频、差频、光参量放大和多光子吸收等非线性过程可以得到频率与入射光频率不同的激光，从而达到光频率变换的目的。这类晶体广泛应用于激光频率转换、四波混频、光束转向、图像放大、光信息处理、光存储、光纤通信、水下通信、激光对抗及核聚变等研究领域。我国在非线性光学晶体研制方面成绩卓著，某些晶体处于世界领先地位。

8.6.1 非线性光学材料的基本概念

1. 非线性光学效应

非线性光学效应起源于激光(强光场)下光对介质的非线性极化作用。分子(或基团)受强光场作用时会产生极化，其诱导极化强度 μ 可表示为：

$$\mu=\mu_0+\alpha\varepsilon+\beta\varepsilon^2+\gamma\varepsilon^3+\cdots \tag{8-4}$$

式中：μ_0 为分子(或基团)的固有偶极矩；ε 为局域电场强度；α 为分子的线性极化率；β 和 γ 分别为非线性二阶、三阶分子极化率(又称为一阶、二阶分子超极化率)。

对于宏观的物质体系，在强激光的作用下，介质的电极化强度 P 也不再与入射光的场强 E 成简单的线性关系，材料的介质电极化强度 P 可表示为：

$$P=P_0+\chi^{(1)}E+\chi^{(2)}EE+\chi^{(3)}EEE+\cdots \tag{8-5}$$

式中：P_0 为介质的固有电极化强度；E 为入射光的场强(电场强度)；$\chi^{(1)}$ 为介质的线性极化率；$\chi^{(2)}$，$\chi^{(3)}$ 分别为二阶、三阶非线性极化率，对应着3阶、4阶张量，表现出非线性光学效应。

对于普通光源，由于光的电场强度以及内部的局域场强较弱，只用线性项便足以解释光的折射、双折射、反射和吸收等经典的光学现象(非线性的高次项可忽略)。而在强激光作用下，由于光的电场强度极大，非线性项就不能忽略。一些非线性项的作用，如二次项产生倍频光、三次项产生三倍频光等，便可以实际观测到。这些与强激光有关的非线性项产生的效应，称为非线性光学(nonlinear optic，NLO)效应。其中尤其以 $\chi^{(2)}$ 项和 $\chi^{(3)}$ 项最为重要，因此能产生较大二阶或三阶非线性光学效应的介质材料就称为二阶或三阶非线性光学材料。

2. 非线性光学材料

具有非线性光学效应的介质称为非线性光学材料。非线性光学材料与其他材料不同，其非线性形态在光或其他能量穿越时会经历许多令人感兴趣的变化，这些变化又会使穿越的光发生转换。非线性光学材料中的电子和电荷，或者特别容易被极化，或者在能量的行波影响下特别容易被置换，而表现出较强的非线性效应。

非线性光学材料按其非线性效应可以分为二阶、三阶和高阶非线性光学材料。由于三阶以上非线性光学材料效应相对较弱，而且目前离实用化还有很大的距离，所以当前研究主要集中在二阶及三阶非线性光学材料上。

二阶非线性光学材料大多数是不具有中心对称性的晶体。三阶非线性光学材料指在强激光作用下可产生三阶非线性极化响应，具有强的光波间非线性耦合的材料。由于不受是否具有中心对称这一条件的限制，这些材料可以是气体、原子蒸气、液体、液晶、等离子体以及各类晶体、光学玻璃等。

二阶非线性光学材料大致可分为三类：①氧化物和铁电晶体，如铌酸锂、石英；②Ⅲ—Ⅳ族半导体；③有机聚合物材料。早期研究主要集中在无机晶体材料，但近期非线性光学聚合物材料的研究是一个非常活跃的领域。研究表明，有机聚合物作为非线性光学材料具有以下明显优于无机晶体的特点：响应速度快（亚皮秒甚至飞秒）、介电常数低、损伤阈值高、非线性响应快、价格低廉，容易合成和裁剪，与现有微电子平面工艺兼容，可在各种衬底上制备器件等。另外，用有机聚合物制作多层材料可以达到垂直集成，是现有铌酸锂等无机材料做不到的。这些优点使得用有机聚合物制备波导形式的电光调制器和倍频器件成为可能。

非线性光学材料的应用主要有以下两个方面：

（1）进行光波频率的转换，即通过所谓倍频、和频、差频或混频，以及通过光学参量振荡等方式，拓宽激光波长的范围，以开辟新的激光光源。

（2）进行光信号处理，如进行控制、开关、偏转、放大、计算、存储等。非线性光学材料的广泛应用以及潜在的应用前景已经促使了一个新兴的高技术产业——光电子工业的新发展，它包括光通信、光计算、光信息处理、光存储及全息术、激光加工、激光医疗、激光印刷、激光影视、激光仪器、激光受控热核反应与激光分离同位素、激光制导、测距与定向能武器等方面。

8.6.2 聚合物二阶非线性光学材料

聚合物作为非线性光学材料具有许多无机材料无法比拟的优点：

（1）有机聚合物非线性光学系数比已经得到使用的无机晶体高一至两个量级。

（2）响应时间短。

（3）有机化合物的光学损伤阈值较高。

（4）可根据非线性效应的要求进行分子设计。

（5）具有优异的可加工性，易于成材，而且可以以晶体、薄膜、块材、纤维等多种形式来利用等。

对于二阶非线性光学效应应用的有机分子来说，迄今普遍重视的多数是强电子给体和受体的基团通过大 π 共轭体系作为“桥”结构连接的“一维”电荷转移分子，也称为生色团分子，其结构通式可写成 D—π—A，其中 D 和 A 分别表示电子给体和受体基团。这样的生色团分子在电场作用下显然会表现出各向异性以及微观上的二阶非线性光学效应。但如果在聚合物材料中引入的生色基团为任意无规分布，或者生色基团形成中心对称晶体堆砌时，整个聚合物材料仍具有宏观中心对称结构而不会产生宏观上的二阶非线性光学效应。

聚合物材料的结构是无序的，为了产生宏观二阶非线性光学效应，就必须对它进行极化，人为制造一个宏观上的非中心对称结构。显然，这种结构是热力学的介稳态，这种强制取向总是要向热力学平衡的无序态松弛，其松弛速度取决于聚合物的玻璃化转变温度。从实用角度来说，这样的松弛应该尽力减慢(器件寿命要求为五至十年)。要延长取向稳定性就必须提高聚合物的玻璃化转变温度，于是极化温度也必须相应提高。图 8-3 为聚合物的极化过程示意图。

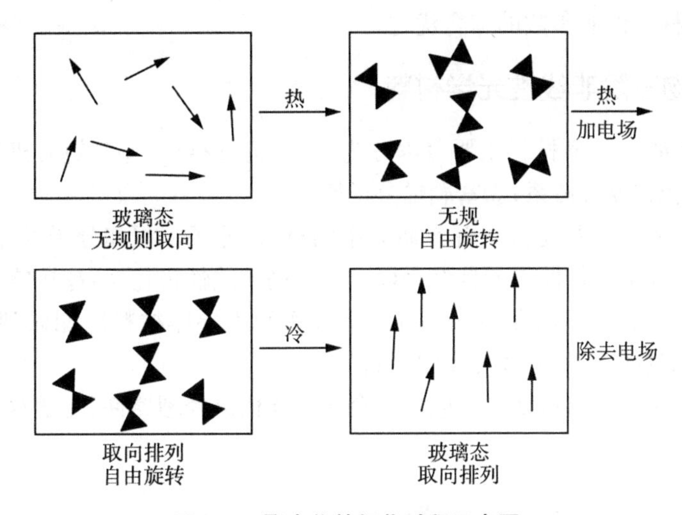

图 8-3 聚合物的极化过程示意图

聚合物二阶非线性光学材料主要可分为主客体掺杂体系、侧链型聚合物体系、主链型聚合物体系和交联型体系。主客体掺杂体系易于制备和纯化，但低分子量的生色团在较高的极化温度下容易逸出，低分子生色团的增塑作用使整个体系的玻璃化转变温度大大下降，生色团分子在主体内聚集从而产生相分离，导致光学损失增大。侧链型聚合物体系克服了主客体型体系的缺点，提高了生色团的含量，从而大大提高了二阶非线性光学值，改善了膜的光学均匀性，提高了玻璃化转变温度，提高了极化后的取向稳定性，但侧链型聚合物体系合成和提纯较为困难。主链型聚合物具有较高的极化取向稳定性，但这类聚合物加工性能不好，溶解性、极化效率和玻璃化转变温度很难同时兼顾。交联型体系提高了聚合物的玻璃化转变温度，减弱聚合物极化取向的弛豫，从而提高了它的极化稳定性，但交联型体系产生不均匀的微畴，从而导致光传播损耗增加。

根据张量特性的对称要求，材料要显示宏观二阶非线性光学效应，无论组成材料的生色团分子还是宏观材料都必须具有非中心对称结构。因此，分子的取向排列对材料的宏观非线性光学效应有很大的影响。而大部分的有机晶体是中心对称的，即便其生色团分子具有很大的 β，宏观晶体仍不显示二阶非线性光学特性。因此，二阶非线性光学材料的研究首先必须解决的是宏观非中心对称的实现。极化聚合物是目前研究最为广泛也是最有实用化可能的方法。极化聚合物是 1982 年美国科学家 Meredith 最先提出的，其基本原理是：一种含非线性光学活性生色团的聚合物（或复合材料）薄膜在其玻璃化转变温度附近，经强直流电场作用，使其中的生色团极化取向稳定，从而显示宏观二阶非线性光学响应。

极化聚合物研究的最终目标是实现其在光电子技术中的应用，特别是近几年来 WDM 全光通信网的迅速研究和发展，使聚合物材料的特点更加突出，极化聚合物已经成为 WDM 全光通信网研究和发展中关键器件的关键材料。

目前对二阶非线性材料聚合物的研究主要集中在以下四点：①极化聚合物宏观二阶非线性的大幅度提高；②聚合物材料的时间稳定性和温度稳定性的改善；③光传播损耗的大幅度降低；④材料性能参数的综合优化。

8.6.3 聚合物三阶非线性光学材料

有机三阶非线性光学材料主要可以分为：①有机染料类；②共轭有机聚合物；③有机金属类；④电荷转移复合体系；⑤富勒烯分子簇。

三阶非线性光学材料是处于开发研究中的材料，分子工程和分子设计为人们提供了优化有机和生物分子材料性能的良好手段。探索高非线性极化率，超快响应、低损耗的三阶非线性光学材料的工作正在展开。有机聚合物和半导体材料已能做到灵敏和快速响应，是较有使用前景的三阶非线性光学材料。

三阶非线性光学材料预期主要应用于全光型光信息处理器件、光学双稳器件、光互连器件等。

1. 光功能高分子材料的定义。
2. 简述激发态失去激发能的途径，光化学重点研究有哪些途径？
3. 光化学反应遵循哪些定律？这些定律有何不足？如何弥补？
4. 高分子材料在光照下要想发生光化学反应必须满足哪些条件？
5. 光功能高分子材料在光照作用下可以发生哪些反应？
6. 根据光功能高分子材料在光参量作用下表现出的特殊功能和性质，光功能高分子材料可以分为哪几类？
7. 请简述光敏涂料的主要组分及其作用。
8. 什么是光引发剂、光敏剂？二者有什么区别？
9. 结合光刻工艺过程，说明为什么发生光分解反应的是正性光刻胶？同样，为什么发生光交联反应的是负性光刻胶？
10. 简述光稳定剂的作用机理。
11. 阻止聚合物中自由基生成可以有哪些方法？
12. 高分子光稳定剂可以分为哪几类？

13. 根据光老化作用机制和反应过程分析，光屏蔽剂、激发态淬灭剂及抗氧剂是如何发挥稳定作用的？

14. 高分子材料的光降解过程有利于环保，请问在光降解过程中会发生哪些重要的光化学反应？

15. 请举例说明光降解高分子材料的应用。

阅读材料

——著名高分子化学家 李永舫院士

李永舫，1948年8月10日出生于重庆市，博士毕业于复旦大学，高分子化学家，中国科学院院士，中国科学院化学研究所研究员，苏州大学材料与化学化工学部特聘教授、博士生导师。2014年当选英国皇家化学会会士和中国化学会常务理事。

李永舫主要从事聚合物太阳能电池光伏材料和器件以及导电聚合物电化学等方面的研究，提出通过共轭支链来拓展聚合物共轭程度，从而拓宽其吸收光谱的分子设计思想；通过使用富电子的茚双加成提高了 C_{60} 的 LUMO 能级，使用茚双加成富勒烯衍生物(ICBA)新型受体光伏材料创造了基于 P3HT 光伏器件效率的新纪录。此外，在吡咯电化学聚合反应机理和聚合反应动力学、导电聚吡咯的两种氧化掺杂结构和电化学氧化还原反应机理，无机半导体纳米晶的溶液法制备及其在有机/无机杂化光电子器件方面的应用等方面也取得了一系列具有重要影响的研究成果，并荣获了“国家自然科学二等奖”。

第9章 高分子液晶材料

(1) 了解液晶的起源与发展。

(2) 熟知高分子液晶的形成条件与结构特征。

(3) 知道高分子液晶的分类。

(4) 掌握近晶型液晶、胆甾型液晶及向列型液晶的结构特征。

(5) 能理解影响高分子液晶形态和性能的因素。

(6) 知道各种高分子液晶的制备方法。

(7) 能举例说明高分子液晶的应用。

9.1 液晶的起源与发展

液晶(liquid crystalline, LC)是介于各向同性的液体和各向异性的晶体之间的一种取向有序的流体,它兼有液体的流动性与晶体的双折射等特征。

液晶的研究可追溯至19世纪中叶,但首次明确认识液晶是在1888年,由奥地利植物学家F. Reinitzer观察到。他在加热胆甾醇苯甲酸酯时,发现这种化合物的熔化现象十分特殊,在145.5℃时熔化为浑浊的液体,178.5℃时变为清亮的液体;冷却时先出现紫蓝色,不久颜色消失出现浑浊状液体,继续冷却,再次出现紫蓝色,然后结晶。根据F. Reinitzer提供的线索,德国著名物理学家Lehmann用偏光显微镜观察了这种化合物,发现浑浊状的中间相具有和晶体相似的性质,于是他把这种具有各向异性和流动性的液体称为液晶。研究表明,液晶是介于晶态和液态之间的一种热力学稳定的相态,它既具有晶态的各向异性,又具有液态的流动性。

直到1957年,G. H. Brown等人整理了从1888年到1956年约70年间近500篇有关液晶方面的资料,发表在*Chemical Review*上,液晶材料才引起科学界的重视。与此同时,液晶的应用研究也取得了一些成果。20世纪60年代,Fergason根据胆甾相液晶的颜色变化设计出测定表面温度的产品;Herlmeier根据向列相液晶的电光效应制成了数字显示器、液晶钟表等产品,开创了液晶电子学。此外,美国的W. H.公司发表了液晶在平面电视、彩色电视等方面有应用前景的报道。从此，液晶逐渐走出化学家和物理学家的实验室，成为一类重要的工业材料。

1923年，德国化学家D. Vorlander提出了液晶高分子的科学设想，但事实上人们对高分子液晶态的认识是从1937年Bawden等在烟草花叶病毒的悬浮液中观察到液晶态开始的。美国物理学家L. Onsager和化学家P. J. Flory分别于1949年和1956年对刚性棒状液晶高分子做出理论解释。但直到20世纪60年代中期，美国杜邦公司发现聚对苯二甲酰对苯二胺的液晶溶液可纺出高强度高模量的纤维，液晶高分子才引起人们的广泛关注。

20世纪70年代，Kevlar纤维的商品化开创了液晶高分子研究的新纪元，以后又有自增强塑料Xydar（美国Dartco公司，1984），Vectra（美国Eastman公司，1985）和Ekonol（日本住友，1986）等聚酯类液晶高分子的工业化生产。从此，液晶高分子走上一条迅速发展的道路。

9.2 高分子液晶的结构特征及其分类

9.2.1 高分子液晶的形成条件与结构

高分子液晶是一种性能介于液体和晶体之间的有机高分子材料，它既有液体的流动性，又有晶体结构排列的有序性。低温下它是晶体结构，高温时则变为液体，在中间温度时以液晶形态存在。某些液晶分子可连接成大分子，或者可通过官能团的化学反应连接到高分子骨架上。这些高分子化的液晶在一定条件下仍可保持液晶的特征，形成高分子液晶。

现已发现许多物质具有液晶特性（主要是一些有机化合物）。研究发现要想形成液晶态，材料必须能够满足以下条件：

(1) 分子的长度和宽度的比例$R \geqslant 1$，呈棒状或近似棒状的构象。

(2) 分子要有一定的刚性，如含有多重键、芳香环等刚性基团。

(3) 分子之间要有适当的作用力来维持分子的有序排列，即液晶分子要含有极性或易极化的基团。

液晶态的形成是物质的外在表现形式，而这种物质的分子结构则是液晶形成的内在因素。毫无疑问，分子结构在液晶的形成过程中起着主要作用，决定着液晶的相结构和物理化学性质。研究表明，能形成液晶的高分子材料必须有大量的刚性部分和一定的柔性部分。在高分子液晶中刚性部分被柔性链以各种方式连接在一起。刚性部分主要由脂肪环、芳香环及芳香杂环等刚性环状结构通过一个刚性连接单元（又称中心桥键）连接组成。大量的刚性部分可以使分子呈一定几何形状。刚性连接单元通常由亚氨基（—C═N—）、反式偶氮基（—N═N—）、氧化偶氮基（—NO═N—）、酯基（—COO—）等极性或易于极化的基团构成。因此，刚性连接单元不仅可以阻止两个环体的旋转，还可以通过氢键作用提供维持分子某种有序排列所必需的分子间作用力。可见刚性环状结构和刚性连接单元是形成液晶必备的结构，通常将它们合称为致晶单元。从外形上看，致晶单元通常呈现近似棒状或片状的形态，这样有利于分子的有序堆砌，因此，致晶单元是液晶分子在液态下维持某种有序排列所必须的结构因素。另外，在刚性部分的端部通常还有一个柔软、易弯曲的取代基(R)，这个端基单元是各种极性或非极性的基团，对形成的液晶具有一定稳定作用，因此也是构成高分子液晶不可缺少的结构因素。常见的 R 包括—R′、—OR′、—COOR′、—CN、—OOCR′、—COR′、—CH ═CH—COOR′、—Cl、—Br、$—NO_2$ 等。可见一个满足形成液晶态条件的高分子，其结构特征如下式所示。

R—□—L—□—R′

式中：—□—表示分子中的刚性环状结构，如苯环等；R、R′为刚性基团上的取代基，如烷基等；L 为刚性连接单元，如酯基等。

9.2.2 高分子液晶材料的分类

高分子液晶材料的结构比较复杂，因此分类方法很多。

1. 按致晶单元与高分子的连接方式分类

按致晶单元与高分子的连接方式，高分子液晶可分为主链型液晶和侧链型液晶。主链型液晶和侧链型液晶中根据致晶单元的连接方式不同又有许多类型。表 9-1 列举了其中的一些类型。

表 9-1 不同液晶的致晶单元与高分子链的连接方式

液晶类型	结构形式	名称
主链型		纵向性
		垂直型
		星型
		盘型
		混合型
侧链型		梳型
		多重梳型
		盘梳型
		腰接型

续表

液晶类型	结构形式	名称
侧链型	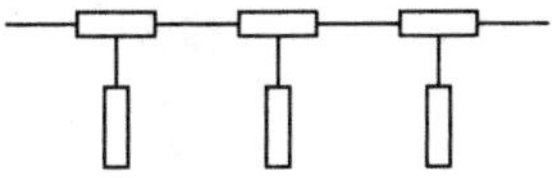	结合型
	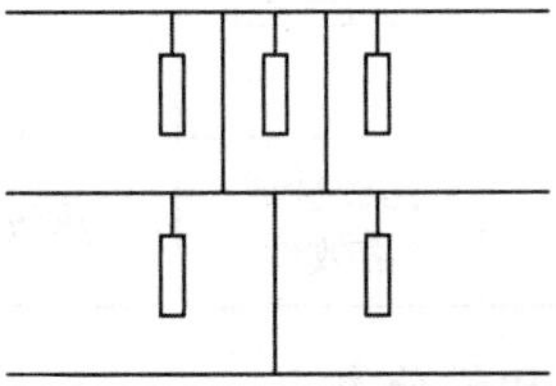	网型

主链型高分子液晶致晶单元处在高分子主链上；侧链型高分子液晶致晶单元通过一段柔性链作为侧基与高分子主链相连，形成梳状结构。主链型高分子液晶和侧链型高分子液晶在液晶形态上和物理化学性质上有很大差别。主链型高分子液晶为高强度、高模量的结构材料，而侧链型高分子液晶为具有特殊性能的功能高分子材料。

2. 按高分子液晶形成过程分类

按液晶的形成条件，高分子液晶可分为溶致液晶、热致液晶、压致液晶、流致液晶等。热致液晶和溶致液晶是最常见的两大类，其形成过程如下所示。

$$热致液晶：固体 \underset{冷}{\overset{热}{\rightleftharpoons}} 液晶 \underset{冷}{\overset{热}{\rightleftharpoons}} 各向同性液体$$

$$溶致液晶：固体 \underset{-溶剂}{\overset{+溶剂}{\rightleftharpoons}} 液晶 \underset{-溶剂}{\overset{+溶剂}{\rightleftharpoons}} 各向同性液体$$

热致液晶是依靠温度的变化，在某一温度范围形成的液晶态物质。液晶态物质从浑浊的各向异性的液体转变为透明的各向同性的液体的过程是热力学一级转变过程，相应的转变温度称为清亮点，记为 T_{cl}。不同的物质，其清亮点的高低和熔点至清亮点之间的温度范围是不同的。而溶致液晶是依靠溶剂的溶解分散，在一定浓度范围形成的液晶态物质。高分子液晶中含有大量的刚性结构，这导致高分子液晶的熔点很高，所以很多高分子材料还没达到相转变温度，就已经开始降解了。目前主要采用溶解法来制备高分子液晶。

除了这两类液晶物质外，人们还发现了在外力场(压力、流动场、电场、磁场和光场等)作用下形成的液晶。例如，聚乙烯在某一压力下可出现液晶态，是一种压致液晶；聚对苯二甲酰对氨基苯甲酰肼在施加流动场后可呈现液晶态，因此属于流致液晶。

3. 按形成高分子液晶的单体结构分类

按形成高分子液晶的单体结构，高分子液晶可分为两亲型和非两亲型两类。两亲型单体是指兼具亲水和亲油(亲有机溶剂)作用的分子。非两亲型单体则是一些几何形状不对称的刚性或半刚性的棒状或盘状分子。实际上，由两亲型单体聚合而得的高分子液晶数量极少，绝大多数高分子液晶是由非两亲型单体聚合得到的，其中盘状分子聚合的高分子液晶极为少见。两亲型高分子液晶是溶致液晶，非两亲型高分子液晶大部分是热致液晶。表9-2列出了各类高分子液晶的分子构型。

表 9-2 高分子液晶的分子构型

单体	两亲分子		非两亲分子			
			棒状		盘状	
聚合物						
性质	溶致性		热致性或溶致性	热致性	热致性	热致性

4. 按致晶单元排列形式和有序性分类

按致晶单元排列形式和有序性的不同，高分子液晶可以分为近晶型、胆甾型及向列型。这三种液晶的结构示意图如图 9-1 所示。这种分类方式是液晶材料最重要的分类方式。

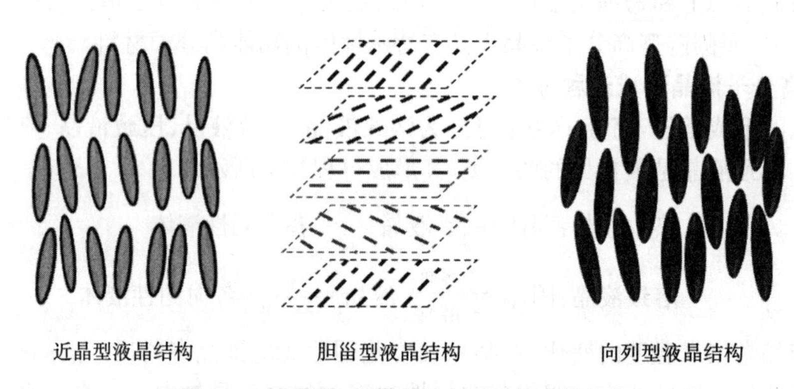

图 9-1 近晶型、胆甾型及向列型的液晶结构

(1) 近晶型液晶(smectic liquid crystals，S)

近晶型液晶分子一般呈棒状或长条状。在这类液晶中，棒状分子一层一层排列，每一层内分子相互平行或接近平行排列，分子的长轴垂直于层状结构平面。层内棒状结构的排列保持着大量的二维固体有序性，因此，近晶型液晶是所有液晶中最接近结晶结构的一类。但这些层状结构并不是严格刚性的，分子可在本层内运动，但不能来往于各层之间。因此，层状结构之间可以相互滑移，而垂直于层片方向的流动却很困难。这种结构决定了近晶型液晶的黏度具有各向异性。但在通常情况下，层片的取向是无规的，因此，近晶型液晶在宏观上表现为在各个方向上都非常黏滞。

(2) 胆甾型液晶(cholesteric liquid crystals，Ch)

许多胆甾型液晶属于胆甾醇的衍生物。但实际上，许多胆甾型液晶的分子结构与胆甾醇结构毫无关系。但它们都有大致相同的光学性能和其他特性。在这类液晶中，分子是长而扁平的。它们依靠端基的作用，排列成层状结构，层内分子平行或近似平行排列。因此胆甾型液晶也维持了二维有序，分子可在本层内运动，但不能来往于各层。与近晶型不同的是，胆甾型分子长轴与层片平面平行，因此每一层很薄，等于分子的厚度而不是分子长轴的长度;而且相邻片层内分子长轴取向不再一致,分子长轴的取向会依次规则地扭转一定的角度,层层累加而形成螺旋结构。分子长轴方向在扭转了 360°以后回到原来的方向。两个取向相同的分子层之间的距离称为螺距,是表征胆甾型液晶的重要参数。由于扭转分子层的作用,照射在其上的光将发生偏振旋转,使得胆甾型液晶通常具有彩虹般的漂亮颜色,并有极高的旋光能力。

(3) 向列型液晶(nematic liquid crystals,N)

在向列型液晶中,棒状分子不再排列成一层一层的,而是平行排列,但重心排列则是无序的,即分子只维持一维有序。在外力作用下,棒状分子容易沿流动方向取向,并可在取向方向互相穿越。因此,向列型液晶的宏观黏度一般都比较小,是三种结构类型的液晶中流动性最好的一种。向列型液晶对外力相当敏感,是目前液晶显示器的主要材料。至今为止大部分高分子液晶属于向列型液晶。

9.2.3 影响高分子液晶形态和性能的因素

高分子液晶与小分子液晶相比,具有以下特殊性:

(1) 热稳定性大幅度提高。

(2) 热致性高分子液晶有较大的相区间温度。

(3) 黏度大,流动行为与一般溶液显著不同。

影响高分子液晶形态与性能的因素包括外在因素和内在因素两部分。内在因素包括刚性结构、分子构型和分子间力、致晶单元形状、刚性连接单元等;外部因素则主要包括环境温度、溶剂等。

1. 内部因素对高分子液晶形态与性能的影响

(1) 刚性结构

高分子液晶分子中必须含有刚性的致晶单元。刚性结构不仅有利于在固相中形成结晶,而且在转变成液相时也有利于保持晶体的有序度。分子规整性越好,越容易使其排列整齐,并使分子间力增大,更容易生成稳定的液晶相。

(2) 分子构型和分子间力

在热致性高分子液晶中,对相态和性能影响最大的因素是分子构型和分子间力。提高分子间力和分子规整度,虽然有利于液晶的形成,但是相转变温度也会因为分子间力的提高而提高,使液晶形成温度提高,不利于液晶的加工和使用。溶致性高分子液晶是在溶液中形成的,因此不存在上述问题。

(3) 致晶单元形状

液晶形态的形成与致晶单元形状有密切关系。致晶单元呈棒状的,有利于生成向列型或近晶型液晶;致晶单元呈片状或盘状的,易形成胆甾醇型或盘型液晶。

另外,高分子骨架的结构、致晶单元与高分子骨架之间柔性链的长度和体积对致晶单元的旋转和平移会产生影响,因此也会对液晶的形成和晶相结构产生作用。高分子链上或者致晶单元上带有不同结构和性质的基团,都会对高分子液晶的偶极矩、电、光、磁等性质产生影响。

(4) 刚性连接单元

刚性连接单元的结构和性质对高分子液晶的热稳定性有着重要的影响。例如,在高分子链段中引入饱和碳氢链可使得分子易于弯曲,降低刚性连接单元的刚性,得到低温液晶态。在苯环共轭体系中,增加芳环的数目可以增加液晶的热稳定性。用多环或稠环结构取代苯环也可以增加液晶的热稳定性。

2. 外部因素对高分子液晶形态与性能的影响

(1) 环境温度

对热致性高分子液晶来说,最重要的影响因素是环境温度。足够高的温度能够给高分子提供足够的热动能,是相转变过程发生的必要条件。因此,控制温度是形成高分子液晶和确定晶相结构的主要手段。除此之外,施加一定电场或磁场有时对液晶的形成也是必要的。

(2) 溶剂

对于溶致性液晶,溶剂与高分子液晶分子之间的作用起非常重要的作用。溶剂的结构和极性决定了与液晶分子间亲和力的大小,进而影响液晶分子在溶液中的构象,能直接影响液晶的形态和稳定性。控制高分子液晶溶液的浓度是控制溶液型高分子液晶相结构的主要手段。

9.3 高分子液晶的合成

9.3.1 主链型高分子液晶的合成

1. 溶致主链型高分子液晶

溶致主链型高分子液晶的结构特点是致晶单元位于高分子主链上,主要依靠溶剂的溶解能力,在一定浓度范围内形成液晶。溶致主链型高分子液晶分子一般并不具有两亲结构,在溶液中也不形成胶束结构。这类液晶在溶液中形成液晶态是由于刚性高分子主链相互作用,进行紧密有序堆积的结果。溶致主链型高分子液晶主要应用在高强度、高模量纤维和薄膜的制备方面。

形成溶致性高分子液晶的分子结构必须符合两个条件:①分子具有足够的刚性;②分子有相当的溶解性。然而,这两个条件往往是对立的。刚性越好的分子,溶解性往往越差。这是溶致性高分子液晶研究和开发的困难所在。

目前,溶致主链型高分子液晶主要有芳香族聚酰胺、聚酰胺酰肼、聚苯并噻唑、纤维素类等品种。

(1) 芳香族聚酰胺

芳香族聚酰胺是最早开发成功并付诸应用的一类高分子液晶材料,有较多品种,其中最重要的是聚对苯酰胺(PBA)和聚对苯二甲酰对苯二胺(PPTA)。

① 聚对苯酰胺的合成

PBA 的合成有两条路线,一条是从对氨基苯甲酸出发,合成路线如下。

$$H_2N-C_6H_4-COOH \xrightarrow{2SOCl_2} O_2SN-C_6H_4-COCl + SO_2 + 3HCl$$

$$O_2SN-C_6H_4-COCl \xrightarrow{3HCl} HCl.H_2N-C_6H_4-COCl + SO_2Cl_2$$

$$nHCl.H_2N-C_6H_4-COCl \xrightarrow{HCONH_2} \text{⫞} HN-C_6H_4-CO \text{⫟}_n + (2n-1)HCl$$

用这种方法制得的 PBA 溶液可直接用于纺丝。

另一条路线是对氨基苯甲酸在磷酸三苯酯和吡啶催化下的直接缩聚，如下式所示。

$$nH_2N-C_6H_4-COOH \xrightarrow[DMA,\ LiCl]{P(OC_6H_5)_3,\ C_6H_5N} \text{⫞} HN-C_6H_4-CO \text{⫟}_n + (n-1)H_2O$$

二甲基乙酰胺(DMA)为溶剂，LiCl 为增溶剂。必须经过沉淀、分离、洗涤、干燥后，再用甲酰胺配成纺丝液纺丝。

PBA 属于向列型液晶。用它纺成的纤维称为 B 纤维，PBA 纤维在我国也称为芳纶 14，具有很高的强度，可用作轮胎帘子线等。

② 聚对苯二甲酰对苯二胺的合成

PPTA 是以六甲基磷酰胺(HMPA)和 N-甲基吡咯烷酮(NMP)混合液为溶剂，对苯二甲酰氯和对苯二胺为单体进行低温溶液缩聚而成。

$$nClOC-C_6H_4-COCl + nH_2N-C_6H_4-NH_2 \xrightarrow{HMPA,\ NMP}$$

$$\text{⫞} CO-C_6H_4-CO-NH-C_6H_4-NH \text{⫟}_n + (2n-1)HCl$$

PPTA 具有刚性很强的直链结构，分子间又有很强的氢键，因此只能溶于浓硫酸中。用它纺成的纤维称为 Kevlar 纤维，比强度优于玻璃纤维。在我国，PPTA 纤维被称为芳纶 1414。

(2) 芳香族聚酰胺酰肼

芳香族聚酰胺酰肼是由美国孟山(Monsanto)公司于 20 世纪 70 年代初开发成功的。典型代表 PABH(对氨基苯甲酰肼与对苯二甲酰氯的缩聚物)如下式所示，可用于制备高强度、高模量的纤维。

$$nClOC-C_6H_4-COCl + nH_2N-C_6H_4-CONHNH_2 \xrightarrow{HMPA}$$

$$\text{⫞} CO-C_6H_4-CO-NH-C_6H_4-CONHNH \text{⫟}_n + (2n-1)HCl$$

PABH 分子链中的 N—N 键易于内旋转，因此，分子链的柔性大于 PPTA。它在溶液中并不呈现液晶性，但在高剪切速率下(如高速纺丝)则转变为液晶态，因此应属于流致性高分子液晶。

(3) 聚苯并噻唑类和聚苯并恶唑类

聚苯并噻唑类和聚苯并恶唑类是杂环高分子液晶，分子结构为杂环连接的刚性链，具有特别高的模量。代表物如聚双苯并噻唑苯(PBT)和聚苯并恶唑苯(PBO)，用它们制成的纤维，模量高达 760 MPa～2 650 MPa。

(4) 纤维素液晶

纤维素液晶均属胆甾型液晶。当纤维素中葡萄糖单元上的羟基被羟丙基取代后，呈现出很大的刚性。当羟丙基纤维素溶液达到一定浓度时，就显示出液晶性。

纤维素液晶至今尚未达到实用的阶段。然而，由于胆甾型液晶形成的薄膜具有优异的力学性能、很强的旋光性和温度敏感性，可望用于制备精密温度计和显示材料。因此，这类液晶深受人们重视。

2. 热致主链型高分子液晶

热致主链型高分子液晶中，最典型、最重要的代表是聚酯液晶。

1963 年，卡布伦敦公司首先成功地制备了对羟基苯甲酸的均聚物。但由于 PHB 的熔融温度很高(>600℃)，在熔融之前，分子链已开始降解，所以并没有什么实用价值。20 世纪 70 年代，美国柯达公司的杰克逊(Jackson)等人将对羟基苯甲酸与聚对苯二甲酸乙二醇酯(PET)共聚，成功获得了热致主链型高分子液晶。从结构上看，PET/PHB 共聚酯相当于在刚性的线性分子链中，嵌段地或无规地接入柔性间隔基团。改变共聚组成或改变间隔基团的嵌入方式，可形成一系列的聚酯液晶。

9.3.2 侧链型高分子液晶的合成

侧链型高分子液晶通常通过含有致晶单元的单体聚合而成，因此主要有以下三种合成方法。

1. 加聚反应

通过加聚反应合成高分子液晶的方法可用通式表示如下：

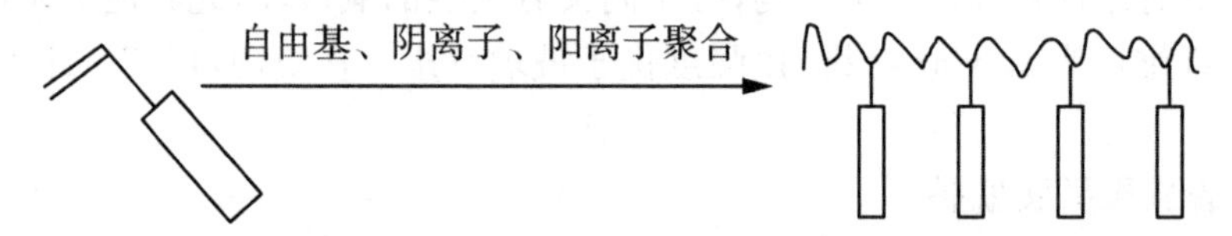

例如，将致晶单元通过有机合成方法连接在甲基丙烯酸酯或丙烯酸酯类单体上，然后通过自由基聚合得到致晶单元连接在主链上的侧链型高分子液晶。

2. 接枝共聚

通过接枝共聚反应合成高分子液晶的方法的通式如下：

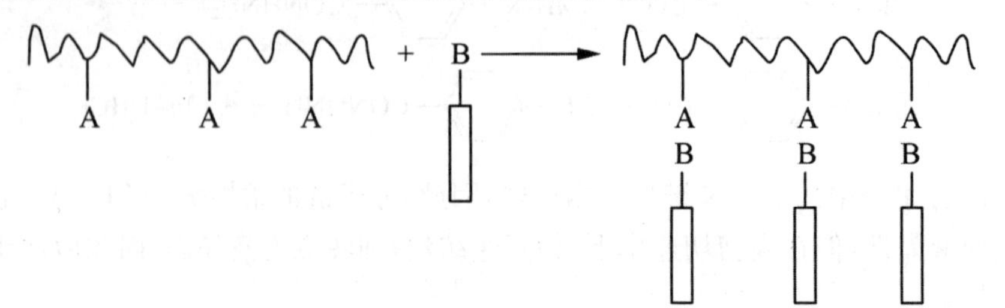

例如，将含致晶单元的乙烯基单体与主链硅原子上含氢的有机硅聚合物进行接枝反应，可得到主链为有机硅聚合物的侧链型高分子液晶。

3. 缩聚反应

通过缩聚反应合成高分子液晶的方法的通式如下：

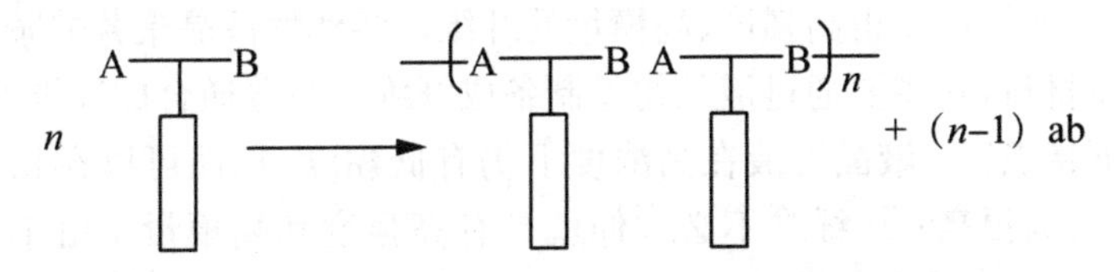

例如，连接有致晶单元的氨基酸通过自缩合即可得到侧链型高分子液晶。

9.4 高分子液晶的性能与应用

9.4.1 高分子液晶的性能

高分子液晶特殊的结构不仅使其可以形成特殊的液晶态，而且使其具有许多优异的性能。分子中大量的刚性结构，使得高分子液晶材料具有优异的拉伸强度和模量；而且分子中大量芳香环的存在使得高分子液晶材料的耐热性能非常突出；另外，大量芳香环的存在(除了含有酰肼键)还使得高分子液晶材料具有非常优异的阻燃性能。众所周知，液晶的分子很容易沿外力方向取向，所以高分子液晶材料通常具有很低的热膨胀因数。

1. 取向方向的高拉伸强度和高模量

高分子液晶最突出的特点是在外力场中容易发生分子链取向，在取向方向上呈现高拉伸强度和高模量。例如，Kevlar 纤维的比强度和比模量均达到钢的 10 倍。

2. 耐热性突出

由于高分子液晶的刚性部分大多由芳环构成，其耐热性相对比较突出。例如，聚芳酯的熔点为 421℃，空气中的分解温度达到 560℃，其热变形温度也可达 350℃，明显高于绝大多数塑料。

3. 阻燃性优异

高分子液晶分子链由大量芳香环构成，除了含有酰肼键的纤维外，都特别难以燃烧。例如，Kevlar 纤维在火焰中有很好的尺寸稳定性，若在其中添加少量磷等，高分子液晶的阻燃性能更好。

4. 电性能和成型加工性优异

高分子液晶的绝缘强度高、介电常数低，而且两者都很少随温度的变化而变化。由于分子链中柔性部分的存在，其流动性能好，成型压力低，因此可用普通的塑料加工设备来注射或挤出成型，所得成品的尺寸很精确。

9.4.2 高分子液晶的应用

高分子液晶材料具有优异的力学、光学及介电性能，良好的热稳定性和抗化学试剂能力，以及极好的阻燃性和尺寸稳定性。这些优异的性能使高分子液晶材料在科学研究和工业生产中获得了广泛关注与应用。

1. 在高强度、高模量纤维材料方面的应用

高分子液晶在其相区间温度时的黏度较低，而且高度取向。利用这一特性进行纺丝，不仅可节省能耗，而且可获得高强度、高模量的纤维。溶致性液晶聚芳酰胺是最早实现工业化生产的液晶材料，它主要通过液晶纺丝制备成纤维。与普通合成纤维的纺丝相比，液晶纺丝具有以下特点：① 液晶溶液在高浓度下仍有低黏度，从而可以在相当高的浓度下纺丝，纺丝效率大为提高；② 纤维不必拉伸就具有高强度和高模量。由于在外力作用下液晶高分子在流动时可进行自发有序排列，分子链间缠结少，纤维不必经牵伸就能高度取向，从而减少了牵伸对纤维的损坏。液晶高分子在纤维中几乎完全成为伸直链结构。

该应用的典型代表就是聚对苯二甲酰对苯二胺（PPDT），其经液晶纺丝得到的纤维在我国称为芳纶 1414，俗称 Kevlar 纤维。Kevlar 纤维性能非常优异，其比强度是钢丝的 6～7 倍，比模量是钢丝的 2～3 倍，而且耐磨、高抗撕裂，且分解温度高达 560℃以上。阿波罗登月飞船软着陆降落伞带就是用 Kevlar 29 制备的；Kevlar 纤维还广泛应用于防弹背心、赛车服、雷达天线罩、飞机外壳材料等。总之，要求高强度、耐拉伸、抗撕裂、防穿刺及耐高温的场合，都是芳纶 1414 大显身手的领域。表 9-3 列出了几种液晶纤维的主要力学性能。

表 9-3 高分子液晶纤维的主要力学性能

商品名性能	Kevlar29*	Kevlar49*	Nomex*（阻燃纤维）	Carbon**	
				Ⅰ型	Ⅱ型
密度/$(g \cdot m^{-3})$	1 440	1 450	1 400	1 950	1 750
抗拉强度/MPa	26.4	26.4	7	20	26
模量/MPa	589	1 274	173	4 000	2 600
断裂伸长率/%	4.0	2.4	22.0	0.5	1.0

* 杜邦(Dupont)公司产品
* * 卡布伦敦(Carborundum)公司产品

Kevlar49 的模量约比 Kevlar29 增加了一倍，而其断裂伸长率则降低了一半。Kevlar49 纤维具有低密度、高强度、高模量和低蠕变性的特点，在静负荷及高温条件下仍有优良的尺寸稳定性。Kevlar49 纤维特别适合于制作复合材料的增强纤维，目前已在宇航和航空工业、体育用品等方面应用。Kevlar29 的伸长度高，耐冲击性优于 Kevlar49，已用于制造防弹衣和各种规格的高强缆绳。

随着技术的进步，越来越多高性能液晶纤维被研发。烟台氨纶股份有限公司成功研发了一种“割不破的布”，不仅防弹、防割，还可以防火。这个年产千吨的项目，使我国同美国、日本一样拥有了这种攸关国家安全和国民经济的重要基础材料。这种“割不破的布”就是由溶致主链型液晶纤维纺织而成。

2. 在光线通信方面的应用

光纤通信中,目前采用石英玻璃丝作为光导纤维,其外径仅为 100～150 μm,只需 100 g 左右的拉力就会将其拉断,为此需要给光纤涂以高分子树脂形成被覆层,以提高其抗拉、抗弯强度。高分子液晶就可用于光纤二次被覆材料,以及抗拉构件和连接器等。由于其模量、强度均高,而膨胀系数小,因此降低了由光纤本身温度变形而引起的畸形,并使光纤不易出现不规则弯曲,减少了光信号传输中的损耗。

3. 在高分子液晶显示材料方面的应用

与小分子液晶材料一样,高分子液晶在电场作用下也可以从无序透明态转变为有序非透明态,因此,高分子液晶也可以用于显示器件的制作方面。高分子液晶材料基本可满足显示器件要求的各种参数,唯独响应速度未能达到要求。目前高分子液晶的响应速度为毫秒级,而显示材料要求的响应速度为微秒级。这是由于高分子液晶的本体黏度比小分子液晶大得多,因此它的工作温度、响应时间、阀电压等使用性能都不及小分子液晶。为此,人们进行了大量的改性工作。

例如,选择柔顺性较好的聚硅氧烷作主链形成侧链型液晶,同时降低膜的厚度,可使高分子液晶的响应时间大大降低。实验室的研究已使这种高分子液晶的响应时间降低到毫秒级甚至微秒级的水平。由于高分子液晶的加工性能和使用条件较小分子液晶优越得多,因此高分子液晶显示材料的实际应用已为期不远。

4. 在精密温度指示材料和痕量化学药品指示剂方面的应用

胆甾型液晶的层片具有扭转结构,对入射光具有很强的偏振作用,因此显示出漂亮的色彩。这种颜色会由于温度的微小变化和某些痕量元素的存在而变化。利用这种特性,小分子胆甾型液晶已成功地用于测定精密温度和对痕量药品的检测。高分子胆甾型液晶在这方面的应用也正在开发中。

5. 在信息贮存介质方面的应用

将存贮介质制成透光的向列型晶体,所测试的入射光将完全透过,此时证实没有信息记录。用另一束激光照射存贮介质时,局部温度升高,高分子熔融成各向同性的液体,高分子失去有序度。激光消失后,高分子凝结为不透光的固体,信号被记录。此时,测试光照射时,将只有部分光透过,记录的信息在室温下将永久被保存。再加热至熔融态后,分子重新排列,消除记录信息,等待新的信息录入。如此可反复读写。图 9-2 是高分子液晶信息贮存示意图。

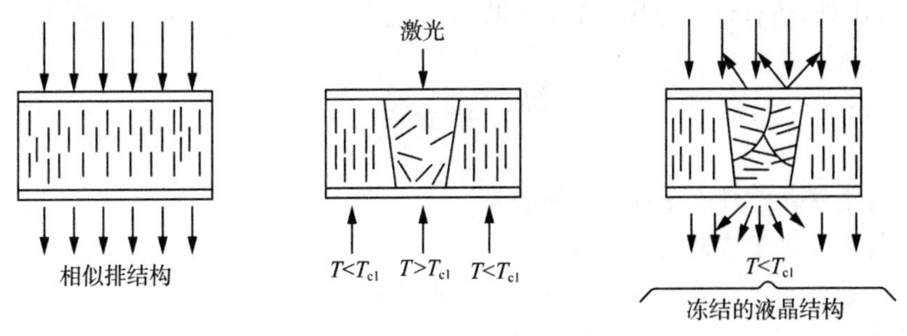

图 9-2 高分子液晶信息贮存示意图

热致性侧链高分子液晶通常具有较高的玻璃化转变温度。利用这一特性，可使它在室温下保存一定工作条件下记录的信息。这种特性正在被开发制作信息记录材料，其应用前景十分宽广。以热致性侧链高分子液晶为基材制作信息贮存介质，由于其记录的信息是材料内部特征的变化，因此可靠性高，且不怕灰尘和表面划伤，适合于重要数据的长期保存。

6. 在分子复合材料方面的应用

高分子液晶特殊的刚性结构还可以使其用于制备分子复合材料。众所周知，普通复合材料性能的发挥很大程度受限于界面结合情况，而分子复合材料是指材料在分子级水平上的复合，因此可以获得不受界面性能影响的高强材料。"分子复合材料"的概念是 20 世纪 70 年代末，美国空军材料实验室的哈斯曼(G. Husman)首先提出的。

将具有大量刚性结构的主链型高分子液晶材料分散在无规线团结构的柔性高分子材料中，即可获得增强的分子复合材料。例如，将呈棒状的刚性较强的 PPTA 分子与柔软的呈无规线团结构的尼龙-6、尼龙-66 等材料共混，即可得到分子复合材料。研究表明，液晶在共混物中形成"微纤"，对柔软的材料起到显著的增强作用，如图 9-3 所示。

图 9-3 PPTA 分子尼龙-6、尼龙-66 共混制得的分子复合材料

侧链型高分子液晶在本质上也是分子级的复合。这种在分子级水平上复合的材料，又称为"自增强材料"。分子复合材料目前尚处于发展阶段，但从其全面的综合性能来看，由于消除了界面，无疑是一种令人瞩目、极有发展前途的材料。

人工合成的高分子液晶问世至今仅 70 年左右，因此是一类非常"年轻"的材料，除了以上典型应用外，还有许多应用尚处在不断开发之中。

思考题

1. 什么是液晶？什么是高分子液晶？

2. 请简述高分子液晶的形成条件。

3. 高分子液晶分子具有什么特征？什么是液晶基元？

4. 哪些基团可以作为刚性连接单元？刚性连接单元对于液晶的形成可以起到哪些作用？

5. 高分子液晶有哪些分类方法?

6. 热致型液晶是指在温度发生变化时能够形成液晶态的物质,而某些高分子在溶液中形成液晶相时会受到温度的影响,临界浓度会发生变化,那么是否也可以认为是热致型液晶呢?

7. 目前使用的高分子液晶多数是热致型液晶还是溶致型液晶?为什么?

8. 主链型液晶和侧链型液晶主要结构区别是什么?在应用方面有什么不同?

9. 两亲型高分子液晶是溶致性液晶还是热致型液晶?

10. 近晶型液晶、胆甾型液晶及向列型液晶是主要的三类液晶形态,请分别简述三者的结构特点及主要区别。高分子液晶主要属于哪种液晶形态?

11. 请简述影响高分子液晶形态和性能的内部因素和外部因素。

12. 列举介绍几种溶致主链型高分子液晶和热致主链型高分子液晶的合成方法。

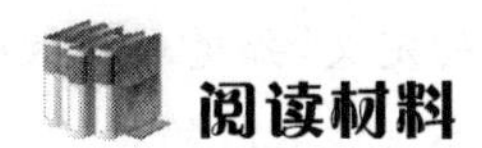

阅读材料

——“割不破的布”

一块布,刀割不破,火烧不着。为了研究这块布,竟然耗费1亿多元的资金。2011年烟台氨纶股份有限公司对外发布消息,称制作“割不破的布”的主要成分——对位芳纶在烟台成功投产。年产千吨的这个项目,一举打破了美国、日本基本垄断全球对位芳纶市场的地位,使我国也拥有了制造该攸关国家安全和国民经济的重要基础材料的技术。

对位芳纶也称“芳纶1414”,具有高强度、高模量、阻燃、耐高温、电绝缘等优异特性,与碳纤维、高强高模聚乙烯纤维并称当今世界三大高性能纤维。说起来挺神秘,其实对位芳纶在日常生活中应用广泛。对位芳纶貌似闪亮的金属丝线,实际上是由刚性高分子构成的液晶态聚合物,具有空前的高强度、高模量和耐高温特性,有“合成钢丝”的说法。对位芳纶强度是优质钢材的5~6倍,韧性是钢材的2倍,而重量仅为钢材的1/5。航空航天、安全防护、骨干装备、交通运输、结构增强、汽车制造等领域,都能找到它的影子。

第10章 环境敏感高分子材料

(1) 理解环境敏感高分子材料的定义，知道环境敏感高分子材料的分类。

(2) 了解凝胶的分类、性质，熟悉智能凝胶的特性。

(3) 熟知高分子智能凝胶的种类。

(4) 掌握高分子智能凝胶的制备。

(5) 能举例说明高分子智能凝胶的应用。

(6) 掌握高分子的形状记忆机理，能理解影响高分子形状记忆效应的因素。

(7) 熟知形状记忆高分子的分类。

(8) 知道形状记忆高分子材料的合成方法。

(9) 能举例说明形状记忆高分子材料的应用。

(10) 了解温度响应性敏感高分子、表面响应性敏感高分子、刺激响应性敏感高分子水溶液及刺激响应性敏感高聚物膜。

10.1 概述

10.1.1 环境敏感高分子材料的定义

智能材料是将普通材料的各种功能与信息系统有机地结合起来的融合型材料，它可以感知外界的刺激（传感功能），通过自我判断和自我结论（处理功能），实现自我指令和自我执行（执行功能）的功能。环境敏感高分子材料是智能材料中的一类高分子材料，也称智能高分子材料、机敏性高分子材料、刺激响应型高分子材料。环境敏感高分子材料具有传感、处理和执行功能，能够感知环境的微小变化（热、电、磁、光、pH、盐浓度、化学物质等），在响应过程中涉及环境间物质、能量和信息的交换或变换。在环境变化的微小刺激下，环境敏感高分子材料会发生相变、形状变化、光学性能变化、力学性能变化、电场变化、表面能变化、体积变化、反应和渗透率变化及识别性能变化等。

环境敏感高分子材料与普通的高分子材料有所不同，当受外界刺激时，环境敏感高分子材料中高分子链内的链段有较大的构象变化，当外界刺激消失后，其又可自动恢复到原来内能较低的稳定状态。

环境敏感高分子材料是通过分子设计和有机合成的方法使有机材料本身具有生物所赋予的高级功能，其很多成果已在高科技、高附加值产业中得到了应用，已成为高分子材料的重要发展方向之一。

10.1.2 环境刺激类型

环境敏感高分子材料在外界环境刺激下，其物理结构和化学性质会发生改变，有时甚至发生突变。外界环境刺激即为外界环境的变化，根据性质的不同，主要分为物理刺激和化学刺激。

外界环境的物理刺激主要包括温度、光、电、应力和磁场等方面的变化。这些物理刺激可以引起分子之间的相互作用和各种能量的改变。外界环境的化学刺激主要包括溶剂、离子、反应物及 pH 等方面的刺激，这些化学刺激可以在分子水平上改变高分子链之间或者高分子与溶剂之间的相互作用。在物理或化学刺激下，物质的相态、形态、光学、力学、电场、表面能、反应速率、渗透速率等物理或化学性质可能发生相应的突变。有些高分子材料往往需要结合两种或两种以上的刺激。

10.1.3 环境敏感高分子材料的分类

环境敏感高分子材料可以按照不同的分类方式进行分类。

按物理存在状态和应用形式，环境敏感高分子材料可分为高分子溶液、水凝胶、高分子胶束、智能改性表面和共轭物等。

1. 高分子溶液

高分子溶于溶剂时分子呈伸展状态，因此这类材料主要用于研究环境刺激对高分子链基本性能的影响，从而探讨刺激-响应的机理。

2. 水凝胶

水凝胶是以水为分散介质的凝胶，是具有交联结构的水溶性高分子中引入一部分疏水基团而形成能遇水膨胀的交联聚合物。水凝胶是一类极为亲水的三维网络结构凝胶，它在水中迅速溶胀并可以在此溶胀状态保持大量体积的水而不溶解。水凝胶又可进一步分为交联水凝胶和可逆水凝胶。

3. 高分子胶束

在单一线性共聚物分子中存在两种或两种以上结构不同的链段，可根据需要合成具有特定化学结构、分子量的共聚物。两亲性共聚物在溶液中自组装成特定的超分子有序聚集体就是高分子胶束。

4. 智能改性表面

采用刺激响应性高分子材料对高分子、金属、硅等基材进行表面功能化改性，在基材表面形成的对环境高度敏感的高分子相即为智能改性表面。这种智能改性表面的亲水性、孔隙大小会随外界环境的变化而改变，从而实现材料界面性能的突变。

5. 共轭物

刺激响应性高分子材料可以与药物、蛋白质等生物活性分子在溶液中形成共轭物，其中生物分子的活性可通过刺激响应高分子链的亲水和疏水变化来控制。

另外，根据刺激响应机制的不同，环境敏感高分子材料主要可以分为八大类：①温度敏感型高分子材料；②光敏感性高分子材料；③pH 敏感性高分子材料；④电敏感性高分子材料；⑤磁敏感性高分子材料；⑥离子强度敏感性高分子材料；⑦化学或生物敏感性高分子材料；⑧复合性敏感高分子材料。目前，研究最多的是温度敏感性高分子材料和 pH 敏感性高分子材料。

10.1.4 凝胶

凝胶及凝胶现象在大自然中普遍存在。自然界一些生物（如海参等）的原始器官主要为水凝胶，它能够对外界的刺激迅速做出响应，使柔软的躯体瞬间变得僵硬，或使部分体壁变为黏性物质。

凝胶是由三维网络结构的高分子和充塞在高分子链段间隙中的介质构成，介质一般情况下为液体，因此可以将凝胶看作是高分子三维网络包含了液体（溶剂）的膨润体。凝胶的分散介质也可以是气体或固体。由于高分子凝胶是一种三维网络立体结构，因此它们不会被溶剂溶解，只是分散在溶剂中并能保持一定的形状。因此，高分子凝胶既是高分子的浓溶液又是高弹性的固体，小分子物质能在其中渗透或扩散。

1. 凝胶的分类

根据凝胶中三维网络交联方式的不同，凝胶可以分为物理凝胶和化学凝胶。物理凝胶主要通过氢键、库仑力、配位键以及物理缠绕形成网络结构。而化学凝胶是在凝胶形成过程中加入了交联剂，高分子链段通过共价键形成交联。

高分子凝胶按来源可分为天然凝胶和合成凝胶。天然凝胶由生物体制备，如琼脂、魔芋、肌肉、蛋白质等。大多数天然凝胶都是物理凝胶。合成凝胶是人工合成的交联高分子，如隐形眼镜、高吸水树脂、芳香剂等。

根据高分子网络所含液体的不同，凝胶可分为水凝胶和有机凝胶。以水为介质的凝胶即为水凝胶，以有机溶剂为介质的凝胶则为有机凝胶。在这些凝胶中水凝胶是最常用的一种。绝大多数生物内存在的天然凝胶及许多合成高分子凝胶均属于水凝胶。

根据凝胶尺寸的不同可分为微凝胶和宏观凝胶。

2. 凝胶的性质

(1) 触变性：物理凝胶受外力作用，网状结构被破坏而变成流体，外部作用停止后，凝胶又恢复成半固体凝胶结构，这种凝胶与溶胶相互转化的过程，称为触变性。

(2) 溶胀性：凝胶吸收流体后自身体积明显增大的性质称为溶胀性，这是弹性凝胶的重要特性。

(3) 脱水收缩性：溶胀的凝胶在低蒸气压下保存，流体缓慢地自动从凝胶中分离出来的性质称为脱水收缩性。

(4) 透过性：凝胶与流体性质相似，可以作为扩散介质。

10.1.5 高分子智能凝胶

1. 概述

高分子智能凝胶是指凝胶的体积、结构和黏弹性等性质随外界条件如温度、溶剂组成、pH、电场、磁场、光等的变化而产生可逆的、不连续(或连续)变化的高分子凝胶。这些凝胶可以通过改变外界条件来影响其溶胀、伸缩和黏弹性能,从而使凝胶对外界刺激产生灵敏的响应,表现出智能性。

高分子智能凝胶是1975年麻省理工学院的田中丰一等发现的。当冷却聚丙烯酰胺凝胶时,凝胶可由透明逐渐变得混浊,最终呈不透明状;加热凝胶时,它又转为透明。进一步将聚丙烯酰胺凝胶置于水-丙酮溶剂中,发现溶剂浓度或温度的微小变化可使凝胶突然溶胀或收缩到原来尺寸的数倍或数分之一。由此人们发现并开辟了一个新的研究领域——“环境敏感性凝胶”。

高分子智能凝胶是环境敏感高分子材料中最重要的一类,对于智能高分子凝胶的研究和应用正在蓬勃发展。在诸多智能高分子凝胶中研究得最多的是温度敏感性凝胶、pH敏感性凝胶和电场敏感性凝胶。

2. 智能凝胶的特性

高分子凝胶受到环境刺激时就会随之响应,即当溶液的组成、pH、离子强度或温度、光强度(紫外光或可见光)、电场等刺激信号发生变化时,或受到特异的化学物质刺激时,高分子凝胶体积会发生很大变化,甚至会发生不连续的突跃性变化,即所谓体积相转变,而且这种变化是可逆的,体现了高分子凝胶的智能性。高分子凝胶体系中存在几种相互作用的次级价键力(氢键、范德华力、静电作用力及疏水相互作用),这些次级价键力的相互作用和竞争,使得凝胶发生收缩或溶胀,这就是导致高分子凝胶发生体积相转变的内因。

体积相转变首先于大尺寸凝胶中观察到,实际上微观的小尺寸的体积变化是连续的。例如,采用激光散射技术研究 *N*-异丙基丙烯酰胺类球形微凝胶,当凝胶微球平均直径为0.1~0.2 μm时,其在不同温度下会发生连续的体积相转变。这是由于高分子凝胶中存在着分子量分布很宽的亚链,因此凝胶微球可以看成由不同亚网络组成,而且每一个亚网络具有不同的交联点间分子量。当改变外界温度时,由不同长度的亚链组成的亚网络会在不同温度下发生相转变,相转变的宽分布导致凝胶发生连续的体积相转变。而大尺寸凝胶的剪切模量较高,因而少许长亚链的收缩无法导致凝胶尺寸发生变化,随着外界温度的升高,不同亚链收缩产生的应力积累到一定程度,当剪切模量无法维持凝胶宏观尺寸时,凝胶体积就会发生坍塌,所以大尺寸的凝胶发生的是非连续相转变。微观小尺寸凝胶由于剪切模量小,初始的亚链收缩就会导致微凝胶发生体积收缩,即会发生连续的体积相变化。

可见,凝胶溶胀、收缩的速率与凝胶的尺寸密切相关。田中丰一等根据高分子网络在介质中协同扩散的概念,推导出了凝胶溶胀或收缩的特征时间(τ):

$$\tau = R^2/D \qquad (10\text{-}1)$$

式中：R 为凝胶的尺寸；D 为协同扩散系数。

可见，凝胶溶胀、收缩的特征时间由凝胶尺寸和协同扩散系数共同决定。协同扩散系数一般为 $10^{-7} \sim 10^{-6}\ cm^2/s$，其数值很难增大两个数量级，因此，降低凝胶的尺寸是加快响应速率的有效途径。

10.2　高分子智能凝胶的种类

智能凝胶通常是高分子水凝胶，在水中可溶胀到一平衡体积而仍能保持其形状。根据外界环境刺激的不同，智能凝胶主要可以分为单一响应智能凝胶和双重响应智能凝胶。

单一响应智能凝胶进一步又分为温度敏感性凝胶、pH 敏感性凝胶、电场敏感性凝胶、光敏感性凝胶、磁场敏感性凝胶、压力敏感性凝胶、盐度敏感性凝胶等。

通过共聚合和互穿网络等技术，还可以把两种环境敏感性高分子的性能组合，从而开发出对两种环境因素都敏感的双重敏感性凝胶。双重响应智能凝胶进一步又可分为温度- pH 双重敏感凝胶、热-光双重敏感凝胶、pH -光双重敏感凝胶、磁-热双重敏感凝胶等。

10.2.1　温度敏感性高分子凝胶

温度敏感性凝胶指随着外界温度的变化而产生刺激响应性的智能材料。当外界温度发生微小变化时，可能导致温度敏感性高分子水凝胶的体积发生数百倍的膨胀或收缩。温度敏感性高分子凝胶是研究最多，也是最重要的一类敏感性高分子。

温度敏感性高分子水凝胶结构具有一定比例的亲水和疏水基团，温度的变化可以影响这些基团的疏水作用和大分子链间的氢键作用，从而改变水凝胶的网络结构，产生体积相变。温度敏感性高分子水凝胶的溶胀度随温度的变化并不是连续的，在某一温度下，凝胶的体积会发生突然收缩与溶胀。温度敏感性水凝胶具有临界相转变温度，能感应温度的变化而改变自身的相状态或溶胀和收缩。体积发生变化的临界转变温度称为最低临界溶解温度（lower critical solution temperature，LCST）。温度敏感性高分子水凝胶的特征就是高分子在溶剂中有最低临界溶解温度。通过改变亲水部分与疏水部分的共聚比可以调节共聚物的 LCST。通常疏水部分增大，高分子水凝胶的 LCST 会降低。

温度敏感性高分子水凝胶对于温度的变化主要有两种响应。①高温收缩型高分子水凝胶：随温度的升高水溶性降低，即温度高于 LCST 时呈收缩状态，温度低于 LCST 时呈膨胀状态。②低温收缩型高分子水凝胶：随温度的升高水溶性提高，即温度低于 LCST 时呈收缩状态，温度高于 LCST 时呈膨胀状态。温度的变化影响了凝胶网络中氢键的形成或断裂，从而导致凝胶体积发生变化。

目前研究最多的聚 N -异丙基丙烯酰胺凝胶（PNIPAM）是一种较好的热敏凝胶，属于典型的高温收缩型凝胶，其高分子链中既有疏水基又有亲水基。当温度较低时（＜32℃），亲水基团与水之间的氢键占主导，在水中呈良好的水化状态，凝胶吸水体积膨胀；随着温度的升高（＞32℃），氢键的作用力减弱，疏水基团的相互作用力增强，凝胶发生急剧的脱水合作用，链构象收缩而呈现脱溶胀现象。

温度敏感高分子凝胶PNIPAM通常具有以下功能和特点：

(1) 温度响应性：PNIPAM凝胶在温度变化下呈现可逆的相变行为。低温下，PNIPAM凝胶水合能力较强，保持水溶性状态。而当温度超过其临界溶解温度(约32℃)时，PNIPAM凝胶发生体积相变，由水溶性转变为疏水性，形成凝胶结构。

(2) 温度控制释放：由于PNIPAM凝胶对温度的敏感性，可以通过调节温度来实现控制释放的功能。当温度超过临界溶解温度时，PNIPAM凝胶结构膨胀开放，释放所包含的药物或活性物质；而在低温下，PNIPAM凝胶结构收缩闭合，实现药物的保持和控制释放。

(3) 细胞培养和生物医学应用：PNIPAM凝胶具有生物相容性和可降解性，可以提供良好的细胞附着和生长环境，用于细胞培养和组织工程等领域。此外，PNIPAM凝胶还可用于药物传递系统、人工人体器官、生物传感器等生物医学应用中。

(4) 透明性和可调节性：PNIPAM凝胶具有透明性，可以透过观察和光学测量等手段进行研究和监测。此外，通过调节PNIPAM凝胶的交联程度、粒径等参数，可以调节其凝胶性质和响应性能，实现不同需求下的功能优化。

需要注意的是，PNIPAM凝胶的具体性能和应用还取决于其结构设计、交联方式、分子量等因素。因此，在具体应用中，需要根据实际需求进行合理设计和优化。

聚*N*,*N*-二甲基丙烯酰胺(PDMA)和聚丙烯酸(PAAc)形成的互穿网络聚合物是一种低温收缩型水凝胶。温度低于LCST时，PAAc给PDMA提供质子，网络内部形成氢键，使胶体收缩、体积减小。

通常，高分子链中含有的疏水基团越多，其LCST越低，所以常常通过调整疏水基和亲水基之间的比例或与不同单体聚合来改变LCST。例如，与亲水性共聚单体(如丙烯酰胺)聚合可以升高共聚物的LCST，与疏水性共聚单体聚合则会降低LCST。

传统温敏水凝胶多采用丙烯酰胺为原料，这种物质有一定的毒性且不易降解，在使用过程中可能给环境带来不良影响。壳聚糖具有生物相容性、可降解性等优点，因此，以壳聚糖为主要原料制备水凝胶正引起国内外广大学者的关注。研究发现，随着温度的升高，壳聚糖水凝胶的敏感度降低，LCST在34℃左右。将人骨髓中的干细胞培养在以水凝胶为载体的试管内，发现在凝胶中有软骨分化现象，并显示良好的温敏特性和生物相容性，这种温敏性水凝胶有望作为一种新型的可注入型生物材料，将会在医学领域有更好的应用前景。

10.2.2 pH敏感性高分子凝胶

pH敏感性高分子凝胶是除了温敏性水凝胶外研究最多的一类智能凝胶，最早是由田中丰一在测定陈化的聚丙烯酰胺凝胶溶胀比时发现的。研究发现这类凝胶含有大量易水解和质子化的解离基团，当外界pH变化时，这些基团的解离程度相应改变，造成凝胶内外离子浓度的变化，并引起网络内氢键的生成或断裂，导致凝胶的不连续体积相变。

一般来说，具有pH敏感性的水凝胶都是通过线形聚合物交联或互穿网络形成的大分子网络结构。网络中含有可离子化基团，如弱酸性基团(磺酸、羧酸基团等)和碱性基团

（伯胺、仲胺、季胺等），随着溶解介质离子强度、pH 的改变，这些基团发生电离，导致网络内大分子链段间氢键解离，离子相互作用及聚合物内外的离子浓度、聚合物与溶剂间的相互作用发生变化，从而导致凝胶网络结构发生变化，引起聚合物链蜷缩或伸展，导致不连续的溶胀体积变化。

pH 敏感性高分子凝胶骨架上的基团决定了凝胶发生变化的 pH 范围。骨架含有弱酸基团时，凝胶的溶胀比随着 pH 增大而增大；骨架含有弱碱基团时，凝胶的溶胀比则随着 pH 的降低而增大。

根据 pH 敏感基团的不同，pH 敏感性水凝胶主要分为阴离子型 pH 敏感水凝胶、阳离子型 pH 敏感水凝胶及两性型 pH 敏感水凝胶三类。

(1) 阴离子型 pH 敏感水凝胶

阴离子型 pH 敏感水凝胶常用丙烯酸及其衍生物作为单体，并加入疏水性单体共聚，以改善凝胶的溶胀性能和机械强度。这类凝胶可离子化基团主要是羧基，在 pH 较高时离子化，溶胀率增大，如阴离子高分子电解质聚丙烯酸(PAA)。其 pH 敏感性受到凝胶内聚丙烯酸离解平衡、网链上离子静电排斥作用影响，这些因素均与 pH 和离子强度有关，其中静电排斥作用为主要影响因素。

(2) 阳离子型 pH 敏感水凝胶

阳离子型 pH 敏感水凝胶在低 pH 环境下电离，溶胀率增大，如阳离子高分子电解质聚甲基丙烯酸-*N*,*N*-二乙胺基乙酯(PDEAEM)。其可离子化基团主要是氨基，pH 敏感性主要来自氨基的质子化。氨基含量越高，凝胶水合作用越强，体积相转变随 pH 的变化越显著，其溶胀机理与阴离子型相似。

(3) 两性型 pH 敏感水凝胶

两性型 pH 敏感水凝胶同时含有酸、碱基团，其 pH 敏感性来源于高分子骨架网络上的两种基团离子化。酸性基团在高 pH 时离子化，碱性基团在低 pH 时离子化，故两性型水凝胶在高、低 pH 处均有较大的溶胀比，而在中间 pH 处其溶胀比较小。与前面两种不同，它在所有 pH 范围均存在溶胀，同时对离子强度的变化更敏感。

pH 敏感性凝胶一般是聚电解质凝胶，其分子中的基团随外界环境 pH 的变化显示出不同的解离程度，从而显示出不同的亲水性能，凝胶也就表现出溶胀和收缩。由于 pH 敏感性凝胶对外界 pH 变化的特殊响应，使该类凝胶在很多领域都有研究和应用。pH 敏感性凝胶的研究主要集中在药物传递和控释、膜分离和水净化、传感器等领域。

另外，根据是否含有聚丙烯酸，pH 敏感性凝胶可以分为与丙烯酸类共聚的 pH 敏感性凝胶和不含丙烯酸链节的 pH 敏感性凝胶两大类。

(1) 与丙烯酸类共聚的 pH 敏感性凝胶主要含有聚丙烯酸或聚甲基丙烯酸链节，因此聚丙烯酸或聚甲基丙烯酸的解离平衡、离子间的静电排斥力对凝胶的溶胀产生重要的影响，尤其是离子间的静电排斥力会有效加强凝胶的溶胀作用。合成凝胶时，改变单体浓度、交联剂种类及用量会直接影响凝胶的网络结构，从而影响网络中非高斯短链及勾结链产生的概率，导致溶胀曲线最大溶胀比的变化。

(2) 不含丙烯酸链节的 pH 敏感性凝胶的特点是分子中不含有丙烯酸链节。如分子链中含有聚脲链段和聚氧化乙烯链段的凝胶是物理交联的非极性结构与柔韧的极性结构组成的嵌段聚合物。采用戊二醛交联壳聚糖与聚氧化丙烯聚醚可以制成半互穿聚合物网络凝胶。壳聚糖氨基和聚醚的氧原子之间的氢键可以随pH变化可逆地形成和解离，使得凝胶可逆地溶胀和收缩，从而赋予凝胶pH敏感性。该凝胶在外界环境pH为3.19时溶胀比最大，而pH为13时凝胶的溶胀比最小。

聚甲基丙烯酸(PMA)接枝聚乙二醇(PEG)凝胶具有独特的pH响应性。在低pH介质中，PMA分子链上的羧基与PEG分子链上的醚氧原子形成氢键而使整个凝胶网络处于收缩状态。而在高pH介质中，这种氢键被破坏，使得凝胶网络能很好地溶胀。

10.2.3 电场敏感性高分子凝胶

对电场作用具有响应的凝胶称为电场敏感性凝胶。电场敏感性凝胶随外加直流电场的变化而发生体积转变或形状改变。电场敏感性凝胶一般由高分子电解质网络组成，凝胶的网络上都带有电荷。如果将一块高吸水膨胀的水凝胶放在一对电极之间，然后加上适当的直流电压，凝胶将会收缩并放出水分。网络上带有正电荷的凝胶，在电场作用下，水分从阳极放出，反之水分从阴极放出。如果将在电场下收缩的凝胶放入水中，则会膨胀到原来的大小。凝胶的这种电收缩效应，实际上反映了一个将电能转化为机械能的过程。

与pH敏感性水凝胶一样，电场敏感性水凝胶中也具有可离子化的基团，因此电场敏感性水凝胶又称为聚电解质水凝胶。在此类高分子中，荷电基团的抗衡离子在电场中迁移，使高分子链(或凝胶网络内外)离子浓度发生变化，导致高分子发生相转变。

由聚电解质构成的高分子凝胶，在直流电场的作用下均会发生凝胶的电收缩现象；如果凝胶是电中性的，则不会发生电收缩现象。高分子凝胶的电收缩现象是可逆的，如果将在电场下收缩的凝胶放入溶剂中，它就会溶胀成原来的大小。以由高分子电解质构成的水凝胶为例，在电场中，凝胶的电收缩现象是由水分子的电渗透效果造成的。在外电场下高分子链上的离子与其对离子受到相反方向的静电力的作用。由于高分子离子被固定在网络上不能自由移动，因而对离子周围的水分子也随着对离子一起移动。在电极附近，对离子因电化学反应而变成中性，从而水分子从凝胶中释放出来，使凝胶脱水收缩。

大部分电场敏感性高分子水凝胶的电场驱动都是含有离子的水体系，因此无法完全排除电极上的电解。由化学交联形成的聚乙烯醇-甲亚砜(PVA-DMS)凝胶有望解决这一问题。PVA-DMSO凝胶聚合物基体和溶剂的诱导率较大，加上电场时的敏感性依赖于交联密度。为了得到交联密度低的凝胶，人们采用在物理交联上施加化学交联的处理方法。采用这种方法能够得到溶剂含量达98%以上的PVA-DMSO凝胶。当在该凝胶上加电场后，凝胶在电场方向上大幅度收缩，而在电场垂直方向上伸展。

10.2.4 光敏感性高分子凝胶

光敏感性高分子凝胶是由于光辐射(光刺激)而发生体积相转变的高分子凝胶。在光的刺激下，光敏感性高分子凝胶中的离子可逆地进入凝胶内部，使凝胶中渗透压大大增加，外界溶液向凝胶内部扩散，从而发生膨胀形变。在高分子凝胶网络中也可以引入能光异构化的官能团，如偶氮基，利用偶氮基在光照作用下的反式-顺式转变，改变大分子链间的距离，从而使凝胶表现出膨胀-收缩。

目前，光敏感性水凝胶的合成主要是在温度或 pH 敏感性水凝胶中引入对光敏感的基团。如紫外光辐射时，凝胶网络中的光敏感基团发生光异构化（偶氮基团等的反式-顺式异构）、光解离（无色三苯基甲烷衍生物的解离）等反应，导致基团构象和偶极矩变化使凝胶膨胀。例如，含有少量无色三苯基甲烷氢氧化物、无色氰化物与无色 *N*，*N* -二甲基酰替苯胺- 4 -乙烯基甲烷衍生物、丙烯酰胺和 *N*，*N* -亚甲基-双丙烯酰胺共聚，可以得到光敏感性高分子凝胶，紫外线波长大于 270 nm 时，1 h 内凝胶溶胀度达 300%，而溶胀了的凝胶可以在黑暗中 20 h 退溶胀至原来的重量。

光敏性高分子水凝胶的响应机理主要有以下两种：

(1) 利用光敏分子将光能转化成热能来实现响应，即当有光照射时，这类水凝胶通过特殊感光分子将光能转化成热能，使材料局部温度升高。当凝胶内部温度达到热敏材料的相变温度时，凝胶发生体积相转变响应。

例如，将吸光产热分子——叶绿素与温度敏感性水凝胶 PNIPAM 以共价键结合，当用可见线照射时，该凝胶出现相转变现象。

(2) 利用光敏分子遇光分解产生的离子化作用来实现响应，即这种凝胶见光后，凝胶内部产生大量离子，从而改变凝胶内外离子浓度差，造成凝胶渗透压突变，促使凝胶发生溶胀，做出光响应。

例如，对于含有无色三苯基甲烷氰基的聚 *N* -异丙基丙烯酰胺的高分子凝胶，当无紫外线辐射时，凝胶会在 30℃时产生连续的体积变化。而当有紫外线辐射时，凝胶中无色氰基在紫外线作用下会发生光解离，导致凝胶产生不连续体积转变，即温度由 25℃逐渐增高，在 32.6℃时凝胶体积突变减少 10 倍。在此转变温度以上，凝胶体积变化不显著；当温度由 35℃降低，凝胶在 31.5℃发生不连续溶胀达 10 倍。

光敏性高分子水凝胶的响应类型主要有以下两种：

(1) 紫外光敏感型：可通过含有二(4,4 -二甲氨基)苯基甲烷氰化物的聚合物网状结构制得紫外光敏感性水凝胶，其在紫外线的照射下电离，在恒定温度下，凝胶产生不连续性膨胀；撤去紫外光，凝胶会发生收缩。

(2) 可见光敏感型：聚 *N* -异丙基丙烯酰胺(PNIPAM)与叶绿素共聚的凝胶，当温度控制在 PNIPAM 相转变温度附近(31.5℃)时，随着光强的连续变化，可使凝胶在某光强处产生不连续的体积变化。

10.2.5 磁敏感性高分子凝胶

对于用电解质溶胀的凝胶的电场驱动，电极应与凝胶牢固连接。但为了将这样的材料应用于将来的微型机械，非接触的驱动源必不可少。利用磁场驱动可以解决这一问题。磁场敏感性高分子水凝胶由高分子三维网络和磁性流体构成，即将磁性"种子"预埋在凝胶中，当凝胶置于磁场时，利用磁性流体的磁性以及磁性流体与高分子链的相互作用，使凝胶局部温度上升，从而导致凝胶膨胀或收缩。

磁性流体作为凝聚相被固定时，磁性流体所具有的固有特性很难显现，与磁性粉末被固定时的情况相似。当水状磁性流体被封闭在高分子凝胶内时，则保持了超常的磁性，表现出沿磁场方向伸缩的行为。通过调节磁性流体的含量、交联密度等因素，可以得到对磁刺激十分灵敏的智能高分子凝胶。

例如，M. Zrinyi 等利用聚乙烯醇（PVA）凝胶和磁溶胶制成了具有磁响应特性的智能高分子凝胶。他们首先利用 $FeCl_2$ 和 $FeCl_3$ 制成 Fe_3O_4 磁溶胶，再把 Fe_3O_4 磁溶胶封闭在化学交联的 PVA 凝胶中，并研究了这种凝胶在非均一磁场中的形状变化。通过适当地调整磁场的梯度，可以使凝胶做出各种各样的动作，如伸长、收缩、弯曲变形等。磁溶胶中磁性微球的大小、浓度和 PVA 凝胶的交联度对其性能有很大的影响。

10.2.6 压力敏感性高分子凝胶

压力敏感性高分子凝胶会随着压力的增大而发生溶胀，随着压力的减小而发生收缩。利用压力和聚合物溶液临界溶解温度的相关性，可导出凝胶的体积相转变温度与压力的关系。

水凝胶的压力敏感性最早是由 Marchetti 通过理论计算提出来的，其计算结果表明，凝胶在低压下出现塌陷，在高压下出现膨胀。Lee 等用 12%的 *N*，*N*′-亚甲基双丙烯酰胺作交联剂制备出的聚 *N*-异丙基丙烯酰胺（PNIPAM）凝胶，证实了上述预测。它们认为，凝胶体积随压力的变化是由于压力对该体系自由能有贡献所致。

温度敏感性聚 *N*-正丙基丙烯酰胺凝胶（PNNPAM）和聚 *N*-异丙基丙烯酰胺凝胶在实验中确实表现出体积随压力的变化改变的性质。压敏性的根本原因是其相转变温度能随压力改变，并且在某些条件下，压力与温敏胶体积相转变还可以进行关联。

10.2.7 盐度敏感性高分子凝胶

盐度敏感性指在外加盐的作用下，凝胶的膨胀比或吸水性发生突跃性变化。盐对凝胶膨胀的影响与其结构有关。盐度敏感性水凝胶的正、负带电基团位于分子链的同一侧基上，并以共价键结合在一起，二者可发生分子内和分子间的缔合作用。小分子盐的加入可屏蔽、破坏大分子链中正、负基团的缔合作用，导致分子链舒展，因而凝胶的膨胀行为得到改善。

10.2.8 温度-pH 双重敏感性水凝胶

众多的刺激响应性高分子（或水凝胶）中，温度-pH 双重敏感的高分子（或水凝胶）是较重要的一类。目前人们感兴趣的是将温敏性单体与 pH 敏感性单体共聚，合成具有温度和 pH 双重敏感性的共聚物及其水凝胶。

温度及 pH 敏感性水凝胶是一种含有对温度敏感和对 pH 敏感两个部分的亲水性交联聚合物。制备此种凝胶的原料（单体或聚合物）通常为两种或两种以上，其中一种单体或聚合物在制成的水凝胶中对温度有响应，而另一种单体或聚合物在制成的水凝胶中对 pH 有响应。温度及 pH 敏感性水凝胶可以采用嵌段或接枝共聚、聚合物互穿网络等方法制备。用 pH 和温度敏感性聚合物的单体与温敏性聚合物单体共聚，可获得温度和 pH 双重敏感性凝胶。例如，用丙烯酸（AA）或二甲基丙烯酸氨基乙酯（AEMA）与 *N*-异丙基丙烯酰胺共聚来制备 pH 和温度敏感的水凝胶。

由于互穿聚合物网络（interpenetrating polymer network，IPN）中各聚合物网络具有

相对的独立性，因此也可以以 pH 敏感的聚合物网络为基础，利用 IPN 技术引入另一具有温度敏感的聚合物网络，制得具有温度及 pH 双重敏感性的 IPN 型水凝胶。同时，由于各聚合物网络之间的交织互穿必然会产生相互影响、相互作用，使各聚合物网络之间又具有一定的依赖性。这种既相互独立又相互依赖的特性将最终决定 IPN 水凝胶的溶胀性能。

温度及 pH 敏感水凝胶在药物的控制释放、生物材料培养、提纯、蛋白酶的活性控制等方面应用较多，因此要求其具有较好的生物相容性。聚乙烯基吡咯烷酮 PNVP 具有较好的生物相容性，作为血浆增溶剂、药物辅料在世界范围内得到广泛应用。PNVP 能与许多物质，特别是含羟基、羧基、氨基及其他活性氢原子的化合物生成固态络合物。PNVP 水溶液可与多元酸形成不溶性络合物，质谱研究指出它们是氢键络合物，与蛋白质的络合性质相似。

10.3 高分子智能凝胶的制备与应用

10.3.1 高分子智能凝胶的制备

聚合物成为高分子水凝胶必须具备两个条件：①高分子主链或侧链上带有大量的亲水基团；②有适当的交联网络结构。制备高分子水凝胶的起始原料可以是单体（水溶性或者油溶性单体）、聚合物（天然或者合成聚合物），或者是单体和聚合物的混合体。

高分子智能凝胶的制备方法主要有单体的交联聚合、高分子的交联聚合、接枝共聚等，其中单体的交联聚合是目前制备高分子材料的最主要方法之一。

1. 单体的交联聚合

单体的交联聚合指在交联剂存在下，由化学引发剂或辐射技术引发的单体经自由基均聚或共聚而制得高分子水凝胶材料的方法。在聚合反应过程中可以通过加入或改变引发剂、螯合剂、链转移剂等来控制聚合动力学，以及所得高分子水凝胶材料的性质。

交联聚合水凝胶可以由一种或多种单体合成。为了特定的应用可以使用不同种类的单体以使水凝胶具有特殊的物理和化学性质。制备高分子水凝胶材料的单体主要有丙烯酸系列、丙烯酸酯系列、丙烯酰胺系列、乙烯衍生物系列等。

一般来说，在形成水凝胶过程中需要加入少量交联剂。最主要的交联剂是双乙烯基交联剂，如 N,N-亚甲基双丙烯酰胺（MBA）、双丙烯酸乙二醇酯等。高分子水凝胶材料所具有的低交联网络结构，对凝胶膨胀能力和凝胶弹性模量两个最关键的性能起决定作用。但是高分子水凝胶的综合性能则依据聚合方法（水溶液聚合法或反向悬浮聚合法）、单体种类和组成（丙烯酸、丙烯酰胺及其比例）、交联结构和类型（水溶型或油溶型）等变化。

根据所用的单体和溶剂，可以考虑使用化学或辐射引发单体交联聚合。

(1) 化学引发剂引发的单体交联聚合

化学引发剂引发的单体交联聚合是制备高分子水凝胶材料的传统方法。常用的化学引发剂：① 热不稳定的过氧化物；② 氧化还原体系中氧化剂有过硫酸钾或过氧化氢等，还原剂有亚铁盐、焦亚硫酸钠或四甲基乙二胺(TEMED)、过硫酸钾等。

(2) 辐射技术引发的单体交联聚合

常用的辐射技术的辐射源有钴、紫外照射和电子加速器。钴-60 产生的 γ 射线有极强的穿透能力,利用钴-60 可以穿透到体系内部,而电子加速器仅适用于载体表面。紫外照射聚合多使用高压汞灯,其紫外光属于广谱波长,因此体系温度随照射时间增加而升高。利用钴-60 辐射引发合成水凝胶是在不使用交联剂的情况下的辐照合成,这种方法操作简单,交联度可通过改变单体浓度及辐射条件来控制,无任何添加成分,不会污染产品,可以一步完成产品的制备及消毒。与传统方法相比,合成的凝胶更均匀,更有利于其性质的研究,生产也更方便。例如,不使用交联剂的情况下通过辐射引发,使单体在水溶液中交联合成聚 N-异丙基丙烯酰胺水凝胶。

2. 高分子的交联聚合

高分子的交联聚合是从聚合物而非单体出发来制备水凝胶。水溶性高分子聚乙烯醇(PVA)、聚丙烯酰胺(PAM)、聚丙烯酸(PAA)、聚 N-甲基吡咯烷酮、聚胺等通过适度交联,就可制得高分子水凝胶材料。从水溶性高分子出发制备水凝胶有物理交联和化学交联两种。物理交联通过物理作用力,如静电作用、离子相互作用、氢键、链的缠绕等形成交联结构;化学交联是指高分子与高分子分子之间通过化学键相连形成交联结构。水溶性高分子的化学交联主要有化学试剂交联法和辐射交联法。

(1) 化学试剂交联法

化学试剂交联法是此类高分子水凝胶材料制备的主要方式之一,要求交联剂必须是能与水溶性高分子功能基反应的多官能团化合物或多价金属离子。例如,在 PVA 水溶液中加入戊二醛可发生醇醛缩合反应,从而使 PVA 交联成网络聚合物水凝胶。

(2) 辐射交联法

从水性高分子出发合成水凝胶的最好方法是辐射交联法。所谓辐射交联是指辐照高分子使主链线性分子之间通过化学键相连。辐射交联法被认为是水溶性聚丙烯酞胺制备高分子水凝胶材料的较合理方法。

由水溶性高分子制备高分子水凝胶材料的关键是交联度的控制,化学试剂交联法主要控制交联剂的用量,而辐射交联法的关键是辐射剂量的有效控制。

3. 接枝共聚法

接枝共聚法是指由 α-烯烃类单体与天然高分子(如淀粉、纤维素等)及其衍生物共价地连接而制取高分子水凝胶材料的方法。水凝胶的机械强度一般较差,为了改善水凝胶的机械强度,可以把水凝胶接枝到具有一定强度的载体上。在载体表面上产生自由基是最为有效的制备接枝水凝胶的技术,单体可以通过共价键连接到载体上。自由基引发接枝共聚是最主要的接枝共聚方法,通常在载体表面产生自由基的方法有电离辐射、紫外线照射、等离子体激化原子或化学催化游离基等,其中电离辐射技术是最常采用的产生载体表面自由基的一种技术。辐射引发接枝共聚技术主要有以下三种方法:

(1) 共辐射接枝技术:用多种射线辐照载体和单体-溶液的两相体系,使得载体上产生自由基引发单体接枝共聚合。

(2) 空气中预辐射接枝技术:在氧的存在下预辐射载体,使载体产生过氧化物,然后加入单体溶液并加热或加入还原剂(形成氧化还对)使接枝聚合反应发生。

(3) 低温或惰性气体中预辐射接枝技术:在低温或惰性气体中辐射载体表面,使载体内产生冻结的自由基,当加入单体溶液并加热时,载体上的自由基引发单体发生接枝聚合反应。

采用辐射引发接枝共聚一般在常温或低温下进行,并且不受温度、压力等实验条件和体系状态的限制,适应性强;反应过程易通过给予的辐射能量及强度进行控制,容易实现工业自动化,并有利于节约能源和保护环境;通常在反应过程中不需要添加引发剂、催化剂,而且产品纯度高。

接枝共聚类高分子水凝胶材料的平衡溶胀能力主要由原料配比、引发方法及引发剂种类、离子单体及交联剂含量等条件决定。研究较多的接枝共聚类单体有丙烯胺、丙烯酸和丙烯酞胺等。以硝酸铈铵作引发剂,淀粉接枝丙烯腈是接枝共聚制备高分子水凝胶材料最经典的例子。

10.3.2 高分子智能凝胶的应用

高分子水凝胶材料本身所具有的优越性能(能迅速吸收并保持大量水分而又不溶于水,集吸水、保水、缓释于一体)及独特的环境响应性(在外场信号、化学或生物物质等刺激下,发生膨胀或收缩,对外做功)使其在化学转换器、记忆元件开关、传感器、人造肌肉、化学存储器、分子分离体系、活性酶的固定、组织工程和药物载体等方面具有很好的应用前景,并仍在向更广阔的领域拓展,如建筑、石油化工、日用化工、食品、电子和环保等诸多领域。

1. 在生物医学领域的应用

在所有可用于生物医学领域的材料中,高分子智能水凝胶具有最低的模量(材料硬度),其低模量是凝胶的高膨胀性质的直接结果,因此对生物医学植入有着很大的吸引力,因为植入物匹配周围组织并且避免炎症的出现是很重要的。如心脏肌肉这样的最软组织的模量在 10 kPa～500 kPa,这同高膨胀性水凝胶是很接近的。

高分子智能凝胶在医学领域主要有以下几个方面的应用。

(1) 药物控释体系

理想的药物控释体系应能充分发挥药效,维持血药浓度恒定,最大程度地减小药物对身体的毒副作用,实现必要的药物剂量在必要的时间、空间内释放,使其高效地在体内富集,提高药物的利用率并减小用药剂量,降低或防止药物对身体其他健康器官的伤害,避免或减轻患者因服药而产生的厌食、疼痛等各种副作用。利用智能高分子凝胶的特性可以制成具有自反馈功能的智能型药物释放系统,有望得到理想的药物控释体系,是当前的一个研究热点。

智能药物释放系统是指在某些物理刺激(如温度、光、超声波、微波和磁场等)或化学刺激(如 pH、葡萄糖等)作用下可释放药物的系统,其能由体外的光、电、磁和热等物理信号遥控体内的刺激响应性药物,使其向信号集中的特定部位靶向释放。以智能高分子材料为基础,可以使药物释放系统智能化,即当需要药物时则释放,否则不释放。这种体系的特点是药物的释放与否由药剂自身判断,集传感、处理、执行功能于一身。它可以感知疾病所引起的化学物质及物理量的变化信号，药剂根据对此信号的响应自反馈而释放药物或终止释放。

高分子凝胶载药系统药物释放途径：①随高分子凝胶的降解而释放，为生物降解型；②通过高分子凝胶的膨胀扩散而释放，溶液中的渗透物质渗透进载药体系，聚合物膨胀，药物扩散释放出来；③高分子凝胶载体表面化学释放。

智能型高分子凝胶药物释放系统的原理：浸含药物的凝胶粒子在人体正常的情况下呈收缩状态，形成致密的表面层，可以使药物保持在粒子内；病人患病时常伴随着全身或局部的发热及各种化学物质浓度的变化，当感受到病灶信号（温度、pH、离子、生理活性物质）后，凝胶体积膨胀，使包含的药物通过扩散释放出来；当身体恢复正常后凝胶又恢复收缩状态，从而抑制药物的进一步扩散。

例如，壳聚糖是一种天然高分子材料，具有良好的生物降解性与生物相容性。以壳聚糖为骨架材料，戊二醛为交联剂，采用悬浮交联聚合法制备高分子微球，并用磷脂和多糖等物质对其进行包膜，制备了广谱抗癌药氟尿嘧啶的温度敏感性与靶向性微球。当温度高于壳聚糖凝胶微球的相转变温度（42℃）时，药球的释放呈持续增加趋势。而当温度降至 37℃时释放量迅速减少，基本达到了药物释放开关的目的。

随着科学的发展、技术的进步，人们对疾病的治疗效果和手段的要求越来越高。就药物控释系统来说，提高药效、简化用药方式一直是人们努力的方向。智能型高分子凝胶具有刺激响应性能，可以很好地满足定位释放、对疾病刺激产生响应性释放及人为进行某种目的的释放，这对药物控释系统的研究和应用具有重要的推动作用，将成为控释系统的主要研究方向。

（2）烧伤涂敷物

智能型高分子凝胶可用作烧伤涂敷物而直接与人体组织接触，可防止体外微生物的感染，抑制体液的损失，传输氧到伤口，一般说来能促进伤口的愈合。在欧洲中部，注册商标为 HDR 的水凝胶烧伤涂敷物，销售前景很好，该产品是通过辐射法制备的。这种涂敷物也可制成喷雾液、乳液或膏状，一些消炎药物也可包埋其中，透过凝胶缓慢地释放到受伤部位，加速伤口的愈合。

（3）人工触觉系统

根据仿生学原理，可以利用智能高分子凝胶制成人工触觉系统。已知许多生物体的传感系统（如人的皮肤表面、手指）是通过压电效应来实现传感的。在由聚电解质构成的凝胶中，同样存在压电效应。采用智能高分子凝胶制成压力传感器就是利用这一原理，即将两块由聚电解质构成的凝胶并排放在一起，并使其中一块发生变形，受力变形的凝胶就会形成新的电离平衡，从而导致两块凝胶间出现离子浓度差而产生电位差。利用此现象，可以制成像人的手指那样的人工触觉系统。

（4）组织充填材料

组织工程是运用工程科学与生命科学的基本原理和方法，研究与开发生物体替代材料来恢复、维持和改进组织功能的技术。其基本思路是首先在体外分离、培养细胞，然后将一定量的细胞种植到具有一定形状的三维生物材料骨架内，并持续培养，最终形成具有一定结构的组织和器官。与传统的移植和重建等高价治疗方法相比，组织工程所提供的组织替代材料比器官移植便宜得多，且更适应治疗个体化的发展。目前这一领域正快速发展。

医用聚丙烯酰胺水凝胶等具有亲水基团、能被水溶胀但不溶于水的聚合物，作为组织充填材料已广泛用于人体各部位。水凝胶中的水可使溶于其中的低分子量物质从其间渗透扩散，具有膜的特性，类似于含大量水分的人体组织，具有较好的生物相容性。此外，聚丙烯酰胺水凝胶为大分子物质，不吸收、不脱落、不碎裂，在人体环境下能很好保持水分，有较好的黏度、弹性和柔软度，适合人体组织结构。已报道的采用医用聚丙烯酰胺水凝胶注射法治疗眼睑凹陷畸形的研究，临床治疗眼球摘除术后眼睑凹陷 23 例，疗效良好。

(5) 生物分子、细胞的固定化

水凝胶固定化的生物分子和细胞在分析、医学诊断等方面有着广泛的应用。生物分子和细胞可以固定在水凝胶小球的表面或其内部，用其装填柱子，可以用于分离混合物中的特殊生物分子。生物传感器是表面固定了生物分子或细胞的电化学传感器，生物分子一般固定在与生物传感器物理元件相连的水凝胶表面或其内部。水凝胶膜是连接生物分子和物理元件的枢纽，因此很重要。

(6) 细胞培养基质

通常细胞的培养是在培养皿上进行的，细胞增殖后，通过一种叫胰蛋白酶的物质消化切断细胞与底物间的粘连，但这不可避免地影响细胞的某些功能。科学家们巧妙地利用了温度敏感性高分子水凝胶，即将聚异丙基丙烯酰胺接枝到聚苯乙烯培养板表面形成一层薄膜，将小牛的内皮细胞或鼠的肝细胞在凝胶表面层于 37℃培养。在 37℃下，凝胶表面呈现疏水性，能与细胞很好地黏附。当细胞成熟后，将温度降至 20℃，由于凝胶表面变得亲水，细胞可自动从表面脱附。

2. 作为化学机械材料

利用智能高分子凝胶的溶胀或退溶胀可以实现机械能和化学能之间的转换，从而开发出以凝胶为主体的化学阀、驱动器、传感器等微机械元件，即智能高分子凝胶可作为化学机械材料。例如，在由聚丙烯酸和水构成的智能高分子凝胶上加上一定质量的负荷，通过调节周围溶液的 pH 或离子强度，可使凝胶发生膨胀或收缩，从而将化学能转变为机械能，人们形象地称之为人工肌肉。

采用聚乙烯醇和聚丙烯酸制成的韧性水凝胶，经反复冷冻和解冻可制成大孔径结构，其拉伸强度高达 0.5 MPa，具有反复的化学机械性能和高持久性。其收缩比与负载有关，无载荷时收缩达到 30%；在 0.1 MPa 负载下，收缩仅为 10%。厚为 1 pm 的薄膜，动力集度为 0.1 km/kg，与肌肉同一数量级。

3. 制作智能纺织品

将智能凝胶与纺织品结合，可以开发出以体积变化传感的智能纺织品。例如，聚 2-丙烯酰胺-2-甲基丙磺酸(PAMPS)智能凝胶是一种含强亲水性磺酸基并具有三维网络结构的高聚物，它遇水或失水时能产生可逆的突跃性体积响应，即骤然发生溶胀或收缩，体积变化幅度可达上千倍，体现出对环境响应的智能性。在干态时这种智能纺织品与普通织物没有什么区别，织物上大量的孔隙使其具有良好的透气性和舒适性；但当遇到湿环境时，织物上凝胶吸水溶胀，将织物组织的孔隙堵塞，使静水压上升，透气性下降，具有阻水、隔热作用。当织物被晾干时，凝胶失水收缩，恢复原有的透气性。这种智能纺织品可用于军用抗浸服、蓄热调温服装及特种防护服等。

4. 制作智能膜

大分子在溶液中的构象除了取决于自身的结构外，还与大分子之间、大分子与溶剂之间的相互作用以及大分子溶液所处的外部环境条件有关。对智能型大分子而言，其构象会因外部某种条件的微小变化而发生突变，而且这种变化可因外部条件变化的消失而消失。正是基于智能型大分子的这种可控构象变化，人们设计制作了各种截留分子量可调控分离膜。例如，将末端带二硫键的聚 L_2 谷氨酸接枝到聚碳酸酯膜的孔道结构中，利用这种大分子在 pH 低时构象收缩、pH 高时构象伸展，调控膜的孔道大小。实验表明该膜对水的透过性依赖于溶液的 pH，溶液离子强度的变化也会影响水的透过性。离子强度增大时，水的透过性对 pH 的依赖性降低。

基于智能型水凝胶的可控溶胀-收缩，人们制作了一种温控化学阀，即将丙烯酰脯氨酸甲酯与双烯丙基碳酸二甘醇酯按摩尔比 6 ∶ 4 共聚，得到聚合物膜，然后将此膜在 NaOH 溶液中用离子束技术蚀刻得到多孔膜。显微观察发现膜孔道在 0℃时完全关闭，30℃时完全开放。将丙烯酸与丙烯酸正硬酯酰醇酯共聚得到了一种具有形状记忆功能的温敏水凝胶。这种材料的形状记忆本质在于长链硬脂酰侧链的有序、无序可逆变化。基于这种材料设计制作了另一种温控化学阀。对该化学阀施加电场时，膜孔径增大，撤去电场后，膜重新溶胀，由此可以控制膜的开、关或孔径大小。

高分子人造树胶质是一种丙烯酸聚合物，呈白色粉末状，加水后会生成黏度低的酸性溶液，加碱中和可得澄清且稳定的凝胶。该智能凝胶可用作优良的悬浮剂、稳定剂、乳化剂、高级化妆品的透明基质及药用辅料基质，也是一种最有效的水溶性增稠剂。

5. 制作调光材料

利用凝胶的智能性可以加工制作参数可调控的光学镜片。例如，研究者以双丙烯酰胺为交联剂，将丙烯酸、丙烯酸钠以及 2 -丙烯酰胺- 2 -异丁基磺酸共聚得到对外加电场敏感的水凝胶。将此凝胶加工成上下底面均为平面的圆柱体，在外加电场下，凝胶体的上表面凸出或凹陷，凸出或凹陷的程度取决于外加电场的强度。通过外加电场可以调节这一材料的焦距等基本光学参数。

有研究者以聚合物水凝胶研制出环境敏感性玻璃窗，即将凝胶材料填充在玻璃夹层中，实现自动调节玻璃的光和热的透过量。当温度低于 30℃时，玻璃窗清澈透明，透光率达 90%以上；温度为 30℃时开始出现混浊现象，32℃时的透光率降低为不到 10%。因此，夏天时玻璃窗像合起来的百叶窗一样遮住阳光，冬天时则像展开的百叶窗，阳光可以自由透过。水凝胶的这两种状态可以随外界的变化自动变化，而转变温度可通过改变聚合物组成来控制。

6. 灵巧凝胶表面

智能水凝胶可响应外界刺激，使其溶胀或收缩，从而在凝胶表面形成环境响应的变化图案。例如，将聚丙烯酸(PAA)以叠氮苯胺盐酸盐处理而固定于聚苯乙烯(PS)膜表面，用原子显微镜(atomic force microscope，AFM)观察到了表面 PAA 敏感高分子的图案，此图案随环境 pH 的变化而改变形态。此技术可望用于分子电子学、微机械、生物传感器等领域。

7. 制作凝胶光栅

水凝胶溶胀或收缩时表面会产生复杂的图案，美国北得克萨斯大学的 Hu 研究组首先报道了环境敏感性水凝胶表面图案的调控技术。他们将金薄膜方格阵列溅射沉积在聚异丙基丙烯酰胺凝胶表面。该阵列的周期可随温度或电场连续变化。此类凝胶表面产生的周期性阵列可作为二维光栅，其狭缝宽度和单位面积狭缝数目能随外界刺激(如温度和电场)而可逆变化，衍射角亦随之改变。

美国学者还将聚 *N*-异丙基丙烯酰胺(PNIPAM)凝胶沉积在另一凝胶(聚丙烯酰胺 PAM)表面，室温下 PAM 基材和表面的 PNIPAM 均透明。将此试样加热至 37℃ 时，PNIPAM 部分变浑浊，而 PAM 仍保持透明状态，从而在其表面显示有 PNIPAM 的图案。该凝胶显示图案时，可从各个角度清楚地看到，这优于只能正面观察的液晶显示技术。

8. 其他应用

(1) 作为日用品，高分子水凝胶被广泛地应用于妇女卫生巾、尿布、生理卫生用品、香料载体以及纸巾等。目前用在该领域的材料主要是交联的聚丙烯酸盐及淀粉-丙烯酸接枝聚合物。

(2) 作为工业用品，高分子水凝胶可用于油水分离、废水处理、空气过滤、电线包裹材料、防静电材料、密封材料、蓄冷剂、溶剂脱水、金属离子浓集、包装材料等诸多方面。

(3) 作为农业用品，高分子水凝胶可作为一种高效抗旱保水剂，可在较短的时间内吸收超越自身重量几百甚至上千倍的水，并缓慢地释放出来。高分子水凝胶用作农用土壤保水剂，可节约水资源，减少灌溉；用作农膜防雾剂，可提高透光率；用作种子涂覆剂，可提高出芽率；吸收农药、化肥后，具有控制释放作用，能提高药效；用作苗木移栽，可提高存活率，适用于远距离输送树苗。

智能凝胶是一种迅速发展的新型功能高分子，其刺激响应特性在许多领域展现了良好的应用前景。今后的发展方向将在提高凝胶的响应性，制备新型接枝或互穿网络聚合物上，以更好地满足医疗卫生、医药、化工、机械等领域的特殊需求。

10.4 形状记忆高分子材料

形状记忆材料指具有初始形状的制品，在一定条件下改变其初始形状并固定后(二次形状)，通过改变外界的条件(如温度、电场力、pH 等)，又可恢复其初始形状的材料。

具有形状记忆功能的材料包括形状记忆合金、形状记忆陶瓷和形状记忆高分子材料。形状记忆高分子材料是一类新型的环境敏感性高分子材料，当外部条件(电、温度、光、酸碱度等)发生变化时，它可相应地改变并将其形状固定(变形态)。如果外界环境以特定的方式和规律再次发生变化，它们便可逆地恢复至起始态。

10.4.1 高分子的形状记忆机理

1. 高分子形状记忆效应的内在原因

能记忆最初的(一次的)成型形状，使自身发生非弹性变形后，当加热到一定温度时，仍力图恢复最初成型形状的高分子材料只具有自恢复功能，而不具有自控和修复功能，所以这类高分子材料是一种最简单的智能材料。高分子材料的形状记忆性是通过它所具有的多重结构的相态变化来实现的，如结晶的形成与熔化、玻璃态与橡胶态的转化等。具有形状记忆的聚合物通常具有两相结构，即能够固定和保持其成型物品固有初始形状的固定相(或称为冻结相)，以及在一定条件下(温度的变化)能可逆地发生软化与固化，而获得二次形状的可逆相。固定相一般为具有交联结构的无定型区，如辐射交联聚乙烯；也可以是 T_m 或 T_g 较高的一相在低温时形成的分子缠结，如高分子量聚降冰片烯、聚己内酯。可逆相可以是能发生“结晶—软化”可逆变化的部分结晶相，也可以是发生“玻璃态—橡胶态”可逆变化的相结构。可逆相的软化温度低于固定相。固定相和可逆相结构对应着形状记忆高分子内部多重结构中的结点(如大分子键间的缠绕处、聚合物中的晶区、多相体系中的微区、多嵌段聚合物中的硬段、分子键间的交联键等)和这些结点之间的柔性链段。

由于柔性高分子材料为长链结构，分子链的长度与直径相差悬殊，分子链柔软而易于互相缠结，而且每个分子链的长短不一，要形成规整的完全晶体结构是很困难的。这些结构特点决定了大多数高聚物的宏观结构均是结晶和无定形两种状态的共存体系。高聚物未经交联时，一旦加热温度超过其结晶熔点，就表现为暂时的流动性质，观察不出记忆特性；高聚物经交联后，原来的线性结构变成三维网状结构，加热到其熔点以上时，不再熔化，而是在很宽的温度范围内表现出弹性体的性质。在 T_g 以下，聚合物为玻璃态，链段的运动是冻结的，表现不出形状记忆效应；当温度升高到 T_g 以上时，链段解冻，开始运动，受力时，链段很快伸展开，外力去除后，又可恢复原状。由链段所产生的这种高弹形变是聚合物具有形状记忆效应的先决条件。

可见形状记忆高分子必须具备以下三个条件：

(1) 高分子本身应具有结晶和无定形的两相结构，且两相结构的比例适当。

(2) 在玻璃化转变温度或熔点以上的较宽温度范围内呈现高弹态，并具有一定强度，以利于变形。

(3) 在较宽的环境温度条件下具有玻璃态，保证在贮存条件下冻结应力不会释放。

2. 影响高分子形状记忆效应的因素

由形状记忆原理可知，可逆相对形状记忆高分子材料的形变特性影响较大，固定相对形状恢复特性影响较大。其中可逆相分子链的柔韧性增大，形状记忆高分子材料的形变量就相应提高，形变应力下降。

应力松弛和蠕变对高分子形状记忆效应也具有重要影响。高聚物具有黏弹性，其力学性质会随着时间的变化而变化，产生应力松弛和蠕变。这种黏弹性对形状记忆效应是不利的，蠕变性能大的材料不可能获得较大记忆效应。

热固性形状记忆高分子材料同热塑性形状记忆高分子材料相比，形变恢复速度快，精度高，应力大，但它不能回收利用。

10.4.2 形状记忆高分子材料的分类

根据记忆响应机理，形状记忆高分子材料可以分为热致形状记忆高分子材料、电致形状记忆高分子材料、光致形状记忆高分子材料、化学感应形状记忆高分子材料四类。

1. 热致形状记忆高分子材料

热致形状记忆高分子材料指在一定温度(室温以上)变形并能在室温固定形变且长期存放,当再升温至某一特定温度时,能迅速恢复其初始形状的高聚物材料。热致形状记忆高分子材料广泛应用于医疗卫生、体育运动、建筑、包装、汽车及科学实验等领域,如医用器械泡沫塑料、坐垫、光信息记录介质及报警器等。

热致形状记忆高分子材料一般是由防止树脂流动并能记忆起始态的固定相与随温度变化的能可逆地固化和软化的可逆相组成。

热塑性热致形状记忆高分子材料的形状记忆过程主要有以下四个阶段(图 10-1):

(1) 热成形加工:将粉末状或颗粒状树脂加热融化,使固定相和软化相都处于软化状态,将其注入模具中成型、冷却,固定相硬化,可逆相结晶,得到希望的形状 A,即起始态(一次成型)。

(2) 变形:将材料加热至适当温度(如玻璃化转变温度),可逆相分子链的微观布朗运动加剧,发生软化,而固定相仍处于固化状态,其分子链被束缚,材料由玻璃态转为橡胶态,整体呈现出有限的流动性。施加外力使可逆相的分子链被拉长,材料变形为 B 形状。

(3) 冻结变形:在外力保持下冷却,可逆相结晶硬化,卸除外力后材料仍保持 B 形状,即变形态(二次成型)。此时的形状由可逆相维持,其分子链沿外力方向取向、冻结,固定相处于高应力形变状态。

(4) 形状恢复:将变形态加热到形状恢复温度,如 T_g,可逆相软化而固定相保持固化,可逆相分子链运动复活,在固定相的恢复应力作用下解除取向,并逐步达到热力学平衡状态,即宏观上表现为恢复到变形前的状态 A。

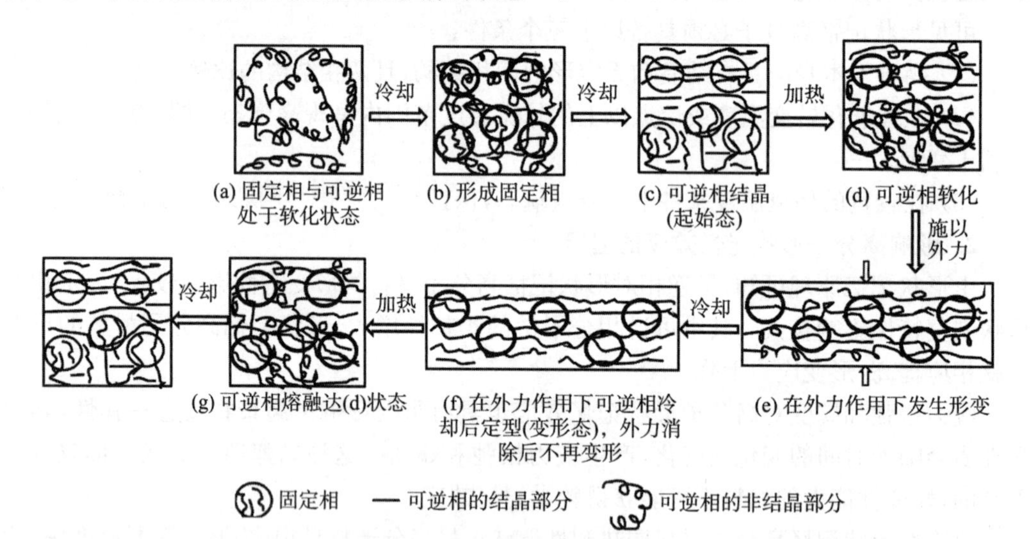

图 10-1 热塑性热致形状记忆高分子材料的形状记忆过程示意图

下面介绍几种重要的热致形状记忆高分子材料。

(1) 聚降冰片烯(polynorbornene)

聚降冰片烯的商品名为 NORSOREX(诺索勒克斯),分子式如下。

聚降冰片烯的平均分子量在 300 万以上，比普通塑料高 100 倍；聚降冰片烯的玻璃化转变温度约为 35℃，接近人体温度，因此，室温下呈硬质态。而固化后环境温度超过 40℃时，可在很短时间恢复原来的形状，且温度越高恢复越快，因此，聚降冰片烯适于制作人用织物。

聚降冰片烯属于热塑性树脂，可通过压延、挤出、注射、真空成型等工艺加工成型；商品强度高，具有减震功能，具有较好的耐湿气性和滑动性。

(2) 苯乙烯-丁二烯共聚物

苯乙烯-丁二烯共聚物的商品名为阿斯玛，其固定相是高熔点(120℃)的聚苯乙烯(PS)结晶部分，可逆相为低熔点(60℃)的聚丁二烯(PB)结晶部分。苯乙烯-丁二烯共聚物易加工成形，形状恢复速度快，形变量可高达 400%，重复形变可达 200 次以上，常温时其形状的自然恢复极小。苯乙烯-丁二烯共聚物还具有良好的耐酸碱性和着色性，易溶于甲苯等溶剂，便于涂布和流延加工，且黏度可调；可用于制造海绵橡胶、浸渍纤维和织物，还可直接用作胶黏剂、涂料等。

(3) 反式-1,4-聚异戊二烯(TPI)

反式-1,4-聚异戊二烯的固定相为硫黄过氧化物交联后的网络结构，而可逆相为能进行熔化和结晶可逆变化的部分结晶相。反式-1,4-聚异戊二烯变形速度快，恢复力大，形变恢复率高，因此适于制作特种橡胶。但反式-1,4-聚异戊二烯属于热固性高分子，因此不能重复加工，而且耐热性和耐候性较差。

(4) 形状记忆聚氨酯

形状记忆聚氨酯主要由聚四亚甲基二醇(PTMG)、4,4-二苯甲烷二异氰酸酯(MDI)和链增长剂三种单体原料聚合而成，它是含有部分结晶态的线形聚合物。通过原料的配比，调节聚合物的 T_g，可得到不同响应温度的形状记忆聚氨酯。现已制得 T_g 分别为 25℃、35℃、45℃和 55℃的形状记忆聚氨酯。聚氨酯分子链为直链结构，具有热塑性，因此可采用注射、挤出和吹塑等加工方法。形状记忆聚氨酯具有极高的湿热稳定性和减震性能，质轻价廉、着色容易、形变量大(最高可达 400%)、耐候重复形变效果好。

2. 电致形状记忆高分子材料

电致形状记忆高分子材料是热致形状记忆高分子与具有导电性的物质(如导电炭黑、金属粉末及导电高分子等)组成的复合材料。其记忆机理与热致感应型形状记忆高分子相同，该复合材料通过电流产生的热量使体系温度升高，致使形状恢复，所以既具有导电性能，又具有良好的形状记忆性能，主要用于电子通信及仪器仪表等领域，如电子集束管、电磁屏蔽材料等。

3. 光致形状记忆高分子材料

将某些特定的光色基团(PCG)引入高分子主链或侧链中，当受到紫外线照射时，PCG 就会发生光异构化反应，使分子链状态发生显著变化，材料在宏观上表现为光致形变；光照停止时，PCG 发生可逆的光异构化反应，分子链的状态恢复，材料也恢复原状。该材料主要用于印刷材料、光记录材料、光驱动分子阀等。

可逆性光异构化反应的种类很多，但目前研究较多的是偶氮苯基团，苯并螺吡喃基团及三苯甲烷无色衍生物基团等。

4. 化学感应形状记忆高分子材料

化学感应形状记忆高分子材料主要利用材料周围介质性质的变化来激发变形和形状恢复。这类物质包括部分皂化的聚丙烯酰胺、聚乙烯醇和聚丙烯酸混合物薄膜等。该种材料可用于蛋白质或酶的分离膜、化学发动机等特殊领域。常见的化学感应方式有 pH 变化、相转变反应、螯合反应、平衡离子置换等。

(1) pH 变化　例如，用聚乙烯醇(PVA)交联的聚丙烯纤维浸泡于盐酸溶液中，氢离子间的相互排斥使分子链扩展，纤维伸长。当向该体系中加入等当量的 NaOH 时，则发生酸碱中和反应，分子链状态复原，纤维收缩，直至恢复原长。

(2) 相转变反应　蛋白质在各种盐类物质的存在下，因高次结构被破坏而收缩，当高次结构再生时则可恢复原长。例如，把蛋白质纤维(如明胶)浸入铜氨溶液中，晶态结构转变为非晶态结构，纤维可收缩 20%；若把收缩的纤维浸入浓度较低的酸性溶液，晶态结构再生，纤维便恢复原长。同中和反应和螯合反应相比，相转变反应引起的形变及其恢复，不仅速度快，而且可逆程度高，有望用作等温下的形状记忆材料。

(3) 螯合反应　侧链上含有配位基的高分子同过渡金属的离子形成螯合物时，也可引起材料形状的可逆变化。例如，经过磷酸酰化处理的 PVA 薄膜在水溶液中浸润后加入 Cu^{2+}，则生成铜螯合物，薄膜收缩。当向此薄膜中引入 Cu^{2+} 的强螯合剂如 EDTA 时，PVA 的铜螯合物离解，并生成乙二胺四乙酸铜钠(EDTA 铜螯合物)，薄膜可恢复原状。

(4) 平衡离子置换　羟基阴离子与平衡离子发生置换时，可引起高分子材料的形状记忆效应。例如，聚丙烯酸纤维在恒定外力作用下，提高 Ba^{2+} 的浓度，即 Ba^{2+} 置换 Na^{+} 时，纤维收缩；提高 Na^{+} 的浓度，即 Na^{+} 置换 Ba^{2+} 时，纤维伸长。据此，有望实现纤维形状的可逆形变。

10.4.3　形状记忆高分子材料的合成

形状记忆高分子材料的合成方法主要有交联法、共聚法和分子自组装等。

1. 交联法

交联法主要可分为化学交联法和物理(辐射)交联法。

(1) 化学交联法

高分子的化学交联已被广泛研究，可通过多种方法得到。化学交联法制备热固性形状记忆高分子材料制品时常采用两步法或多步技术，在产品定型的最后一道工序进行交联反应，否则会造成产品在成型前发生交联而使材料成型困难。例如，可用亚甲基双丙烯酰胺(MBAA)做交联剂，将丙烯酸十八醇酯(SA)与丙烯酸(AA)交联共聚，合成具有形状记忆功能的高分子凝胶。

(2) 物理(辐射)交联法

大多数产生形状记忆功能的高聚物都是通过辐射交联制得的，如聚乙烯、聚己内酯。

采用物理(辐射)交联可以提高聚合物的耐热性、强度、尺寸稳定性等，同时没有分子内的化学污染。例如，聚己内酯经过辐射交联后也具有形状记忆效应，且辐射交联度与聚己内酯的分子量和辐射剂量有很大的关系。同时，聚己内酯具有形状恢复响应温度较低（约 50℃）、可恢复形变量大的特点。

2. 共聚法

共聚法是指将两种不同转变温度（T_g 或 T_m）的高分子材料聚合成嵌段共聚物的方法。由于一个分子中的两种（或多种）组分不能完全相容会导致相的分离，其中 T_g（或 T_m）低的部分称为软段，T_g（或 T_m）高的部分称为硬段。通过共聚调节软段的结构组成、分子量以及软段的含量可控制制品的形变恢复温度和恢复应力等，从而可以改变聚合物的形状记忆功能。

例如，聚氧化乙烯-聚对苯二甲酸乙二酯（PEO-PET）的共聚物包括两部分，PEO 部分 T_m 较低，是聚合物的软段部分，可以提供弹性体的性质；而 PET 部分作为共聚物中的硬段部分，具有较高 T_m，可以形成物理交联，使共聚物具有较高的挺度，较好的耐冲击性。

3. 分子自组装

超分子组装摒弃了传统的化学合成手段，具有制备简单、节能环保的优点，是今后材料发展的新方向之一。但目前的超分子形状记忆材料都是以静电作用力或高分子间的氢键作用为驱动力，要求聚合物含有带电基团或羟基、N、O 等易于形成氢键的基团或原子，因此种类有限。例如，利用聚（丙烯酸- co -甲基丙烯酸甲酯）交联网络与聚乙二醇（PEG）间的氢键作用力作为驱动力制备了具有良好形状记忆性能的 P(AA-co-MMA)-PEG 形状记忆材料，形变恢复率几乎可以达到 99%。

10.4.4 形状记忆高分子材料的应用

尽管形状记忆高分子的开发时间短，但由于其具有质轻价廉、形变量大、成型容易、赋形容易、形状恢复温度便于调整等优点，目前已在医疗、包装、建筑、玩具、汽车、报警器材等领域应用，并可望在更广泛的领域开辟其潜在的用途。

1. 医疗器材

形状记忆高分子因其质轻价廉、易于成型、形状恢复温度便于调整，特别是一些形状记忆高分子兼有的生物相容性和生物降解特性等优点，在医疗装备领域得到了广泛的应用。

例如，美国利弗莫尔国家实验室将聚氨酯、聚降冰片烯或聚异戊二烯等注射成为螺旋形，加热后拉直再冷却定型，即制得血栓治疗仪中的关键部件——微驱动器，装配到治疗系统上后，利用光电控制系统加热，使其恢复到螺旋形可拉出血栓，这种方法快捷、彻底，没有毒副作用，是治疗血栓的有效途径之一。

再如，美国麻省理工学院报道了用形状记忆材料固定骨折部位的方法，即将二次成型后的聚乳酸制件放入带有裂纹的骨髓腔内，利用消毒后的盐水对其进行加热，使骨髓腔内的形状记忆材料恢复最初的形状，变得较厚，从而和骨髓腔的内表面紧密接触而不会滑移，固定作用良好。

2. 热收缩套管

热收缩套管是开发最早和应用最广泛的形状记忆高分子材料。所谓热收缩管是指在加热时能发生径向收缩的管子。应用的时候，将套管套在需要包覆或连接的物体上，用加热器将膨胀的管加热到软化点以上（低于一次成型温度），膨胀管便收缩到起始形状，紧紧包覆在被包物体上。热收缩管用途广泛，主要用于绝缘、密封、防腐等方面，如高压电线、电缆的连接、端部密封，输气输油管道的防腐等。

3. 包装材料

利用高分子材料的记忆功能制成的热收缩薄膜可用于包装等方面。形状记忆高分子可以很容易地制成筒状的包装薄膜，套到需要包装的产品外面后，经过一个加热工序，形状记忆高分子便可牢固地收缩在产品外面，可以很方便地实现连续自动化紧缩包装生产。

4. 容器外包及衬里

一般制作容器衬里操作比较困难。若选用形状记忆高分子材料，则只需先将它加工成衬里形状，然后加热变形为便于组装的形状，冷却固化后塞入容器内，再加热便可恢复成衬里形状，牢固地嵌在容器内。

5. 建筑用紧固销钉

先将形状记忆树脂加工成使用形状，再加热变形为易于装配的形状，冷却固化后插入欲铆合的两块板的空洞中，再将销钉加热便可恢复一次成型形状而将板铆合。

6. 其他方面的应用

除上述应用外，形状记忆高分子在其他方面也有广泛的应用，如纺织面料、航空、汽车、电子、报警等领域。

10.5 其他环境敏感高分子材料

10.5.1 温度响应性敏感高分子

温度响应性敏感高分子是指高分子本身具有温度响应性，在水溶液中这类高分子都有一个浊点或称为低临界溶解温度（LCST）。温度响应性敏感高分子的品种很多，有聚羟丙基甲基丙烯酸甲酯、羟丙基（羟乙基、羟丙基甲基）纤维素、聚乙烯醇衍生物、聚（*N*-取代）酰胺类（取代基可为吡咯烷酮、L-氨基酸）、环氧乙烷和环氧丙烷的无规共聚物和嵌段共聚物、聚环氧乙烷和聚甲基丙烯酸等。产生 LCST 现象的原因是高分子释放出了疏水界面上的水，从而引起了高分子的沉淀，从溶于水成为不溶于水。这类聚合物可用增加或减少其亲水性基团的比例来调节 LCST 的高低。

单分子聚合物胶束和传统的胶束一样具有核-壳结构，因其结构固定并具有良好的热力学稳定性而越来越受到研究者的关注。当这类胶束的核层或者壳层含有温敏性高分子时就可以形成具有温度响应性的单分子聚合物胶束。

温度响应性单分子聚合物胶束的主要类型有交联胶束、多臂星状单分子聚合物胶束。其中交联胶束包括核交联（CCL）聚合物胶束和壳交联（SCL）聚合物胶束，多臂星状单分子聚合物胶束包括基于两亲性星状嵌段共聚物胶束、基于超支化聚合物的单分子胶束和其他星状多臂单分子聚合物胶束。

温度响应性单分子聚合物胶束的应用领域非常广泛,涉及催化、污水处理、生物医药等许多方面。结构固定的单分子聚合物胶束作为一种有效的药物载体,具有高效、长效、安全等特点,与其他药物载体相比,单分子聚合物胶束具有结构稳定、毒副作用小、性能稳定的特点。

带有阳离子的单分子聚合物胶束可以作为非病毒基因载体与 DNA 形成更稳定的复合体,而且通过灵活高效的聚合反应技术,可以对其分子结构进行设计,进而实现调控基因释放活动。这类温度响应性的敏感高分子胶束往往包含聚 N,N -二甲基丙烯酰胺(PDMA)或者超支化的聚乙烯亚胺(PEI)大分子等。

利用具有温度响应行为的单分子聚合物胶束为模板,可以通过原位还原的方法,方便易行地制备出温敏性杂化纳米粒子,而杂化纳米体系有望在催化和生物传感方面发挥作用。

10.5.2 表面响应性敏感高分子

环境响应性高分子材料又被称为机敏性高分子材料、刺激响应性高分子材料,是通过分子设计和有机合成的方法使材料本身具有生物所赋予的高级功能,当受到外界刺激时能快速产生响应,引起其在结构、物理性能和化学性质上的改变。

用化学接枝或物理吸附的方法把刺激响应高分子固定在固体载体表面,当外部环境条件,如溶液温度、pH 或某些离子强度等发生微小变化时,能显著改变表面层的厚度、湿润性或电荷。这样的材料称为表面响应性敏感高分子。由于表面层很薄,因此这种在固体载体表面的刺激响应高分子的响应速率要快于水凝胶。其中 pH 敏感性高分子载体在药物及基因传递领域备受关注。

体内不同组织、细胞及细胞器的 pH 有所不同,如消化道中胃液呈酸性,而肠液呈弱碱性;正常组织的 pH 大约为 7.14,而肿瘤组织的 pH 为 6～7,明显低于正常组织,细胞内的内涵体的 pH 更低。利用这种 pH 环境的差异可设计出众多针对特定器官或肿瘤组织的 pH 敏感载体,以达到特定部位高效传递的目的。

10.5.3 刺激响应性敏感高分子水溶液

刺激响应性敏感高分子水溶液是把水溶性刺激响应高聚物溶于水中而制得的。它能在特殊的环境条件下从水溶液中沉淀出来。具有此种性质的聚合物体系可作为温度或 pH 指示器的开关。把某些生物分子或具有生物活性的分子,如蛋白类、多肽类、多糖类、核酸类、脂肪类和各种配体或受体与刺激响应性高分子结合形成结合物,当给予某种外界刺激时,就能产生沉淀而从溶液中分离出来。例如,Hoffman 等将这类刺激响应高聚物与某种具有识别功能的生物分子或者某种受体的配体(如细胞受体肽或抗体)结合,应用于沉淀诱导的亲和分离过程。

10.5.4 刺激响应性敏感高聚物膜

刺激响应性敏感高聚物膜是膜的通透性响应环境变化的一类膜材料,这类膜是利用高聚物可逆的构象和聚集态受外界刺激而变化的原理研制成的。这类膜类似生物细胞膜，能感知环境变化，且会响应环境变化而改变自身的性能。

分子识别离子开关膜是一种能响应某些离子溶剂而自发打开或关闭其膜孔的环境敏感性聚合物膜。Taichi 等用等离子体接枝的方法，将聚 N-异丙基丙烯酰胺(PNIPAM)和基底细胞黏附分子(BCAm)的共聚物接枝到聚乙烯膜上，制成具有分子识别功能的离子开关膜。渗透实验表明，这类膜对一些特殊离子，如 Ba^{2+} 或 K^{+} 等会做出反应，自发地打开或关闭其膜孔；而对另外一些离子，如 Ca^{2+} 或 Na^{+} 等没有反应。这是由于接枝膜上 BCAm 中的冠醚接受体能捕捉一些特殊离子来填充膜孔，而 NIPAM 链具有最低临界溶解温度(LCST)，能在 LCST 以下溶解，在 LCST 以上收缩，使得接枝共聚物可以在 Ba^{2+} 和 K^{+} 的两个 LCST 之间的温度发生溶胀和收缩。利用这一原理，分子识别膜能够自身调节其通量，达到分离不同离子的特性。因此，这类膜在人造器官、药物释放系统、水处理等方面具有很广泛的应用前景。

目前，我国智能高分子材料的研究与开发存在着不足，与世界先进水平相比尚有相当大的差距，影响了我国信息、航天、航空、能源、建筑材料、航海、船舶、军事等诸多部门的发展，有时甚至成为制约某些部门发展的关键因素。国外智能高分子材料正处于研究开发阶段，各发达国家都对其相当重视。未来智能高分子材料会被更加广泛的应用，从而引导材料学的发展方向。

思考题

1. 什么是环境敏感高分子材料？环境敏感高分子材料应具有什么样的性质？
2. 有哪些类型的环境刺激？
3. 环境敏感高分子材料可以按哪些方式进行分类？分别可以分为哪些类型？
4. 什么是高分子凝胶？可以分为哪些类？通常具有哪些性质？
5. 什么是高分子智能凝胶？
6. 哪些刺激可以引起高分子智能凝胶的响应？高分子智能凝胶体积相转变的内因是什么？
7. 根据外界环境刺激的不同，高分子智能凝胶可以分为哪些种类？
8. 什么是温度敏感性高分子凝胶？有哪两种类型？请举例说明。
9. 什么是最低临界溶解温度？如何调节温度敏感性高分子凝胶的最低临界溶解温度？
10. 什么是 pH 敏感性高分子凝胶？其结构有什么特点？
11. 根据 pH 敏感基团的不同，pH 敏感性高分子凝胶可以分为哪几类？
12. 请举例说明光敏感性高分子凝胶的制备方法。
13. 光敏性高分子水凝胶有哪几种响应机理？
14. 举例说明什么是磁敏感性高分子凝胶。
15. 举例说明什么是压力敏感性高分子凝胶。
16. 什么是温度-pH 双重敏感性水凝胶？举例说明其制备方法。
17. 聚合物成为高分子水凝胶必须具备什么样的条件？

18. 举例说明高分子智能凝胶的三种制备方法。

阅读材料

——形状记忆高分子材料

1959 年首次对辐射交联聚乙烯所具有的形状记忆现象进行了描述，但在当时和其后相当长的一段时间内，人们对于这种发现并没有给予足够重视。直到 20 世纪 70 年代中期，随着美国国家航空航天局对其在航空航天领域的开发应用，以及对不同型号的辐射交联聚乙烯的记忆特性进行了仔细研究，辐射交联聚乙烯才引起人们的广泛关注。目前，已有许多聚合物被发现具有形状记忆性能，如形状记忆聚氨酯、聚酯、聚氯乙烯、聚四氟乙烯等。

国内研究的形状记忆高分子材料多以聚氨酯和环氧树脂基为主，加入添加剂或固化剂进行改性，可以得到满足基本要求的形状记忆高分子材料，但是其自身的缺点限制了其使用范围。近年来，形状记忆合金以利用聚合物为基体添加其他成分，突出各个优点进行对比，得到一些性能良好的形状记忆材料。例如，魏堃等人将新型聚合物固化剂与环氧树脂进行机械共混，进行适度交联固化后，制出具有较低玻璃化转变温度的无定型环氧树脂体系，得出结果显示适度交联固化的环氧树脂体系具有良好的形状记忆特性。

[材料摘自米尔夏提江·麦合木提，艾孜买提·艾则孜，阿依柯孜·艾热提. 形状记忆高分子材料(SMPs)在生物医学领域的应用，第十八届中国标准化论坛论文集，2021.]

第 11 章 医用高分子材料

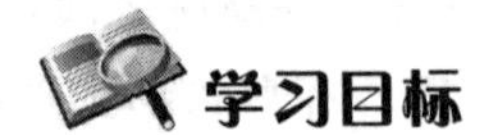

(1) 了解医用高分子材料的概念及发展。

(2) 熟知生物医用功能高分子材料的基本性能要求。

(3) 熟悉生物医用高分子材料的分类。

(4) 掌握医用高分子材料的组织相容性和血液相容性。

(5) 知道典型的天然高分子生物材料。

(6) 知道典型的合成高分子生物材料。

(7) 能举例说明生物医用高分子材料的应用。

11.1 概述

11.1.1 生物医用材料

生物医用材料又称为医用仿生材料，是指具有特殊性能、特殊功能，用于人工器官外科修复、理疗康复、诊断、检查、治疗疾患等医疗、保健领域而对人体组织、血液不致产生不良影响的材料。国际标准化组织(ISO)法国会议专门定义的“生物材料”就是生物医学材料，是指“以医疗为目的，用于与组织接触以形成功能的无生命的材料”。

生命科学是21世纪备受关注的新型学科。而与人类健康息息相关的医学在生命科学中占有相当重要的地位。生物医用材料是生物医学的分支之一，是由生物、医学、化学和材料等学科交叉形成的边缘学科。作为一类新兴材料，生物医用材料发展很快，每年以20%～30%的速度快速递增。

生物医用材料必须具有以下性质：

(1) 对于人体组织无刺激性，无毒副作用，无致癌性。

(2) 具有必要的强度、耐磨性和耐疲劳性能。如髋关节在静止状态承受人体二分之一的体重，水平步行时承受的重量为静止时的3.3倍，而跑步时则为4倍以上。此外，每步行一公里髋关节大约活动1 000次，按照一般的生活情况，髋关节每年会承受1×10^6～

3×10^6 次重复负荷的作用。

(3) 与生物体组织、血液有相容性。生物医用材料应不会引起凝血，与软硬组织有良好的黏接性，不会产生吸收物和沉淀物。

(4) 接触人体各种体液(唾液、淋巴液、血液)时，应有良好的耐蚀性。唾液、血液、间质液都是以 Cl^-、Na^+、K^+ 离子为主的电解质溶液，生物材料在这些溶液中应不发生反应、腐蚀和变质。

按材料来源，生物医用材料主要可以分以下四大类：

(1) 医用金属材料和合金

医用金属材料与合金主要用于承力的骨、关节和牙等硬组织的修复和替换。不锈钢、钴基合金、钛及钛合金是目前医用合金的三大支柱。医用合金还有钽、铌和贵金属等，广泛应用于人工假体、人工关节、医疗器械等。

(2) 医用无机材料

医用无机材料主要分为生物陶瓷、生物玻璃及碳素材料。生物陶瓷又可进一步分为惰性生物陶瓷和活性生物陶瓷(羟基磷灰石陶瓷、可吸收磷酸三钙陶瓷等)。

(3) 医用复合材料

杂化医用材料克服单一材料的缺点，可获得性能更优的医用材料，如羟基磷灰石涂覆钛合金，碳纤维或生物活性玻璃纤维增强聚乳酸等高分子材料。

(4) 医用高分子材料

高分子化合物是构成人体绝大部分组织和器官的物质，所以医用高分子材料是生物医用材料中的重要组成部分，主要用于人工器官、外科修复、理疗康复、诊断检查、患疾治疗等医疗领域。医用高分子生物材料包括合成高分子(如聚酯、硅橡胶)和天然高分子(如胶原、甲壳素)。近来，生物降解高分子材料得到重视。

随着化学工业的发展和医学科学的进步，生物医用材料的应用越来越广泛。从高分子医疗器械到具有人体功能的人工器官，从整形材料到现代医疗仪器设备，几乎医学的各个领域都有使用医用高分子材料的例子。医用高分子材料已由最初的几种，发展到现在的几十种，其制品种类已有上千种。

目前，生物医用功能材料按其应用大体可分为不直接与人体接触的、与人体组织接触的和进入人体内的三大类。与人体接触的和进入人体的材料虽然只是小部分，但它们决定了最近数十年来医学上的许多成就。它们中绝大多数属于功能高分子范畴，有的具有人体组织或器官的某些功能；有的利用其物理化学性能组织或疏通某些功能障碍，使之恢复正常功能；而剩下的只作为医疗器械使用。

11.1.2 医用高分子材料及其发展

1. 医用高分子材料的定义

医用高分子材料是一类对有机体组织进行修复、替代与再生，或对人体疾病进行诊断、治疗，或用于医疗新领域的功能高分子材料，属于生物材料范畴。生物医用功能高分子材料中有的可以全部植入人体内，有的可以部分植入体内而部分暴露在体外，还有的可置于体外而通过某种方式作用于体内组织。此类材料由于具有良好的生物相容性和生物降解性备受世人瞩目。

医用高分子材料不仅技术含量和经济价值高，而且对人类的健康生活和社会发展具有极其重大的意义，已经渗入医学和生命科学的各个部门，并应用于临床的诊断与治疗。例如，近年来，用生物医用高分子功能材料制造人工器官发展迅速，目前国外有数以百计的人靠人工器官维持着生命。

虽然高分子材料不是万能的，不可能指望它解决一切医学问题，但通过分子设计的途径，合成出具有生物医学功能的理想医用高分子材料的前景是十分广阔的。

2. 医用高分子材料的发展

1949年，美国首先发表了医用高分子的展望性论文。文章中，第一次介绍了利用聚甲基丙烯酸甲酯作为人的头盖骨和关节，利用聚酰胺纤维作为手术缝合线的临床应用情况。发展至今，生物医用高分子材料主要经历了三个阶段。

第一阶段：始于1937年，其特点是所用高分子材料都是已有的材料，如用丙烯酸甲酯制造义齿的牙床。

第二阶段：始于1953年，其标志是医用级有机硅橡胶的出现。

第三阶段：该阶段以分子工程研究为基础，出现了聚羟基乙酸酯缝合线以及四种聚(醚-氨)酯心血管材料。该阶段的特点是在分子水平上对合成高分子的组成、配方和工艺进行优化设计，有目的地开发所需要的高分子材料。

目前的研究焦点已经从寻找替代生物组织的合成材料转向研究一类具有主动诱导、激发人体组织器官再生修复的新材料，这标志着生物医用高分子材料的发展进入了第三个阶段。其特点是所设计材料一般由活体组织和人工材料有机结合而成，在分子设计上以促进周围组织细胞生长为预想功能，其关键在于诱使配合基和组织细胞表面的特殊位点发生作用以提高组织细胞的分裂和生长速度。

11.1.3 生物医用功能高分子材料的基本性能要求

生物医用功能材料在使用的过程中由于常常与生物肌体、血液、体液等接触，有些还长期植入体内，因此性能要求十分苛刻，尤其是对于植入性材料的要求更甚。对于不同用途的医用高分子材料，往往又有一些具体要求。在医用高分子材料进入临床应用之前，必须对材料本身的物理化学性能、机械性能以及材料与生物体及人体的相互适应性进行全面评价，然后经国家管理部门批准才能进入临床使用。归纳起来，一个具备了以下七个方面性能的材料，可以考虑用作医用材料。

1. 力学性能稳定

许多人工脏器一旦植入体内，将长期存留，有些甚至伴随人们的一生。因此，要求植入体内的高分子材料在极其复杂的人体环境中要具有优异的力学稳定性。在使用期限内，针对不同的用途，材料的尺寸稳定性、耐磨性、耐疲劳度、强度、模量等应适当。例如，用超高分子量聚乙烯材料做人工关节时，应该用模量高、耐疲劳强度好、耐磨性好的材料。

事实上，在长期的使用过程中，高分子材料受到各种因素的影响，其性能不可能永远保持不变。我们仅希望变化尽可能少一些，或者说寿命尽可能长一些。作为生物医用的高分子材料都应具有优异的化学稳定性，不含易降解基团，这样的材料在人体内才能具有较好的机械稳定性。一般来说,生物惰性高分子材料长期植入生物体内不会减小机械强度,而生物降解高分子材料在生物体内使用过程中易发生降解,同时降低机械强度。例如,聚四氟乙烯不含有易降解的基团,具有优异的化学稳定性,因而聚四氟乙烯在生物体内具有较优异的力学稳定性。而酰胺基团化学稳定性较差,在酸性或碱性环境下都易发生降解,因此聚酰胺不合适用作医用材料。

2. 安全性

作为生物医用高分子材料,必须具有以下几个方面的安全性。

(1) 不会致癌

当医用高分子材料植入生物体后,高分子材料本身的化学组成、分子构造、分子链构象、聚集态结构及所包含的杂质、残余单体等都有可能引起众多致癌因素有关的副反应发生。但研究表明,与其他材料相比,高分子材料本身并没有比其他材料更多的致癌可能性。

现代医学理论认为,人体致癌的原因是正常细胞发生了变异。当这些变异细胞以极快的速度增长并扩散时,就形成了癌。引起细胞变异的因素是多方面的,有化学因素、物理因素及病毒等。因此,生物医用高分子材料植入生物体内,除应该考虑材料的物理性质和化学性质外,还应该考虑材料的形状因素。

例如,当植入的高分子材料是粉末、海绵、纤维状时,不会产生肿瘤。虽然组织细胞会围绕它们生长,但它们不会由于氧和营养不足而发生变异,因此致癌的危险很小;但是当植入的高分子材料是片状时,大体积的薄片出现肿瘤的可能性要比在薄膜上穿孔时高出一倍左右,其原因可能是植入的高分子材料影响了周围细胞的代谢,导致细胞营养不足,长期受到异物刺激而产生变形。

(2) 具有良好的血液相容性

血液相容性是指材料在体内与血液接触后不发生凝血、溶血现象,不形成血栓。

高分子材料的抗血栓问题是一个十分活跃的研究课题,世界各国大量科学家在潜心研究,进展也颇为显著。但至今尚未制得一种能完全抗血栓的高分子材料。这一问题的彻底解决,还有待于人们的共同努力。

(3) 具有良好的组织相容性

有些高分子材料本身对人体有害,不能用作医用材料。而有些高分子材料本身对人体组织并无不良的影响,但在合成、加工过程中不可避免地会残留一些单体,或使用一些添加剂。当材料植入人体以后,这些单体和添加剂会慢慢从内部迁移到表面,从而对周围组织产生作用,引起炎症或组织畸变,严重的可引起全身性反应。因此,研究评价生物相容性标准与标准方法一直是生物医用功能材料研究的重要组成部分。临床使用前对生物医用功能材料进行严格的测试与评价以确保临床使用的安全性是十分必要的。国际标准化组织 ISO/TC194 制定了生物医用功能材料的检验测试项目,其标准实验是可重复性试验,试验程序一般由简到繁,从体内到体外,先动物后人体。

3. 化学性能稳定

人体是一个相当复杂的环境,其中血液在正常环境下呈现微碱性,胃液呈酸性,体液与血液中含有大量的钾离子、钠离子、镁离子等,且含有多种生物酶、蛋白质等,因此人体的环境易引起高分子的降解、交联及氧化反应;生物酶会引起高分子的解聚;体液会引起高分子材料中的添加剂析出;血液中的脂类、类固醇以及脂肪等会引起高分子材料的溶胀,使得高分子材料的强度降低。例如,聚氨酯中含有的酰胺基极易水解,在体内会降解而失去强度,经过嵌段改性后,化学稳定性可提高。对于硅橡胶、聚乙烯、聚四氟乙烯等分子链中不含可降解基团的物质,化学稳定性则更为出色。

目前常使用以下技术来控制降解速度:

(1) 用形状、表面积以及不同的链接比例来控制合适的降解速度,以保证材料在正常的使用期限中具有良好的性能而在活体康复后尽快降解。

(2) 在大分子链上引进功能基团,引进抗体、药物活性物质,进行功能团修饰及增进材料的亲水性,加快材料的水解速度。

(3) 通过前端工具控制缓释药物的释放速度,改善药物对膜的透过性。

另外,对医用高分子来说,在某些情况下,"降解"并不一定都是贬义的,有时甚至还有积极的意义。如医用黏合剂用于组织黏合,或高分子材料作为医用手术缝合线时,在发挥了相应的效用后,并不希望其有太好的化学稳定性,而是希望它们在体内一定时间后降解,并尽快地被组织分解吸收,不在体内产生对人体有毒、有害的副产物。

4. 能经受必要的清洁消毒措施而不发生质变

生物医用高分子材料在植入体内之前都必须经过严格的消毒处理,因此生物医用高分子材料必须不能因蒸汽灭菌、化学灭菌、γ射线灭菌等消毒措施而发生质变。具体要求如下:

(1) 蒸汽灭菌的温度一般在120℃～140℃,因此选用的高分子材料的软化点必须高于此温度。

(2) 采用化学灭菌可以进行低温消毒,可以避免材料产生变形。但应避免选用的高分子材料与灭菌剂发生副反应,还应避免高分子材料吸附灭菌剂。因此,高分子材料作为医用高分子应用时,必须除去灭菌剂后方可植入体内。

(3) γ射线灭菌的优点是穿透力强、灭菌效果好、可连续操作、可靠性好。但γ射线辐射能量大,会导致高分子材料机械强度下降。具有灭菌作用的γ射线要在3 mrad以上,如此剂量的辐射肯定会对高分子材料的性能产生影响,通常会导致高分子材料机械强度下降。

5. 易于加工成型

人工脏器往往具有很复杂的形状,因此,用于人工脏器的高分子材料应具有优良的成型性能。否则,即使各项性能都满足医用高分子的要求,却无法加工成所需的形状,则仍然是无法应用的。

除上述一般要求外,根据用途的不同和植入部位的不同还有着各自的特殊要求,如与血液接触的材料不能产生凝血;眼科材料应对角膜无刺激;注射整形材料要求注射前流动性好,注射后固化要快等;作为体外用的材料,要求对皮肤无害,不导致皮肤过敏,耐汗水等侵蚀,耐消毒而不变质;人工器官还要求材料应具有良好的加工性能,易于加工成所需的各种复杂形状。总而言之,不同的用途有着许多特殊的要求。

正因为对于生物医用高分子材料的要求严格,相关的研发周期一般较长,需要经过体外实验、动物实验、临床试验等不同阶段的试验,材料市场化需要经国家药品和医疗器械检验部门的批准，且报批程序复杂、费用高。所以生物材料的研发成本高、风险大。这也是目前生物材料的市场价格居高不下的一个重要原因。

11.1.4 生物医用高分子材料的分类

根据不同的角度、目的，甚至习惯，医用高分子材料有着不同的分类方法，尚无统一标准。

1. 根据材料的来源分类

根据材料的来源，生物医用高分子材料主要可以分为三类。

(1) 天然生物医用高分子材料

天然生物医用高分子材料是指从自然界现有的动、植物体中提取的天然活性高分子，如胶原、明胶、丝蛋白、角质蛋白、纤维素、多糖、甲壳素及其衍生物等。

(2) 人工合成医用高分子材料

人工合成医用高分子材料在现代医学领域得到了最为广泛的应用，成为现代医学的重要支柱材料，如聚酰胺、环氧树脂、聚乙烯、聚乙烯醇、聚乳酸、聚甲醛、聚甲基丙烯酸甲酯、聚四氟乙烯、聚醋酸乙烯酯、硅橡胶和硅凝胶等。

(3) 天然生物组织与器官

① 取自患者自体的组织，如采用自身隐静脉作为冠状动脉搭桥术的血管替代物。

② 取自其他人的同种异体组织，如利用他人角膜治疗患者的角膜疾病。

③ 来自其他动物的异种同类组织，如采用猪的心脏瓣膜代替人的心脏瓣膜，治疗心脏病等。

2. 根据材料与活体组织的相互作用关系分类

(1) 生物惰性高分子材料

在体内不降解、不变性、不会引起长期组织反应的高分子材料称为生物惰性高分子材料，适合长期植入体内。

(2) 生物活性高分子材料

生物活性高分子材料是指植入生物体内能与周围组织发生相互作用，促进肌体组织、细胞等生长的材料。

(3) 生物吸收高分子材料

生物吸收高分子材料又称生物降解高分子材料。这类材料在生物机体中，在体液作用下，不断降解，或者被机体吸收，或者排出体外，植入的材料被新生组织取代。其主要用于吸收型缝合线、药物载体、愈合材料、黏合剂以及组织缺损用修复材料。

3. 根据与肌体组织接触的关系分类

(1) 长期植入材料，如人工血管、人工关节、人工晶状体等。

(2) 短期植入(接触)材料，如透析器、心肺机管路和器件等。

(3) 体内、体外连通使用的材料，如心脏起搏器的导线、各种插管等。

(4) 与体表接触的材料及一次性医疗用品材料。

4. 根据生物医学用途分类

(1) 硬组织相容性高分子材料

硬组织生物材料主要用于生物机体的关节、牙齿及其他骨组织。

(2) 软组织相容性高分子材料

软组织相容性高分子材料如果用作与组织非结合性的材料，必须对周围组织无刺激性、无毒副作用，如软性隐形眼镜片；如果用作与组织结合性的材料，要求材料与周围组织有一定黏结性、不产生毒副反应，主要用于人工皮肤、人工气管、人工食道、人工输尿管、软组织修补材料。

(3) 血液相容性高分子材料

血液相容性高分子材料可用于人工血管、人工心脏、血浆分离膜、血液灌流用的吸附剂、细胞培养基材。其与血液接触，不可以引起血栓，不可以与血液发生相互作用。

(4) 高分子药物和药物控释高分子材料

高分子药物是一类本身具有药理活性的高分子化合物，可以从生物机体组织中提取，也可以通过人工合成、基因重组等技术获得天然生物高分子的类似物，如多肽、多糖类免疫增强剂、胰岛素、人工合成疫苗等，用于治疗糖尿病、心血管病、癌症以及炎症等疾病。

5. 按使用性能分类

生物医用高分子材料按使用性能可分为植入性高分子材料和非植入性高分子材料。

目前在实际应用中，更实用的是仅将医用高分子材料分为两大类，一类是直接用于治疗人体某一病变组织、替代人体某一部位或某一脏器、修补人体某一缺陷的材料。如用作人工管道（血管、食道、肠道、尿道等）、人造玻璃体（眼球）、人工脏器（心脏、肾脏、肺、胰脏等）、人造皮肤、人造血管，手术缝合用线、组织黏合剂、整容材料（假耳、假眼、假鼻、假肢等）的材料。另一类则是用来制造医疗器械、用品的材料，如注射器、手术钳、血浆袋等。这类材料用来为医疗事业服务，但本身并不具备治疗疾病、替代人体器官的功能，因此不属于功能高分子的范畴。国内通常将高分子药物单独列为一类功能性高分子，故不在医用高分子范围内讨论。

11.2 医用高分子材料的生物相容性

生物相容性（biocompatibility）是指植入生物体内的材料与肌体之间的适应性。尽管高分子材料与金属和陶瓷相比，其结构与性能等方面更接近天然高分子，但对于肌体来说，这毕竟是异物。生物体与高分子接触时，如果材料生物相容性欠佳，生物体就会显现出排斥异物的本能，会出现发炎、过敏或血凝固等不良现象，甚至发生致癌或影响免疫系统等严重后果。为了避免这些不良反应的发生，医用中要求高分子材料具有良好的生物相容性。由于不同的高分子材料在医学中的应用目的不同，医用材料的生物相容性可以分为组织相容性和血液相容性两种。

11.2.1 医用高分子材料的组织相容性

组织相容性是指材料与人体组织，如骨骼、牙齿、内部器官、肌肉、肌腱、皮肤等的相互适应性，是作为医用材料必不可少的条件。高分子材料与人体的组织相容性好，是指材料不会引起炎症或其他排斥反应，或所引起的宿主反应应该能够控制在一定可以接受的范围之内，同时材料反应应控制在不至于使得材料本身发生破坏。

1. 高分子材料与生物体的相互作用

高分子材料在与生物体组织接触时，同样发生各种各样的相互作用。概括起来如图 11-1 所示。

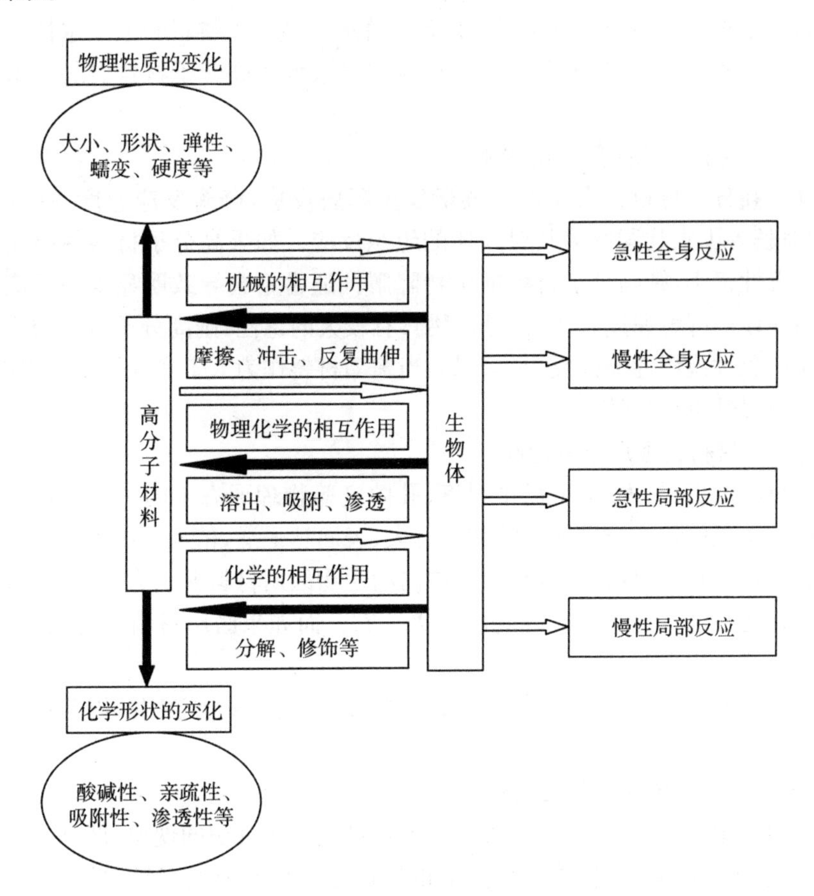

图 11-1　高分子材料与生物体的相互作用

图 11-1 中白色箭头表示的是生物体方面发生的反应，即材料对活系统的作用，包括局部和全身反应（如炎症、细胞毒性、凝血、过敏、致癌、畸变等排斥反应），以及促进组织形成。黑色箭头表示的是与生物体接触的材料的表面变化。

2. 高分子材料对组织反应的主要影响因素

材料与生物体的相互作用情况决定了材料组织相容性。高分子材料植入人体后，对组织反应的影响因素主要包括以下四种。

(1) 高分子材料中可逸出成分的影响

高分子材料中逐渐渗出的各种化学成分（如添加剂、杂质、单体、低聚物等）会导致不同类型的组织反应。例如，聚氨酯和聚氯乙烯中可能存在的残余单体有较强的毒性，渗出后会引起人体严重的炎症反应。而硅橡胶、聚丙烯、聚四氟乙烯等高分子的毒性渗出物通常较少，植入人体后表现的炎症反应较轻。

高分子材料渗出物的毒性、浓度、总量、渗出速率和持续期限等决定了高分子材料引起的组织反应的严重程度。高分子材料渗出物的毒性越大、渗出量越多，导致的炎症反应越强。

（2）高分子材料化学结构的影响

如果高分子材料不逸出有害物质，那么强疏水性高分子材料和强亲水性高分子材料引起的组织反应较轻，而弱疏水性高分子材料和弱亲水性高分子材料引起的组织反应往往较严重。

（3）高分子材料生物降解性的影响

生物降解高分子材料在人体内会逐渐发生降解反应，降解反应速度、降解产物的毒性、降解的时长等因素共同影响其对人体的组织反应。如果高分子材料降解速度很慢且产物无毒或毒性很小，则高分子材料的生物降解性通常不会导致明显组织反应。但如果高分子材料在体内降解速度很快，而且产物具有较大的毒性，则高分子材料的生物降解性会引起严重的急性或慢性炎症反应。例如，当聚酯材料作为人工喉管修补材料时，其生物降解性会导致慢性炎症的情况。

（4）高分子材料物理形态的影响

高分子材料的形状、大小、表面平滑度、孔隙度等物理形态不同时也会引起不同的组织反应。研究发现医用高分子材料的体积越大、表面越平滑，植入生物体内引起的组织反应越严重。例如，研究发现当植入小白鼠体内的生物医用材料形状为大体积薄片时，引起肿瘤的可能性比在薄片上穿大孔时高出一倍左右。而如果医用材料为海绵状、纤维状或粉末状时几乎不会导致肿瘤。

另外，试验动物的种属差异、材料植入生物体的位置等生物学因素以及植入技术等人为因素也会影响组织反应。

3. 高分子材料在体内的表面钙化

高分子材料植入人体后，在材料表面会出现钙化合物沉积的现象，即钙化现象。钙化现象是导致高分子材料在人体内应用失效的原因之一。研究发现钙化层主要以钙、磷两种元素为主，而且钙磷比值与羟基磷灰石中的钙磷比值几乎相同。这表明，钙化现象是高分子材料植入生物体内后，对肌体组织造成刺激，促使肌体的新陈代谢加速的结果。

影响材料表面钙化的因素较多，主要有生物因素（如物种、年龄、激素水平等）和材料因素（亲水性、疏水性、表面缺陷）等。一般来说，植入材料时生物体年龄越小，材料表面发生钙化的可能性越大；而且当植入医用材料为多孔材料时发生钙化的情况要远严重于为无孔医用材料。

4. 高分子材料的致癌性

大量研究表明，当材料植入大鼠或小鼠体内时，只要植入材料是固体并且面积大于 $1\ cm^2$，那么不管所用材料性质如何（金属、陶瓷或高分子物质）、形状如何（膜状、片状或板状），也不管材料本身是否具有化学致癌性，都有可能导致肿瘤产生，这种现象叫作固体致癌性或异物致癌性。

根据肿瘤发生率和潜伏期，高分子材料对大鼠的致癌性可以分为三类：

（1）能释放出小分子致癌物的高分子材料，这类高分子材料致癌率高、潜伏期短。

(2) 本身具有癌症原性的高分子材料，这类高分子材料致癌率较高，但潜伏期长短不定。

(3) 只是作为简单异物的高分子材料，这类高分子材料致癌率通常较低，且潜伏期长。显然只有这类高分子材料才有可能进行临床应用。

11.2.2 医用高分子材料的血液相容性

血液相容性是指材料与血液的相互适应性，即与血液接触后，不引起血浆蛋白的变性，不破坏血液的有效成分，不导致血液的凝固和血栓的形成。医用高分子材料对血液的相容性是所有性能中最重要的。目前，抗血栓性能较好的高分子材料主要包括聚氨酯-聚二甲基硅氧烷、聚苯乙烯-聚甲基丙烯酸羟乙酯、含聚氧乙烯醚的聚合物、肝素化材料、尿酶固定化材料、骨胶原材料等。

1. 高分子材料的凝血作用

人体内血液循环存在两个作用方向相反的系统：凝血系统和抗凝血系统。当血液在以内皮细胞为内壁的血管中正常流动时，一般不出现凝血现象。当人体的表皮受到损伤时，流出的血液会自动凝固，称为血栓。实际上，血液在受到下列因素影响时，都可能发生血栓：① 血管壁特性与状态发生变化；② 血液的性质发生变化；③ 血液的流动状态发生变化。当高分子材料植入体内与血液接触时，血液的流动状态和血管壁状态都发生了变化，材料被生物体作为异物而识别，二者界面在发生了一系列复杂的相互作用后，产生凝血现象，从而发生血栓。

这一过程基本上可用图 11-2 来简略描述。

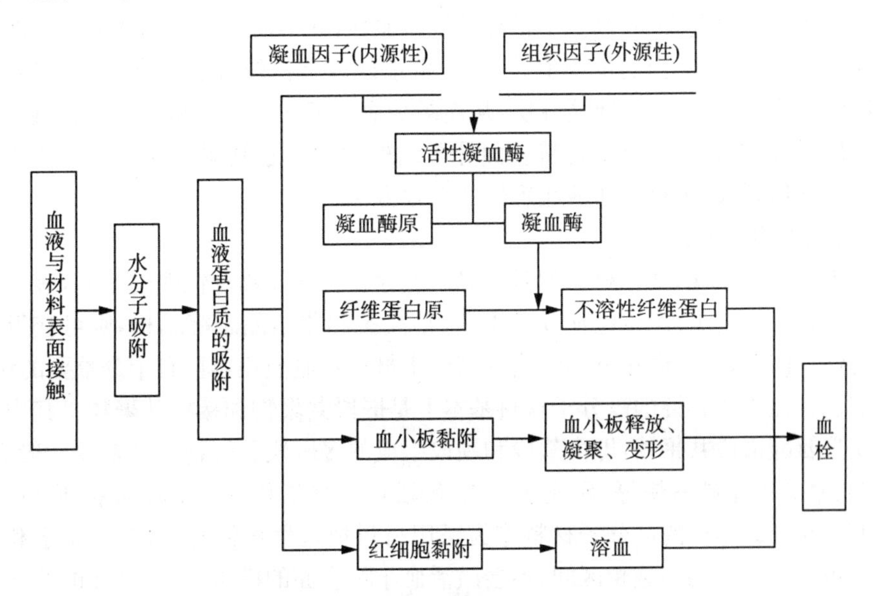

图 11-2 生物材料表面血栓形成过程

首先，小分子(水和无机盐等)和血浆蛋白(包括部分凝血因子、抗凝血因子)相继吸附在材料表面，形成一蛋白质吸附层。这一过程十分迅速，大约只需几秒。材料的表面性质极大地影响着吸附蛋白层的数量、组成、结构，这对血栓的形成起重要作用。其次，吸附在材料表面的蛋白质变性、活化，在 Ca 存在的条件下，通过激活凝血因子、血小板黏附、红细胞黏附三条途径，最终导致血栓形成。其中以凝血因子的激活和血小板黏附起主导作用，而这两者之间又相互影响，相互促进。同时，由于生物体系还存在着抗凝血系统负反馈机制，如抗凝血因子体系、抗血小板体系、纤维蛋白溶解体系等，也将受到材料表面性质的影响，与凝血系统协同作用，决定材料表面凝血反应的速度与程度。

2. 改善高分子材料抗凝血性的措施

高分子材料界面性质与血液界面性能的不同可能造成吸附，从而改变蛋白质的形状以及排列，产生溶血、凝血或者血栓。人工心脏、人工肾脏、人工肝脏、人工血管等脏器和部件长期与血液接触，因此要求其材料必须具有优良的抗血栓性能。材料与血液接触后，不形成不可逆的血栓过程，称为具有抗凝血性。绝大多数高分子材料具有凝血作用，因此高分子材料的抗凝血一直是该领域的研究热点。依据材料表面的凝血机制，形成血栓的任何一个环节受到抑制或阻断，都可得到良好的抗凝血性。目前而言，改善高分子材料抗凝血性能主要有以下几种途径。

(1) 高分子材料表面亲、疏水性的改善

强疏水性高分子材料对血液成分吸附能力小，因此血液相容性好，如强疏水性聚四氟乙烯具有较好的血液相容性；而强亲水性高分子材料吸水后与血液表面性能接近，从而减小对蛋白质的吸附，因此也具有优异的血液相容性。例如，高亲水性的聚氧化乙烯就是一种非常重要的抗凝血材料，添加聚氧化乙烯(分子量 6 000)于凝血酶溶液中，可防止凝血酶对玻璃的吸附。可见，无论是疏水性高分子还是亲水性高分子，都可在一定程度上具有抗凝血性。进一步研究发现，高分子材料的抗凝血性，并不简单决定于其是疏水性的还是亲水性的，而是决定于它们的平衡值。亲水-疏水性调节得较合适的高分子材料，往往有足够的吸附力吸附蛋白质，形成惰性层，从而减少血小板在其上的黏附，起到抗血栓作用。因此，通过接枝改性调节高分子材料表面分子结构中的亲水基团与疏水基团的比例使其达到一个最佳值，是改善材料血液相容性的有效方法。

(2) 设计微相分离结构

近年来的研究发现，如果材料的微观界面上存在化学及物理性能的不同，表面具有适当比例的亲水性和疏水性、正电荷及负电荷、结晶态和非结晶态等结构，则可获得良好的血液相容性。因此，具有微相分离结构的高分子材料对血液相容性有十分重要的作用。

具有优良血液相容性的高分子材料基本上是嵌段共聚物和接枝共聚物。其中研究得较多的是聚氨酯嵌段共聚物，即由软段和硬段组成的多嵌段共聚物。其软段一般为聚醚、聚丁二烯、聚二甲基硅氧烷等，形成连续相；硬段包含脲基和氨基甲酸酯基，形成分散相。这类具有微相分离结构的高分子材料作为医用材料植入生物体时，血液中亲水和疏水的蛋白质会被吸附于不同的微相区间，不会激活血小板表面的糖蛋白，血小板的特异识别功能表现不出来，从而可表现出优异的抗血栓性能。

例如，在聚苯乙烯、聚甲基丙烯酸甲酯的结构中接枝上亲水性的甲基丙烯酸-β-羟乙酯，当接枝共聚物的微区尺寸在 20～30 nm 时，材料有优良的抗血栓性。

(3) 高分子材料的肝素化

材料表面引入生物相容性物质，如肝素、白蛋白等，也是提高高分子材料血液相容性的有效方法。

近来常将以肝素为主的抗凝剂固定于高分子材料表面，可显著改善材料的血液相容性。肝素是一种硫酸多糖类物质，含有$—SO_3—$，$—COO—$及$—NHSO_3—$功能基团，是最早被认识的天然抗凝血产物之一，具有很强的抗凝血作用。将肝素通过接枝方法固定在高分子材料表面上以提高其抗凝血性，是改变材料抗凝血性的重要途径。在高分子材料结构中引入肝素后，材料在与血液接触时，持续释放肝素可提高血液相容性，防止局部血栓形成，达到抗凝血效果。

把肝素固定在生物高分子材料表面既有物理吸附方式又有化学结合法，在化学结合中，又有离子键结合和共价键结合之分。化学键固定的肝素较物理吸附的稳定，而在化学固定中，通过共价键结合的又远比通过离子键结合的稳定；但另一方面，通过共价键结合的表面固定化肝素有生物活性较低及抗凝血性改善幅度不突出的问题。现人工合成的仿肝素共聚物同样具有较好的抗凝血功能。

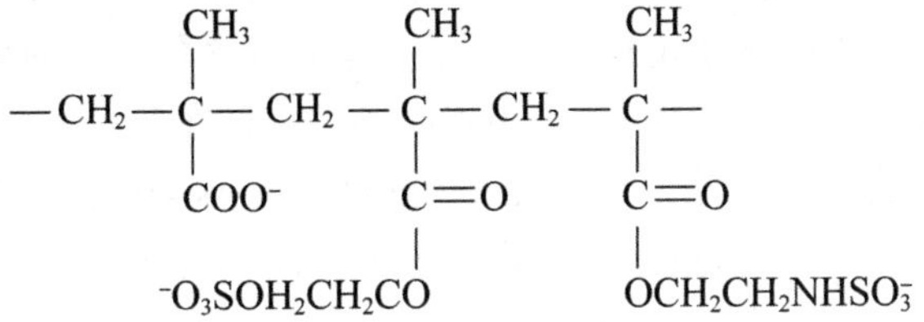

$$
\begin{array}{ccccccccc}
 & & CH_3 & & & CH_3 & & & CH_3 \\
 & & | & & & | & & & | \\
— & CH_2— & C & —CH_2— & & C & —CH_2— & & C — \\
 & & | & & & | & & & | \\
 & & COO^- & & & C{=}O & & & C{=}O \\
 & & & & & | & & & | \\
 & & {}^-O_3SOH_2CH_2CO & & & & & & OCH_2CH_2NHSO_3^-
\end{array}
$$

仿肝素共聚物

(4) 高分子材料表面接枝改性

表面接枝改性是提高高分子生物医用材料抗凝血性的重要途径之一，这种方法可将材料的力学性能和抗凝血性能有机地结合起来。材料表面具有一端悬挂的长链结构是其具有良好血液相容性的一个条件，因为这种结构可以维持血液中血浆蛋白的正常构象，使材料表面类似于人体生物膜。用于高分子生物材料表面接枝的方法主要有化学试剂法、偶联剂法、等离子体法、紫外光照法及近年兴起的臭氧接枝法等。

(5) 高分子材料表面固定尿激酶

大量研究表明，将尿激酶固定在高分子材料表面可以显著地改善材料的血液相容性。关于固定尿激酶的抗凝血机理，至今仍然有许多说不清楚的问题。用尿激酶修饰材料表面的缺点是它只能溶解已形成的血栓，而不能防止血栓的生成，且只能供短期装置用。用尿激酶固定的材料在临床上已用来制备淋巴导出线、血管缝合线以及排液用排泄管等。

(6) 使高分子材料表面带上负电荷的基团

由于血液中多种组分(如血红蛋白、部分血浆蛋白质等)在血液环境中呈负电性，血管内壁也呈负电性，因此静电排斥作用可以阻碍血浆蛋白及血小板等物质的吸附，从而有利于抗凝血。因此，在高分子材料中引入带负电的基团，利用静电排斥，可以有效防止带有负电荷的血小板凝聚，有利于材料的抗血栓性。例如，将芝加哥酸(1-氨基-8-萘酚-2，4-二磺酸)引入聚合物表面后，可减少血小板在聚合物表面上的黏附量，抗凝血性提高。

美国的Amoco公司研制的离子型水凝胶Ioplex是由聚乙烯苄三甲基铵氯化物与聚苯乙烯磺酸钠通过离子键结合得到的。这种聚合物水凝胶的含水量与正常血管一致，通过调节这两种聚电解质的比例，可制得中性的正离子型或负离子型产品。其中负离子型的材料可以排斥带负电的血小板，有利于抗凝血，是一类优良的人工心脏、人工血管的材料。

用阴离子修饰材料表面来提高抗凝血性能已被广泛研究。但事实上，血小板中的凝血因子在负电荷表面容易活化。若电荷密度太大，容易损伤血小板而造成血栓。因此，以材料-血液的静电作用理论来设计抗凝血材料表面目前仍有很大欠缺。

(7) 高分子材料表面伪内膜化

人们发现，大部分高分子材料的表面容易沉渍血纤蛋白而凝血。如果有意将某些高分子的表面制成纤维林立状态，当血液流过这种粗糙的表面时，迅速形成稳定的凝固血栓膜，但不扩展成血栓，然后诱导出血管内皮细胞。这样就相当于在材料表面覆盖了一层光滑的生物层——伪内膜。这种伪内膜与人体心脏和血管一样，具有光滑的表面，从而达到永久性的抗血栓性。目前，表皮伪内膜的聚四氟乙烯人工血管在临床已得到应用。

值得注意的是，人工血管的伪内膜如果过厚，营养将供应不上，细胞会坏死脱落，使得裸露的部分发生凝血。为此科学工作者进行了大量研究来控制伪内膜的厚度。如多孔性的聚四氯乙烯侵入水溶性的聚乙烯醇中，在表面形成多孔性亲水膜，减少对血浆蛋白的吸附。人工血管壁形成的伪内膜并非真正意义上的血管内膜，由于形成的蛋白质层的成分和厚度并不能得到很好的控制，目前尽管采取了一些改进措施，但人工血管壁上这层伪内膜还是没有达到和移植部位有效的相容性。

11.3 天然高分子生物材料

人类机体的皮肤、肌肉、组织和器官都是由高分子化合物组成的，天然高分子生物材料是人类最早使用的医用材料之一，是指从自然界现有的动、植物体中提取的天然活性高分子，如从各种甲壳类、昆虫类动物体中提取的甲壳质壳聚糖纤维，从海藻植物中提取的海藻酸盐，从桑蚕体内分泌的蚕丝经再生制得的丝素纤维与丝素膜，以及由牛屈肌腱重新组构而成的骨胶原纤维等。

天然高分子生物材料具有不可替代的优点，包括功能多样性、与机体的相容性、生物可降解性。

目前天然高分子生物材料主要有：① 天然蛋白质材料，即胶原蛋白和纤维蛋白两种。② 天然多糖类材料，如纤维素、甲壳素和壳聚糖等。它们由于结构和组成的差异，表现出不同的性质，应用于不同的方面。

11.3.1 天然蛋白质材料

1. 胶原蛋白

胶原蛋白是脊椎动物的主要结构蛋白，是支持组织和结构组织(皮肤、肌腱和骨骼的有机质)的主要组成成分。胶原的基本单位为原胶原蛋白。原胶原蛋白是由三条α-肽链相互拧成的三股螺旋状结构的蛋白质,其分子量为30万左右,与各种物种和肌体组织制备的胶原结构极其相似。目前牛和猪的肌腱、生皮、骨骼是生产胶原的主要原料。

胶原与人体组织相容性好,不易引起抗体产生,植入人体后无刺激性,无毒性反应,能促进细胞增殖,加快创口愈合,并具有可降解性,可被人体吸收,降解产物也无毒副作用。因此,胶原已被广泛应用于生物医用材料和生化试剂,并越来越受到人们重视。

胶原分散体具有再生特性,可以将其加工成不同形状的制品而用于临床。例如,胶原凝胶可以用作创伤敷料;胶原粉末可用于止血剂和药物释放系统;胶原纤维可用作人工血管、人工皮、人工肌腱和外科缝线;胶原薄膜可用于角膜、药物释放系统和组织引导再生材料;胶原管可用于人工血管、人工胆管和管状器官;胶原空心纤维可用于血液透析膜和人工肺膜;胶原海绵可用于创伤敷料和止血剂等。

胶原在应用时必须交联,以控制其物理性质和生物可吸收性。戊二醛和环氧化合物是常用的交联剂。残留的戊二醛会引起生理毒性反应,因此必须注意应使交联反应完全。胶原交联以后,酶降解速度显著下降。

2. 纤维蛋白

纤维蛋白是纤维蛋白原在生理条件下凝固而成的一种材料,是纤维蛋白原的聚合产物。纤维蛋白主要来源于血浆蛋白,因此,具有明显的血液和组织相容性,无毒副作用和其他不良影响,在医学领域有着重要用途。纤维蛋白的主要生理功能为止血,并能明显促进创伤的愈合;还可作为一种骨架,促进细胞的生长;并具有一定的杀菌作用。

纤维蛋白作为止血剂、创伤愈合剂和可降解生物材料在临床上已经应用很久。纤维蛋白在临床上比较普遍的应用形式主要有以下几种:

(1) 纤维蛋白原的就地凝固:用于眼科手术的组织黏合剂、肺切除后胸腔填充物及外科手术中的止血等。

(2) 纤维蛋白粉末:用作止血剂,可以与抗生素共用,用作充填慢性骨炎和骨髓炎手术后的骨缺损等。

(3) 纤维蛋白海绵:用作止血剂、扁平瘢的治疗和唾液腺外科手术后的填充物等。

(4) 组织代用品:主要用于关节成形术、视网膜脱离治疗、眼外科治疗、肝脏止血及疝气修复等。

(5) 纤维蛋白薄膜:用于神经外科,替代硬脑膜和保护末梢神经缝线;用于烧伤治疗,消除上颌窦和口腔间的穿孔。

纤维蛋白的降解包括酶降解和细胞吞噬两种过程,降解产物可以被肌体完全吸收。降解速度随产品不同从几天到几个月不等。交联和改变其聚集状态是控制其降解速度的重要手段。

11.3.2 天然多糖类材料

多糖是由许多单糖分子经失水缩聚,通过糖苷键结合而成的天然高分子化合物。自然界广泛存在的多糖主要有以下几类:

(1) 植物多糖,如纤维素、半纤维素、淀粉、果胶等。

（2）动物多糖，如甲壳素、壳聚糖、肝素、硫酸软骨素等。

（3）琼脂多糖，如琼脂、海藻酸、角叉藻聚糖等。

（4）菌类多糖，如D-葡聚糖、D-半乳聚糖、甘露聚糖等。

（5）微生物多糖，如右旋糖苷、凝乳糖、出芽短梗孢糖等。

目前，研究较多的多糖类材料为纤维素、甲壳素和壳聚糖。甲壳素、壳聚糖及其衍生物具有良好的生物相容性和生物降解性。降解产物带有一定正电荷，能从血液中分离出血小板因子，增加血清中H-6水平，促进血小板聚集，作为止血剂有促进伤口愈合，抑制伤口愈合中纤维增生，并促进组织生长的功能，对烧、烫伤有独特疗效。

1. 纤维素

葡萄糖是经由糖苷键连结的高分子化合物。它具有不同的构型和结晶形式，是构成植物细胞壁的主要成分，是存在于自然界中数量最多的碳水化合物。其结构复杂，至今仍未被完全了解。

天然的纤维素属于纤维Ⅰ型，再生纤维素属于纤维Ⅱ型，后者结构更为稳定。不同的天然纤维素其结晶度有明显差异，随着结晶度的提高，其抗张强度、硬度、密度增加，但弹性、韧性、膨胀性、吸水性和化学反应性下降。

纤维素在医学上的应用形式主要是制造各种医用膜。

（1）硝酸纤维素膜：用于血液透析和过滤，但由于制膜困难及不稳定等缺点，已逐渐被其他材料取代。

（2）黏胶纤维（人造丝）或赛璐玢（玻璃纸）管：用于透析，但由于含有磺化物且尿素、肌酐的透析性不好等原因，作为透析用的赛璐玢逐渐被淘汰。

（3）再生纤维素：再生纤维素是目前人工肾使用较多的透析膜材料。对于溶质的传递，纤维素膜起到筛网和微孔壁垒作用。

（4）醋酸纤维素膜：主要用于血透析系统。

（5）全氟代酰基纤维素：用于制造代膜式肺、人工心瓣膜、人工细胞膜层，各种导管、插管和分流管等。

2. 甲壳素

甲壳素（chitin）又名几丁质、甲壳质、壳多糖，广泛存在于节足动物（蜘蛛类、甲壳类）的翅膀或外壳及真菌和藻类的细胞壁中。自然界中，甲壳素的年生物合成量约为100亿吨，是地球上除纤维素以外的第二大有机资源，是人类可充分利用的巨大自然资源宝库。

甲壳素被科学家誉为继蛋白质、糖、脂肪、维生素、矿物质以外的第六生命要素。甲壳素有强化免疫、降血糖、降血脂、降血压、强化肝脏机能、活化细胞、调节自主神经系统及内分泌系统等功能，还可作为保健材料，用于护肤产品、保健内衣等。

我国的甲壳素资源极其丰富，而且曾是研究开发甲壳素制品较早的国家之一。早在1958年，人们就对甲壳素的性能及生产进行过研究，并用于纺织染色的上浆剂。进入20世纪80年代后期，甲壳素资源的开发利用引起了一些科研院所的重视，并开始在医疗和保健等领域进行研究与开发。甲壳素作为医用生物材料可用于以下几个方面。

（1）医用敷料：甲壳素具有良好的组织相容性，可灭菌、促进伤口愈合、吸收伤口渗出物且不脱水收缩。

(2) 药物缓释剂：基本为中性，可与任何药物配伍。

(3) 止血棉、止血剂：在血管内注射高黏度甲壳素，可形成血栓口愈合剂，使血管闭塞，从而在手术中达到止血目的。该方法较注射明胶海绵等常规止血方法，操作容易，感染少。

3. 壳聚糖

壳聚糖是甲壳素去除部分乙酸基后的产物（甲壳素的衍生物），甲壳素继续用浓碱乙酸基化则得到壳聚糖，具有一定的黏度，无毒、无害、无副作用。壳聚糖不溶于水和碱液，但可溶于多种酸溶液。壳聚糖具有较多的侧基官能团，可通过酯化、醚化、氧化、磺化以及接枝交联等反应对其进行改性。特别是其磺化产品的结构与肝素极其相似，可作为肝素的替代品用作抗凝剂。

作为一种生物相容性良好的新型生物材料，壳聚糖正受到人们的普遍重视，目前在医学上多用于以下几个方面。

(1) 可吸收性缝合线：用于消化道和整形外科。

(2) 人工皮：用于整形外科、皮肤外科，用于Ⅱ、Ⅲ度烧伤，采皮伤和植皮伤等。

(3) 细胞培养：制备不同形状的微胶囊，培养高浓度细胞，如包封的是活细胞，则构成人工生物器官。

(4) 海绵：用于拔牙患、囊肿切除、齿科切除部分的保护材料。

(5) 眼科敷料：可生成较多的成胶原和成纤维细胞。

(6) 隐形眼镜。

(7) 膜：用于药物释放系统和组织引导再生材料。

(8) 固相酶载体。

11.4 合成高分子生物材料

合成高分子材料因与人体器官组织的天然高分子有着极其相似的化学结构和物理性能，因而可以植入人体，部分或全部取代有关器官。因此，在现代医学领域得到了广泛的应用，成为现代医学的重要支柱材料。与天然生物材料相比，合成高分子材料具有优异的生物相容性，不会因与体液接触而产生排斥和致癌作用，在人体环境中的老化不明显。通过选用不同成分的聚合物和添加剂、改变表面活性状态等方法可进一步改善其抗血栓性和耐久性，从而获得高度可靠和有适当有机物功能响应的生物合成高分子材料。

合成高分子生物材料可分为两类。

(1) 生物不可降解的：如硅橡胶、聚氨酯、环氧树脂、聚氯乙烯、聚四氟乙烯、聚乙烯、聚丙烯、聚甲基丙烯酸甲酯、丙烯酸酯水凝胶、α-氰基丙烯酸酯类、聚酸胺和饱和聚酯等。

(2) 生物可降解的：如聚乙烯醇、聚乳酸、聚乙内酯、乳酸-乙醇酸共聚物和聚β-羟基丁酸酯等。

11.4.1 硅橡胶

硅橡胶是含有硅原子的特种合成橡胶的总称，平均分子量大于40万，是有机硅弹性体的主要成分。硅橡胶具有许多优异的生理特性：无毒无味，生物相容性好，耐生物老化、耐氧老化、耐光老化，较好的抗凝血性，长期植入体内物理性能下降甚微，耐高温严寒(−90℃～250℃)，良好的电绝缘性以及防霉性、化学稳定性等。

硅橡胶在医学上主要用于黏合剂、导管、整形和修复外科(人工关节、皮肤扩张、烧伤的皮肤创面保护、人工鼻梁、人工耳郭和人工眼环)、缓释和控释等。例如，硅橡胶制作的防噪声耳塞，佩戴舒适，阻隔噪声，可保护耳膜；制作的胎头吸引器，操作简便，使用安全，可根据胎儿头部大小变形，吸引时胎儿头皮不会被吸起，可避免头皮血肿和颅内损伤等弊病，能大大减轻难产孕妇分娩时的痛苦；制作的人造血管具有特殊的生理机能，能做到与人体"亲密无间"，人的机体也不排斥它；制作的鼓膜修补片片薄而柔软，光洁度和韧性都良好，是修补耳膜的理想材料，且操作简便，效果颇佳。

此外，还有硅橡胶人造气管、人造肺、人造骨、硅橡胶十二指肠管等，功效都十分理想。

11.4.2 聚氨酯(polyurethane，PU)

聚氨酯是聚醚、聚酯和二异氰酸酯聚合产物的总称。聚氨酯具有良好的延伸性和抗挠曲性，强度高、耐磨损，血液相容性、抗血栓性能好，且不损伤血液成分，使其在医疗领域得到广泛应用。

聚氨酯主要用于人工心脏搏动膜、心血管医学元件、人工心脏、辅助循环、人工血管、体外循环血液路、药物释放体系、缝合线与软组织黏合剂绷带、敷料、吸血材料、人工软骨和血液净化器具的密封剂等。

11.4.3 环氧树脂(epoxy resin)

环氧树脂的基本特性是所用单体中至少含有一个环氧基团。环氧基可与含有"活泼氢"的化合物发生反应，因此可用适当的胺或某些酸类催化做均聚反应。

环氧树脂在医学领域主要与玻璃布一起用于骨折的开放性复位和固定、牙科充填材料、电子起搏器与体液分开的保护层(灌封)、眼睑修补术、加固颅动脉瘤壁和脑电极探针的绝缘等。

11.4.4 聚氯乙烯(polyvinyl chloride，PVC，氯纶)

聚氯乙烯是由单体氯乙烯聚合而成的合成树脂，是用量最大的医用高分子材料。聚氯乙烯原料丰富、聚合容易、抗凝血性能良好，但耐热性不高(<70℃)，通过添加物的应用可改变为具有可屈挠性能。

聚氯乙烯在医学中最常用来制作塑料输血输液袋，可提高红细胞和血小板的生存率；还可用于医用导管、人工输尿管、胆管和心脏瓣膜、血泵隔膜、青光眼引流管，以及增补面部组织和中耳孔等。软质PVC的毒性问题仍有争议，目前只能用于制造与人体短期接触的制品。

11.4.5 聚四氟乙烯(polytetrafluoroethylene,PTFE)

聚四氟乙烯又名泰氟隆(Teflon),热塑性塑料,是最好的耐高温塑料,结晶熔点高达327℃,几乎完全是化学惰性的,具有自润滑性或非黏性,不易被组织液浸润。

膨体聚四氟乙烯(expanded PTFE)作为一种新型的医用高分子材料,受到了人们的广泛关注。它是由聚四氟乙烯树脂经拉伸等特殊加工方法制成。膨体PTFE是由微细纤维连接而成的网状结构,这些微细纤维形成的无数细孔赋予膨体PTFE良好的弹性和柔韧性。此外,膨体PTFE具有良好的生物相容性,且无毒、无致癌、无致敏等副作用,可用于制造人造血管、心脏补片等医用制品。同时,其特有的微孔结构有利于人体组织细胞及血管长入其微孔,形成组织连接,如同自体组织一样,是最为理想的生物组织代用品。

11.4.6 聚甲基丙烯酸甲酯(polymethyl methacrylate,PMMA)

聚甲基丙烯酸甲酯又称有机玻璃,属于丙烯酸类塑料,是目前塑料中透明度最好的一种。具有良好的生物相容性、耐老化性,机械强度较高。

在医学领域,聚甲基丙烯酸甲酯主要用于剜出后的植入物、隐形眼镜、可植入透镜、人工角膜和假牙、人工喉、食管和腕骨、闭塞器、喉支持膜、牙科夹板、气管切开导管和吻合钮、鼻窦的植入性引管、经皮装置和用于实验的标本箱及人工器官外壳等;可用于增补面部的软和硬组织,特别是修补眼窝的爆裂骨折;可作为颅骨缺损时的替代骨片;可充填乳突切除后的遗留腔隙;可作为听小骨部分的替代物和脊椎鼓节段的固定,颅内动脉瘤的加固和充填静脉瘤囊,牙科某些直接充填树脂的基础等。

11.5 生物医用高分子材料的应用及产业化之路

11.5.1 生物医用高分子材料的应用

1. 高分子人造器官

高分子人造器官主要包括人造心脏、人造肺、人造肾脏等内脏器官,人造血管、人造骨骼等体外器官,以及人造假肢等。高分子材料作为人造器官的医用材料,正在越来越广泛地得到运用。人工脏器的应用正从大型向小型化发展,从体外使用向内植型发展,从单一功能向综合功能型发展。

(1) 人工心脏

人工心脏主要有体内埋藏式人工心脏、完全人工心脏以及辅助人工心脏。对于人工心脏来说,优良的抗血栓性是十分重要的。

1982年美国犹太大学医疗中心成功为61岁的牙科医生克拉克换上了Jarvak-7型人工心脏,打破了人造心脏持久的世界纪录。美国人工心脏专家考尔夫博士指出,人工心脏研制成功与否取决于能否找到合适的弹性体。作为人工心脏主体心泵的高分子材料,现在所用的主要是硅橡胶。

(2) 人工肾

目前人工肾以中空丝型最为先进,其材质有醋酸纤维、赛璐珞和聚乙烯醇等。其中以赛璐珞居多,占 98%。它是一种亲水性的、气体和水都能通过的材料,同时具有很好的选择过滤性。病人的血液从人工肾里流过,尿素、尿酸、Ca^{2+} 等物质可以通过中空丝膜,并留在人工肾里继而排出,而人体所需的营养、蛋白质却被挡住,留在血液里返回人体,从而对血液起到过滤作用。目前中空纤维膜已在德国的恩卡公司、日本旭化成公司研究成功,并用于工业化生产。

(3) 人工肺

人工肺并不是对于人体肺的完全替代,而是体外执行血液氧交换功能的一种装置。目前以膜式人工肺最为适合生理要求,它由疏水性硅橡胶、聚四氟乙烯等高分子材料制成。

(4) 其他

高分子人造器官还包括人工心脏瓣膜、人工血管、人工喉、人工气管、人工食管、人工膀胱等。

2. 人造组织

人造组织材料指用于口腔科、五官科、骨科、创伤外科和整形外科等的材料,主要包括以下几类。

(1) 牙科材料:可用于牙科的材料主要有聚甲基丙烯酸甲酯系、聚砜和硅橡胶等,如蛀牙填补用树脂、假牙和人工牙根、人工齿冠材料和硅橡胶牙托软衬垫等。

(2) 眼科材料:用于眼科的材料特别要求具有优良的光学性质、良好的润湿性和透氧性、生物惰性和一定的力学性能,主要制品有人工角膜(PTFE、PMMA)、人工晶状体(硅油、透明质酸水溶液)、人工玻璃体、人工眼球、人工视网膜、人工泪道、隐形眼镜(PMMA、PHEMA、PVA)等。

(3) 骨科材料:包括人工关节、人工骨、接骨材料(如骨钉)等,原材料主要有高密度聚乙烯、高模量的芳香族聚酰胺、聚乳酸、碳纤维及其复合材料。

(4) 肌肉与韧带材料:包括人工肌肉、人工韧带等,原材料有聚对苯二甲酸乙二醇酯(PET)、聚丙烯(PP)、聚四氟乙烯(PTFE)、碳纤维等。

(5) 皮肤科材料:包括含层压型人工皮肤、甲壳素人工皮肤、胶原质人工皮肤、组织膨胀器等。

3. 医用黏合剂

黏合剂作为高分子材料中的一大类别,近年来已扩展到医疗卫生部门,并且其适用范围正随着黏合剂性能的提高、使用趋于简便而不断扩大。医用黏合剂在医学临床中有十分重要的作用。在外科手术中,医用黏合剂可用于某些器官和组织的局部黏合和修补;手术后缝合处微血管渗血的制止;骨科手术中骨骼、关节的结合与定位;齿科手术中用于牙齿的修补等。

从医用黏合剂的使用对象和性能要求来区分,可分成两大类,一类是齿科用黏合剂,另一类则是外科用(或体内用)黏合剂。因为口腔环境与体内环境完全不同,对黏合剂的要求也不相同。此外,齿科黏合剂用于修补牙齿后,通常需要长期保留,因此,该类材料要求具有优良的耐久性能。而外科用黏合剂在用于黏合手术创伤后，一旦组织愈合，其作用亦告结束，此时要求其能迅速分解，并排出体外或被人体所吸收。

4. 药用高分子

药用高分子主要可以分为高分子缓释药物载体和高分子药物。

(1) 高分子缓释药物载体

药物的缓释是近年来人们研究的热点。目前部分药物，尤其是抗癌药物和抗心血管病类药物具有极高的生物毒性而较少有生物选择性，通常利用生物吸收性材料作为药物载体，将药物活性分子投施到人体内以扩散、渗透等方式实现缓慢释放。通过对药物医疗剂量的有效控制，能够降低药物的毒副作用，减少抗药性，提高药物的靶向输送，减少给药次数，减轻患者的痛苦，并且节省财力、人力、物力。目前主要有时间控制缓释体系(如"新康泰克"等，理想情形为零级释放)、部位控制缓释体系(脉冲释放方式)。近年来研究较多的是利用聚合物的相变温度依赖性(如智能型凝胶)，在病人发烧时按需释放药物，还有利用敏感性化学物质引致聚合物相变或构象改变来释放药物的物质响应型释放体系。

(2) 高分子药物

高分子药物指带有高分子链的药物和具有药理活性的高分子。如抗癌高分子药物(非靶向或靶向药物)、用于心血管疾病的高分子药物(治疗动脉硬化、抗血栓、抗凝血)、抗菌和抗病毒高分子药物(抗菌、抗病毒、抗支原体感染)、抗辐射高分子药物、高分子止血剂等。第一个实现高分子化的药物是青霉素(1962 年)，所用载体为聚乙烯胺，之后又有许多抗生素、心血管药和酶抑制剂等实现了高分子化。天然药理活性高分子有激素、肝素、葡萄糖、酶制剂等。

11.5.2 生物医用高分子材料的产业化之路

我国从 20 世纪 50 年代开始医用高分子材料的研究，经过几十年的发展，已经取得了很大的成就。但是在研究工作和生产规模上，仍存在一些问题有待解决，主要表现在技术水平较低，生产规模较小；研究速度跟不上产品更新速度，出成果周期长；材料品种少，制品规格不全，不能形成系列化；缺乏相应的检测手段，产品质量稳定性不高。

今后将主要从以下几方面发展。

(1) 医用可生物降解高分子材料因其具有良好的生物降解性和生物相容性而广泛受到重视，它在缓释药物、促进组织生长的骨架材料方面具有极大的发展潜力。

(2) 具有生物功能化和生物智能化的生物医用材料，是医用高分子材料发展的重要方向。

(3) 人工代用器官在材料本体及表面结构的有序化、复合化方面将取得长足进步，以达到与生物体相似的结构和功能，其生物相容性也将明显提高。

(4) 继续扩大药用高分子和医药包装用高分子材料的应用。

由于医用高分子材料的研究对探索人类生命的秘密、保障人体健康和促进人类文明的发展都相当重要，世界各国都十分重视并大力研究开发，正形成新的高科技产业。因此，继续大力发展我国医用高分子材料的研究和开发意义重大。

思考题

1. 生物医用材料必须具有哪些性质？
2. 对生物医用高分子材料的特殊要求有哪些？
3. 可以采用哪些方法来控制生物医用高分子材料的降解速度？
4. 是不是所有的生物医用高分子材料都要求具有优异的化学稳定性？为什么？
5. 生物医用高分子材料的安全性主要包括哪些方面？
6. 生物医用高分子材料的分类方法有哪些？
7. 什么是生物相容性？医用高分子材料的生物相容性包括哪两个方面的内容？
8. 高分子材料对组织反应的主要影响因素有哪些？
9. 请简述血栓的形成机理。
10. 什么是抗凝血性能？改善高分子材料抗凝血性能的途径主要有哪些？
11. 为什么具有微相分离结构的高分子通常具有优异的血液相容性？
12. 为什么表面带上负电荷的基团可以提高高分子抗凝血性能？
13. 天然高分子生物材料具有哪些优点？可以分为哪几类？

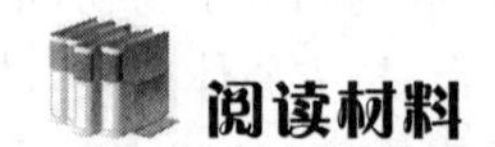

阅读材料

——新中国培养的第一代科学家　卓仁禧院士

卓仁禧(1931 年 2 月—2019 年 8 月)，福建省厦门市人。著名化学家、中国生物医用高分子材料重要奠基人之一，中国科学院化学部院士，曾任武汉大学教授、博士生导师。

卓仁禧院士毕生从事有机硅化学和生物医学高分子等方面的研究工作。他屡担国家重任，从研制光学玻璃防雾剂，到彩色录像磁带黏合剂和助剂等，不断攻坚克难，成功解决了不少关乎国防及民生的难题。

20 世纪 70 年代，根据国家需要，卓仁禧院士勇挑重任，创造性地研制成功长链烷基三烷氧基硅烷作为光学玻璃防雾剂，应用于多种光学玻璃器件作为保护涂层，同时应用于国防等多个领域。

他成功开展了生物医学高分子材料研究，深入系统地研究了生物可降解聚磷酸酯、聚酯、聚氨基酸、聚乳酸和聚酸酐等的分子设计、合成方法及表征，同时研究上述高分子材料对抗癌药物、避孕药物和蛋白质的控制释放性能。他还开展了高分子材料作为基因转移载体的研究。在聚磷酸酯合成方法的研究中，发现 4 - N,N -二甲基吡啶(DMAP)能够催化聚磷酸酯的溶液缩聚反应；在聚磷酸酯的生物活性研究方面，发现含酪氨酸二肽的聚磷酸酯疫苗佐剂，显示出与弗氏完全佐剂(FCA)相当的免疫效果。

他还成功进行了肝靶向性磁共振成像造影剂的研究，制得以聚赖氨酸和聚天冬氨酸为载体，侧链含钆配合物和对肝有靶向作用的 D-半乳糖的大分子造影剂。动物体内分布实验结果表明：这类磁共振成像造影剂毒性低，对肝脏有较好的靶向性。

由于在有机硅化学和生物材料领域所取得的系列创新性成果，卓仁禧院士获得了多项国家级奖励，包括国家科学大会奖两项，国家科技发明奖三等奖，国家自然科学奖三等奖、四等奖，教育部科技进步奖一等奖两项，教育部自然科学奖一等奖、二等奖等。

第12章 其他功能高分子材料

(1) 知道高分子表面活性剂的定义、分类，熟知高分子表面活性剂的结构与性能，了解高分子表面活性剂的合成方法，能举例说明高分子表面活性剂的应用。

(2) 知道高分子除草剂的合成方法及应用，了解高分子除螺剂的制备方法，知道高分子化肥的概念，熟悉高分子农用转光膜的作用，能举例说明吸水保墒的高吸水型高分子材料的应用。

(3) 了解环保型防污涂料的制备方法。

(4) 掌握高分子食品添加剂的性能要求，了解高分子抗氧化剂的制备方法。

(5) 熟知高分子阻燃剂的结构和阻燃机理，知道高分子阻燃剂的分类和合成方法。

(6) 了解高分子染料特点及制备方法，能举例说明高分子染料的应用。

12.1 高分子表面活性剂

12.1.1 概述

表面活性剂是分子中具有亲溶剂基与疏溶剂基，能富集(吸附)于界面，使界面性质发生显著改变而出现界面活性的物质。通常所说的表面活性剂是指水中的表面活性剂。其分子常被称作“双亲分子”。这是因为表面活性剂分子的一端为亲油的疏水基，另一端为极性的亲水基。这种特有结构通常称为“双亲结构”，其赋予了该类特殊分子既亲水又亲油，又不是整体亲水或亲油的特性。

常用的表面活性剂多为分子量为数百的低分子量化合物。随着诸多热点领域，如强化采油、药物载体与控制释放、生物模拟、聚合物LB膜、医用高分子材料(抗凝血)以及乳液聚合等的深入研究，对表面活性剂的要求趋于多样化和高性能化。而在众多的新型结构的表面活性剂中，具有表面活性的高分子化合物现已成为人们关注的焦点，对其进行的研究开发如火如荼。

高分子表面活性剂是相对一般的低相对分子质量表面活性剂而言的，通常指相对分子质量大于1 000且具有表面活性功能的高分子化合物。也有说法认为，高分子表面活性剂是指分子量达到某种程度以上（一般为10^3～10^6）又有一定表面活性的物质。高分子物质分子量到底多大并没有严格的界限，但高分子表面活性剂相比低分子表面活性剂其分子量要大很多。和低分子表面活性剂一样，高分子表面活性剂由亲水部分和疏水部分组成。

与低分子表面活性剂相比，高分子表面活性剂具有以下特点：

（1）具有较高的分子量，渗透能力差，可形成单分子胶束或多分子胶束。

（2）溶液黏度高，成膜性好。

（3）具有很好的分散、乳化、增稠、稳定以及絮凝等性能，起泡性差，常作消泡剂。

（4）大多数高分子表面活性剂是低毒或无毒的，具有环境友好性。

（5）降低表面张力和界面张力的能力较弱，且表面活性随分子量的升高急剧下降，当疏水基上引入氟烷基或硅烷基时，其降低表面张力的能力显著增强。

12.1.2 高分子表面活性剂的分类

1. 根据来源分类

高分子表面活性剂根据来源不同可分为天然高分子表面活性剂和合成高分子表面活性剂。

天然高分子表面活性剂是从动、植物体内分离、精制而成的两亲性水溶性高分子，主要有纤维素类、淀粉类、腐殖酸类、木质素类等。天然高分子表面活性剂具有优良的增黏性、乳化性、稳定性和结合力，还具有很高的无毒安全性和易降解性等。天然高分子表面活性剂还包括天然高分子经过化学改性而制成的高分子表面活性剂，也叫半合成高分子表面活性剂，如各种淀粉、树胶、多糖、改性淀粉、纤维素、蛋白质和壳聚糖等。例如，通过壳聚糖接枝二甲基十四烷基环氧丙基氯化铵，再磺化引入—SO_3H，合成了一种吸湿性极强、具有优异表面活性的新型壳聚糖两性高分子表面活性剂。

合成高分子表面活性剂是指由两亲单体均聚或由亲水单体和亲油单体共聚以及在水溶性较好的大分子物质上引入两亲单体制得的高分子，如聚丙烯酰胺、聚丙烯酸和聚苯乙烯-丙烯酸共聚物等。例如，采用烷基酚聚氧乙烯醚丙烯酸酯、丙烯酰胺和丙烯酸异辛酯共聚，可制得三元共聚物高分子表面活性剂。

2. 根据在水中电离后亲水基所带电荷分类

高分子表面活性剂可根据在水中电离后亲水基所带电荷分为阴离子型、阳离子型、两性离子型和非离子型四类高分子表面活性剂。

（1）阴离子型高分子表面活性剂

典型的阴离子型高分子表面活性剂有聚甲基丙烯酸钠、羧甲基纤维素钠、缩合萘磺酸盐、木质素磺酸盐、缩合烷基苯醚硫酸脂等，主要可以分为以下三种类型。

① 羧酸型　典型的羧酸型阴离子高分子表面活性剂有聚丙烯酸及其共聚物、丁烯酸及其共聚物、羧甲基纤维素、羧基改性聚丙烯酰胺、丙烯酸和马来酸酐共聚物以及它们的部分皂化物等。

② 硫酸酯盐型　硫酸是一种二元酸，与醇类发生酯化反应时可以生成硫酸单酯和硫

酸双酯。硫酸单酯和碱中和生成的盐叫硫酸酯盐。硫酸酯盐型阴离子高分子表面活性剂主要有脂肪醇硫酸酯盐(又称伯烷基硫酸酯盐)和仲烷基硫酸酯盐两类。

③ 磺酸型　磺酸型阴离子高分子表面活性剂有部分磺化聚苯乙烯、苯磺酸甲醛缩合物、萘磺酸甲醛缩合物、磺化聚丁二烯等,木素磺酸盐亦是一种磺酸型高分子表面活性剂。

(2) 阳离子型高分子表面活性剂

典型的阳离子型高分子表面活性剂有氨基烷基丙烯酸酯共聚物、改性聚乙烯亚胺、含有季铵盐的丙烯酸酰胺共聚物、聚乙烯基苄基三甲铵盐等,主要可分为胺型(或多胺类)和季铵盐型。

① 胺盐或多胺类　如聚乙烯亚胺、改性聚乙撑亚胺、聚乙烯基吡咯烷酮、氨基烷基丙烯酸酯共聚物、聚马来酰亚胺及其衍生物等。

② 季铵盐　如季铵化聚丙烯酰胺、聚乙烯基苄基三甲胺盐、聚二甲胺环氧氯丙烷等。季铵类高分子表面活性剂在酸性、中性及碱性水介质中显示阳电性。例如,以氯丙烯为原料,季铵化一步法合成二甲基二烯丙基氯化铵后,再与丙烯酸、丙烯酰胺共聚制得一种用途广泛的阳离子型聚季铵盐高分子表面活性剂。该聚合物与洗发水中常用的表面活性剂相容配伍性极佳,能赋予头发良好的调理性能。

(3) 非离子型高分子表面活性剂

非离子型高分子表面活性剂的主要品种有聚乙烯醇及其部分酯化或缩醛化产品,如经其改性的聚丙烯酰胺、马来酸酐共聚物、聚丙烯酸酯、聚醚、聚环氧乙烷-环氧丙烷、水溶性酚醛树脂、氨基树脂等。成功合成的丙烯酸酯多元共聚物表面活性剂,具有良好的破乳效果。与环氧乙烷-环氧丙烷嵌段共聚物非离子型破乳剂相比,该共聚物乳液破乳剂 SDE 生产条件温和、操作方便、原料来源丰富,有着广阔的应用前景。

近年来,合成糖基为亲水基的高分子表面活性剂被广泛研究。因为它们取自天然的可再生资源,与环境兼容性好,对皮肤温和,具有良好的起泡力,可在个人护理用品、家用洗涤剂和餐洗剂中用作辅助表面活性剂。糖基类高分子表面活性剂大体分为糖基位于侧链和糖基位于主链两种。如以聚苯乙烯为亲油基在侧链引入麦芽糖、葡萄糖等糖类亲水基,所得高分子表面活性剂既溶于水又溶于有机溶剂,在水中能形成胶束,能与一些糖类结合成卵磷脂凝聚,能吸收溶在水中的有机颜料。制备多数糖基高分子表面活性剂的起始糖类物质是葡萄糖。乳糖也是一种适宜的糖类物质来源。例如,人们采用淀粉和苯乙烯合成了淀粉-苯乙烯接枝共聚物,并研究了它们的表面活性性质与分子量和接枝量之间的关系,结果表明,淀粉苯乙烯接枝共聚物的气泡型和乳化能力随产物分子量的增加而有所降低,泡沫稳定性和乳化稳定性与分子量和接枝量之间的关系较为复杂。

(4) 两性离子型高分子表面活性剂

丙烯酸乙烯基吡啶共聚物、丙烯酸、阳离子丙烯酸酯共聚物、两性聚丙烯酰胺等都属于典型的两性离子型高分子表面活性剂。两性离子型高分子表面活性剂主要有氨基酸型和甜菜碱型,也有通过复配而制得的两性离子型高分子表面活性剂。

表面活性剂的复配技术已广泛用于化妆品、洗涤、制药等行业。两种或多种具有协同效应的表面活性剂复配,常常会带来单一品种表面活性剂所不具有的某些特性。近年来人们从分子设计的角度出发,合成了一些特殊结构(梳型、星型等)的高分子表面活性剂,使其在界面的定向排列能力增强。因此有望制得集乳化与增稠为一体的高分子表面活性剂。

例如，将羧甲基壳聚糖与烷基缩水甘油醚在碱性条件下反应，合成了一系列新型的两性化合物——(2-羟基-3-烷氧基)丙基-羧甲基壳聚糖。通过壳聚糖接枝二甲基十四烷基环氧丙基氯化铵，再磺化引入磺酸基合成了一种吸湿性极强，具有优异表面活性的新型壳聚糖两性高分子表面活性剂。

3. 根据在溶液中是否形成胶束分类

根据在溶液中是否形成胶束，高分子表面活性剂可分为聚皂及水溶性高分子表面活性剂。

(1) 聚皂

绝大多数的聚皂都带电荷，这一点与聚电解质类似。事实上，聚皂大多数都是对聚电解质进行疏水改性的产物，一般是不溶于水的。

(2) 水溶性高分子表面活性剂

在众多的高分子表面活性剂中，水溶性高分子表面活性剂近年来发展十分迅速。

在溶液中不形成胶束的高分子表面活性剂，一般主要是水溶性高分子表面活性剂。水溶性高分子表面活性剂可以溶于水，具有极强的亲水性。一般水溶性高分子表面活性剂都含有很强的亲水基，可以以分子状态分散于水中；但当介质极性降低或分子中疏水基团变长时，则会形成胶束。

水溶性高分子表面活性剂按其来源可以分为天然高分子表面活性剂和合成高分子表面活性剂；前者包括半合成高分子表面活性剂。水溶性高分子表面活性剂按其在水中的离子性来分类，可分为阴离子型、阳离子型、两性离子型和非离子型。

12.1.3 高分子表面活性剂的结构与性能

1. 高分子表面活性剂的结构

高分子表面活性剂的表面活性取决于其在溶液中的大分子形态，而分子形态又与聚合物的二亲性化学分子结构、组成比及大分子的相对分子质量等因素密切相关。

(1) 嵌段型表面活性剂

多嵌段疏水性链段分布于大分子主链上，适当的疏水-亲水序列长度将有效地防止疏水链段自身缔合(形成单分子胶束)或分子间缔合(多分子缔合)。该类活性剂的典型结构如下：

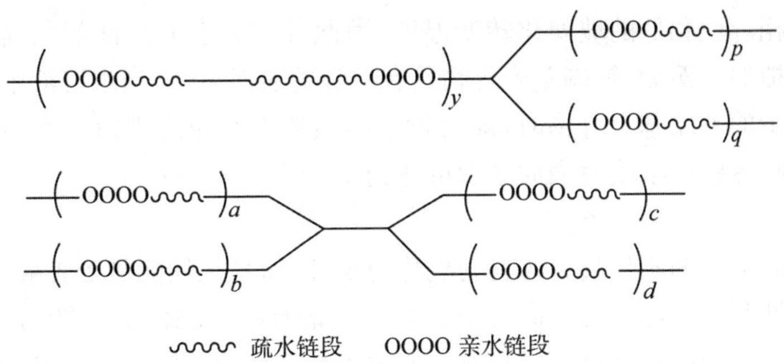

∿∿∿ 疏水链段　OOOO 亲水链段

(2) 梳形表面活性剂

梳形表面活性剂具有制备容易、品种多样等优点。如两性及两亲单体均聚或者共聚得到的表面活性剂，根据疏水、亲水基团位置的不同，呈现出不同的支链化学结构。典型结构如下：

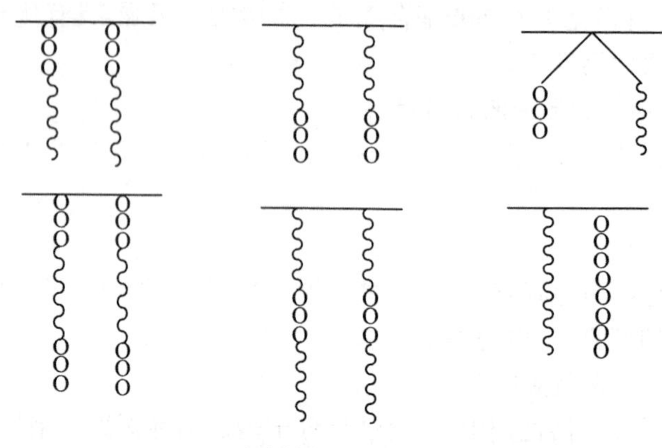

由于支链上存在亲水基团，阻碍了疏水链段的聚集缔合，即使在已经生成的胶束中，与一般形成的紧密内核的胶束相比，内部相当疏松，仍然有大量水分子，因此可具有较高的表面活性；同时，由于构型的原因，两亲性的支链可阻碍由亚甲基和次甲基组成的疏水主链的缔合，使其参与界面的吸附。研究表明，在保持溶解性的前提下，任何增加分子链刚性的因素都有利于溶液中大分子的舒展，都可能提高聚合物的表面活性。

2. 高分子表面活性剂的性质

高分子表面活性剂降低表(界)面的能力并不显著，去污力、起泡力和渗透力均较低，但是在各种表(界)面上有很好的吸附性。因而分散性、凝聚性和增溶性均好，用量较大时还具有很好的乳化性和乳化稳定性。下面简要介绍一些高分子表面活性剂的性质。

(1) 表面活性

高分子表面活性剂的表面活性通常较弱，表面张力要经过很长时间才能达到恒定。表面活性不但与化学结构及相对分子质量有关，还与大分子化合物内链段的排列方式有关。当疏水基上引入硅烷、氟烷时，降低表面张力的能力显著增强。有机硅高分子表面活性剂由性能差别很大的聚醚链段和聚硅氧烷链段通过化学键连接而成，亲水性的聚醚链段赋予了其良好的水溶性，疏水性的聚硅氧烷链段又赋予了其低表面张力，而且这类共聚物还具有生物相容性和低的玻璃化转变温度，因此其作为表面活性剂是其他有机类表面活性剂无法比拟的。例如，氟端基聚合物具有极强的表面活性，当水溶液中或聚合物共混体中含有极少量的氟端基聚合物时，即会发生强烈的表面吸附现象。水溶性的氟端基聚合物水溶液在临界胶束浓度时表面张力可达到 15 mN/m 左右。

(2) 乳化性

高分子表面活性剂不仅具有优良的乳化稳定性，而且往往能赋予乳液以特殊性能，这是普通表面活性剂无法比拟的。高分子表面活性剂具有较强的乳化能力，将一定量接枝共聚物溶解于油(水)中，充分振荡后，就会使油水体系乳化，并且保持乳化液稳定。

(3) 胶束性质

为获得必要的亲水性应引入亲水基，但水溶性和亲水基含量及极性间却没有定量关系。这是因为聚合物不同，分子结构不同，水溶性亦会有很大的变化。当疏水基作用加强时，水溶性高分子表面活性剂会形成胶体溶液，即以分子聚集体形式存在于溶液中。在多数情况下，水溶性高分子表面活性剂形成的是胶体溶液，这是一种热力学稳定体系，各种形状的粒子以分子簇的形式悬浮于胶体溶液中。聚皂同低分子表面活性剂一样，疏水基吸附在表面而使表面张力降低，同时在溶液内部缔合成胶束。

(4) 分散性

普通表面活性剂虽然大多具有分散作用，但由于受分子结构、相对分子质量等因素的影响，它们的分散作用往往十分有限，导致用量需较大。高分子表面活性剂由于亲水基、疏水基、位置、大小可调，分子结构可呈梳状，又可呈现多支链化，因而对分散微粒表面覆盖及包封效果比普通表面活性剂强得多，因此成为很有发展前途的一类分散剂。例如，在氧化物陶瓷微粉悬浮液中通过调节浓度，使颗粒间具有较高静电效应的基础上，加入高分子表面活性剂使颗粒间又具有空间位阻效应，防止了颗粒间的团聚可得到高度分散而无团聚的粉末和悬浮液。

(5) 增稠性

增稠性有两个含义：一是利用物质水溶液本身的高黏度，提高别的水性体系的黏度；二是水溶性聚合物可和水中其他物质，如小分子填料、高分子助剂等发生作用，形成化学或物理结合体，导致黏度增加。后一种作用往往具有更强的增稠效果。一般作为增稠剂使用的高分子应有较高的相对分子质量，如聚氧乙烯作为增稠剂时相对分子质量应在 250 万左右。常用的增稠剂有酪素、明胶、羧甲基纤维素、硬脂酸聚乙二醇酯、聚乙烯吡咯烷酮、脂肪胺聚氧乙烯、阳离子淀粉等。

(6) 絮凝性

高分子表面活性剂在低浓度时，被固体粒子表面吸附后起着粒子间的架桥作用，是很好的凝聚剂，尤其当其与硫酸铝、氧化铁等无机凝聚剂配合使用时，效果更好。阳离子型高分子表面活性剂作为絮凝剂时，通过其所含的正电荷基团对污泥中的负电荷有机胶体的电性中和作用及高分子优异的架桥凝聚功能，促使胶体颗粒聚集成大块絮状物，从其悬浮液中分离出来。非离子型表面活性剂是通过其高分子的长链把污水中的许多细小颗粒或油珠吸附后缠在一起而形成架桥。

(7) 其他功能

许多高分子表面活性剂本身起泡力不太好，但是保水性强，泡沫稳定性优良，因为高分子表面活性剂分子量高，所以具有随之而来的成膜性和黏附性等优良性能。

12.1.4 高分子表面活性剂的合成方法

1. 加成聚合

在自由基或离子型引发剂存在下，由两亲性单体均聚，或由亲油/亲水单体共聚，可以制得高分子表面活性剂。该方法简便易行，单体种类选择和组成变化范围广。

2. 缩合聚合

通过缩聚反应制备的聚酯、聚酰胺、烷基酚醛树脂及聚氨酯类高分子表面活性剂，其组成和亲油亲水平衡值(HLB)易于调节，但一般分子量较低。

3. 开环聚合

含活泼氢的化合物引发烷基环状亚胺、内脂、酰胺及环氧化合物发生开环聚合，可得到嵌段或无规高分子表面活性剂，结构易于控制，可根据性能要求调节链段长度和分布。利用开环聚合合成高分子表面活性剂的典型代表是以丙二醇为起始剂制得的嵌段聚醚"Pluronics"系列以及以己二胺为起始剂制得的具有阳离子特性的"Tatranics"系列嵌段聚醚。它们都是由环氧乙烷、环氧丙烷开环聚合而成的。通过改变聚氧丙烯的分子量(或引发剂的种类)及环氧乙烷、环氧丙烷的用量可获得具有不同亲水及疏水性能的聚醚类高分子表面活性剂。

4. 高分子的化学反应

高分子化学反应是指通过化学反应的方法在聚合物上引入疏水基或亲水基，得到两亲性结构的高分子表面活性剂。其优点是可以直接用已商品化的聚合物作起始原料，得到的产物相对分子量较高，而缺点则是反应通常需要在高黏度的聚合物溶液中进行。如把长链烷基引入聚乙烯醇、羧甲基纤维素、羟乙基纤维素中，或由磺化反应把—SO_3 基团引入亲油性的聚丁二烯或聚异戊二烯分子链上，亦可通过活泼氢反应将两亲性的聚(氧化乙烯-氧化丙烯)接枝到聚硅氧烷主链上。

12.1.5 高分子表面活性剂的应用

与常用的低分子表面活性剂相比，高分子表面活性剂降低表面张力的能力较差，成本偏高。近十余年来，由于能源工业(强化采油、燃油乳化、油-煤乳化)、涂料工业(无皂聚合、高浓度胶乳)、膜科学(仿生膜、LB 膜)的需要，高分子表面活性剂研究有了新的进展，得到了性能良好的氧化乙烯-硅氧烷共聚物、乙烯亚胺共聚物、乙烯基醚共聚物、烷基酚甲醛缩合物-氧化乙烯共聚物等品种。有些高分子虽然降低溶剂表面张力的能力较差，但可在固液、液液界面上起重要作用，如具有分散、凝聚、乳化、稳定泡沫、保护胶体、增容等能力，可用作胶凝剂、减阻剂、增黏剂、絮凝剂、分散剂、乳化剂、破乳剂、增容剂、保湿剂、抗静电剂、纸张增强剂等。

1. 在制药工业中的应用

由于嵌段型和接枝型高分子表面活性剂的优良表面活性，使得它们在制药工业中应用广泛，可以用作药物载体、药物乳化剂和分散增溶剂、润湿剂等。此外，高分子表面活性剂在药物合成中可作为相转移催化剂，其在药物分析中也有较广泛的应用。

2. 在乳液聚合中的应用

乳液聚合是合成高聚物的重要方法之一。在乳液聚合中，乳胶粒的稳定性、数目、大小以及聚合速度与最终产物的分子量有直接关系。但由于这些乳化剂一般都为低分子化合物，亲油端通过物理吸附作用连接于聚合物胶粒的表面，这使得乳胶存在着不耐电解质，容易絮凝，且小分子化合物的存在影响乳胶及其膜的性能等特点。而高分子作为乳化剂能克服上述缺点。由于其分子量较高，且亲油端结构可以选用与制备的聚合物一样的物质或类似物，根据相似相溶原则，此高分子表面活性剂的亲油端是锚接于胶粒上的，而不仅仅是吸附，这样就可大大提高了结合牢度。高分子表面活性剂作为稳定剂，主要是通过空间位阻效应而使乳化剂稳定，从而使乳胶耐电解质能力提高，并且改善了乳液及其膜的性能。所以高分子表面活性剂作为乳化剂的乳液聚合具有重要意义。

3. 在造纸工业中的应用

由于高分子表面活性剂在改进纸张性能，提高纸机效率等方面有着非常独特的重要作用，所以近年来越来越受到造纸工作者的重视。有研究表明，以不同相对分子质量的聚乙二醇与马来酸酐制备马来酸单酯，再与丙烯酸聚合生成马来酸单酯、丙烯酸共聚物，脱墨效果显著。

4. 在石油工业中的应用

由于开采出的原油中含有固体石蜡，致使原油流动性差，对这种易凝高黏油料的生产、储运、加工等工序均带来一定的困难，这个问题可以通过加入原油倾点下降剂或者流动性改进剂的办法解决。利用油溶性高分子表面活性剂的分散性可以进一步改善流动性，防止燃料油中的石蜡在运输和储藏过程中形成沉淀。

5. 在纺织印染工业中的应用

聚醚类高分子表面活性剂常被用作低泡洗涤剂、乳化剂、分散剂、消泡剂、抗静电剂、润湿剂、印染剂等；聚乙烯醇等高分子化合物作为增稠剂和保护胶体广泛应用于乳液型印染助剂的制备中；羧甲基纤维素等纤维素衍生物被用于洗涤剂，作为再沾污防止剂；木质素磺酸盐、酚醛缩合物磺酸盐等被用作不溶性染料的分散剂。

12.2 农用功能高分子材料

12.2.1 高分子除草剂

杂草会与粮食作物争夺水分、阳光和营养，因此除去杂草一直是农业的主要任务之一。除草剂是一种化学品，对杂草有触杀作用，以此达到除去杂草的目的。要在一个较长时间防止杂草生长，需要较大剂量和较多次使用除草剂。常规的除草剂有一定的毒性，对环境中的土壤、水质造成严重污染。如何降低除草剂的使用量和使用次数、降低其毒副作用、延长有效期是发展新型除草剂要解决的主要问题。高效除草剂的高分子化可以降低除草剂毒性，延长有效期。

1. 高分子除草剂的合成方法

高效除草剂主要可以通过以下两种方式高分子化。

(1) 将高效除草剂通过化学键连接到聚合物主链上

该种方法利用的化学键可以是共价键，也可以是离子键。例如，除草剂可以通过离子键与阴离子交换树脂的骨架相连，制得的高分子除草剂(如下式)有效成分的释放可以通过施用过程中的离子交换反应来控制。

$$\text{(P)}-\!\!\bigcirc\!\!-CH_2-N^+Me_3Cl^- \;+\; \text{Cl-C}_6\text{H}_3\text{(R)-OCH}_2\text{COO}^- \;+\; \text{O}^-\text{-C}_6\text{H}_2\text{(Me)(NO}_2)_2 \longrightarrow \text{高分子化除草剂}$$

高效除草剂通过化学键连接到高分子骨架上的制备过程简单，得到的高分子除草剂具有优异的机械稳定性。但该方法需要引入大量无生物活性的高分子骨架，所以除草剂的有效密度较低，增大了药剂的使用量，而且有效成分释放之后留下的离子交换树脂对环境也构成一定威胁。

(2) 将除草剂引入可聚合基团，通过聚合反应高分子化

在除草剂中引入的可聚合基团可以是能进行均聚或共聚反应的乙烯基，也可以是用于缩聚反应的反应性双功能基团。例如，将苯乙烯基作为可聚合的基团引入农药五氯苯酚分子中，然后通过自由基聚合即可实现高分子化。

$$CH_2{=}CH-C_6H_4-CO\!\left(OCH_2CH_2\right)_n O-C_6Cl_5 \xrightarrow[H_2C=CH-X]{\text{共聚反应}} \text{(P)}(X)-C_6H_4-CO\!\left(OCH_2CH_2\right)_n O-C_6Cl_5$$

$$X = \text{吡啶基}\ \text{或}\ \text{苯基}\ \text{或}\ -CO\!\left(OCH_2CH_2\right)_2 OH$$

用这种方法得到的高分子除草剂的释放速率由聚合物的降解速度控制，主要降解过程多为水解反应、光解反应等。可以通过改变高分子除草剂的亲水性调节降解速率。高分子除草剂的亲水性可以通过引入亲水性或疏水性单体共聚来调节。亲水基团的引入有利于化学或酶的水解，降解速度加快；而疏水基团的引入正好起到相反的作用。

2. 高分子除草剂的特点和应用

高分子的亲水性、高分子骨架与活性点之间连接链的长度和性质、高分子骨架的交联度、连接键的种类、环境条件（温度、湿度、光照等）等因素都会影响高分子除草剂的有效活性物质的释放速度。为此，在高效除草剂的高分子化过程中要充分考虑使用条件的要求与化学结构的关系。为了减少残余高分子的二次污染问题，高分子骨架应尽可能使用可以生物降解的高分子材料，如纤维素的衍生物等。高分子骨架还可以采用含氮元素较多的高分子，因为这样的高分子降解后，生成的含氮物质可以作为植物的肥料，从而可以起到除草和化肥的双重功能。另外，将高吸水性树脂作为除草剂的骨架，活性成分释放后留下的树脂还可以作为保水剂，起到改良沙质土壤的作用。

12.2.2 高分子除螺剂

血吸虫病是一种广泛传播的疾病，已经严重威胁人民的健康。血吸虫主要以钉螺为

宿主,因此,消灭钉螺是目前各国防止血吸虫病的主要方法。然而,消灭钉螺时往往需要使用大量有毒的化学药品,而且大量的有毒药品会流入自然的水循环系统,从而造成严重的环境污染。为了解决该问题,目前主要有两个研究方向。

(1) 研究对人和动物无毒或者低毒的杀螺剂

在对人和动物无毒或低毒的杀螺剂的研究方面已经取得了显著进展,已成功研制了无毒或低毒的生物制剂。但是这类杀螺剂往往需要大剂量、重复使用,而且药效持续时间短,成本高。这些缺点严重限制了无毒或者低毒的杀螺剂的推广。

(2) 将杀螺剂高分子化,使药用活性成分实现控制释放

将杀螺剂引入高分子骨架可以有效延长药性时间,可显著减少使用次数和使用药量,从而可将其对环境的污染程度降到最低限度。另外,可以将杀螺剂和钉螺吸引剂同时引入高分子骨架上,这样可先利用吸引剂吸引钉螺,再通过杀螺剂消灭钉螺,从而大大提高杀螺效率,而且可以进一步降低对环境的污染程度。

可见,将杀螺剂高分子化是最有效的解决方案。目前,杀螺剂的高分子化主要有两种方式:①首先在小分子杀螺剂中引入可聚合的基团,然后通过可聚合基团的聚合反应实现杀螺剂的高分子化;②将杀螺剂通过化学键键接到已有高分子骨架中。前者制得的高分子杀螺剂有效成分密度高、结构可控,但该方法过程较复杂、成本较高。后者的主要优势是方法简单,但高分子杀螺剂中有效成分密度较低。例如,2,5-二氯-4-硝基水氧酰苯胺是目前使用较多、杀虫效果较好的灭螺剂。但是2,5-二氯-4-硝基水氧酰苯胺的大量使用不可避免地会对环境造成破坏性影响。目前主要通过将2,5-二氯-4-硝基水氧酰苯胺通过化学键引入高分子骨架来解决该问题。

12.2.3 高分子化肥

人口的激增加速了人们对粮食、饲料的需要,农业生产高速增长,化肥用量急剧上升。但是大多数化肥是水溶性的,而且很多化肥常温下易于挥发,因此,很多施用的小分子化肥还没有达到植物根部就白白流失了。肥料利用率低是制约我国农业可持续发展的重要因素。缓/控释肥由于能大幅度提高肥料利用率,近年来得到了很大发展。

氮肥通常以硝酸盐和铵的形式存在,所以通常具有很好的水溶性和挥发性,导致氮肥在土壤中是很不稳定的,在雨水冲刷下和日光照射下很容易发生流失现象。氮肥是氮、钾、磷三种主要化肥中流失现象最严重的一种肥料。因此,氮肥的缓释化研究最具有意义。目前,氮肥的缓释化研究主要有以下两个方面。

(1) 制备低水溶性的或者高分子化的化肥

通过化学缓释作用可控制化肥释放速度,其中低水溶性化肥主要通过溶解过程控制释放。高分子化的化肥主要通过生物降解过程控制释放。例如,以脲甲醛低聚物和磷酸二氢钾-磷酸混合液反应合成了一种多营养元素马铃薯专用高分子缓释化肥。结果表明,单独施用高分子化肥的增产率为15.89%;高分子化肥与农家肥混合施用的增产率为53.29%,明显高于常规施肥(尿素+过磷酸钙+农家肥)时的增产率(46.71%)。又如,甲醛和尿素的缩聚物和亚异基二脲,甲醛和尿素缩合后氮含量为38%~42%,吸水性下降,肥效持续时间增长。

(2) 采用物理方法制备控制释放化肥

将化肥颗粒用微多孔性高分子材料包裹，控制可溶性化肥透过外膜的微多孔或者通过外膜的降解而释放。

高分子化肥是一种新型的肥料，它可以为土壤提供完整的营养，改善土壤微生物生态和改良土壤质量，而且肥效持续时间大大延长，可有效减少农药的使用次数和施用量，提高化肥的有效利用率，以达到节约农业资源、降低农业成本、提高农田生产效率和改善农田环境的目的。高分子化肥还可以减少由于化肥局部浓度过高给作物造成的不必要的影响。由于其具有节约农业资源、降低农业成本、提高农作物产量、改善土壤质量和环境保护等优势，高分子化肥在农业领域发挥着重要作用并受到欢迎。

12.2.4 高分子农用转光膜

转光材料是指材料在吸收特定波长的光以后可以将吸收的光能以不同波长的光辐射形式发出的功能材料，其作用机制是荧光过程，因此多数情况下是吸收短波长光，发出长波长光。由转光材料制成的薄膜可广泛用于农业生产，这便是农用转光膜。农业生产中需要广泛使用薄膜材料，开发高效农用薄膜已经成为提高农业技术的重要方向之一，高分子农用转光膜属于农用第三代功能膜，该薄膜的使用可以大幅度提高农作物的产量。

众所周知，植物需要吸收太阳辐照的光能才能生长，只有波长在 300～1 000 nm 的太阳光才能够穿过大气层到达地面，而绿色植物中参与光合作用的叶绿素对波长为 400～480 nm 的蓝光和波长为 600～680 nm 的红橙光最为敏感，对紫外光和绿光不敏感，其中紫外光还能够诱发植物的病害。而农用转光膜的使用可以将有害的紫外光和无作用的绿光转换成植物可以吸收的蓝光和红橙光。例如，根据目前的开发技术，与常规的聚乙烯薄膜覆盖的大棚相比，采用农用转光膜覆盖的大棚种植的黄瓜产量有效增加了 10%～20%，西红柿产量提高了 20%～40%，白菜增产了约 35%左右，生菜增产了 40%，而且作物生长期也大大提前。

目前，高分子农用转光膜主要是在聚乙烯或聚氯乙烯中添加转光剂复合而成。其制作方法主要采用先将转光剂和少量高分子材料共混挤出造粒，然后将造好的转光母粒与制备农膜的高分子粒料混合挤出吹塑成膜，做成高分子农用转光膜。

高分子农用转光膜的转光作用主要由添加的转光剂完成。具有荧光性质的化合物在理论上都可以作为荧光剂使用，但只有能够将紫外光和绿光转变为蓝光和红橙光的荧光物质才能够作为高分子农用转光膜的转光剂。紫外光转蓝光、紫外光转红橙光、绿光转红橙光是目前高分子农用转光膜的三种主要转光剂。由于绿光的能量小于蓝光，因此，目前还没有绿光转蓝光的转光剂。根据化学组成来划分，转光剂主要有以下两大类。

(1) 芳香荧光染料类

芳香荧光染料类转光剂主要是一些芳香烃和芳香杂环型化合物，如酞菁衍生物、荧光红、荧光黄等。这些化合物的共同特点是分子内带有大的共轭 π 电子结构，分子轨道中 $n-\pi$ 和 $\pi-\pi$ 跃迁能量与近紫外和可见光能量重合，并有很大的摩尔吸收系数。吸收紫外和可见光之后，光能以荧光的形式发出，并发生红移。

(2) 稀土荧光化合物

稀土荧光类转光剂包括稀土无机荧光化合物和稀土荧光有机配合物。前者比较典型的是 CaS:EuCl,荧光性能优异,但是与常见聚乙烯等高分子材料的相容性还存在一定问题,限制了其使用范围。目前这类转光剂研究最多的是有机配位稀土荧光材料,配位基团主要为含有 β-二酮、吡啶、羧基或磺酸基结构的化合物,通常在光敏感区都具有较大的摩尔吸收系数和能量适合的分子轨道能级。最常见的中心离子是铕离子,它们本身都具有较强的荧光特性,在紫外光激发下能够在蓝光区或红橙光区产生荧光。

高分子农用转光膜的开发向着多功能化发展,即开发具有消雾、转光、抗老化等多功能的多层农用薄膜。现在具有三层结构的薄膜已经工业化生产。虽然采用上述农用转光薄膜成本高一些,但是由于增产效果明显,据测算,推广应用后经济效益非常可观。

12.2.5 吸水保墒的高吸水型高分子材料

农业是高吸水型高分子材料的主要应用领域之一。例如,以淀粉衍生物、甲壳素和聚甲基丙烯酸等为原料制成的高吸水型高分子材料具有优异的储水保墒作用,可以吸收自身质量数百倍,甚至上千倍的水分,并仍呈固体状态。

高吸水型高分子材料可以用作土壤的保水剂,在干旱、水土流失严重的土壤中添加少量此类高分子材料,能改善土壤的湿度及透气性,现已在阿拉伯沙漠中应用。实验结果表明,当在土壤中添加 0.5%的高吸水型高分子材料,土壤水分的保持时间可延长 40 天。以种植蔬菜为例,1 m^2 的农田中只要加入 500 g 的高吸水型高分子材料,可以节约用水 50%以上。

高吸水型高分子材料还可以用作植物幼苗移植用保水剂。研究表明,将移植树苗的根部在含有 1%高吸水型高分子凝胶中处理后,可大大延长移植保存期,并可提高树苗成活率。它还可用于提高蔬菜等其他农作物幼苗移植成活率。例如,应用保水剂拌种,提高了麦苗的抗旱性,这可能是由于保水剂在根系附近吸收了一定量的水分,在发生干旱时供给麦苗吸收利用,从而减轻了干旱威胁,前期分蘖数增加,成熟后有效穗数增多,从而使小麦增产。又如,烟草在移栽过程中使用淀粉高吸水高分子可使成活率提高 30%左右。目前国外市场上已有专供植树用的保水剂出售。

高吸水型高分子材料还可以提高种子发芽率。高吸水型高分子材料可用于保持蔬菜、大豆、小麦、玉米等种子所需要的水分,提高发芽率 5%~10%,增产 5%~30%。例如,将高吸水型高分子材料与菜籽拌种,会大大提高飞机播种植物的成活率。

高吸水型高分子材料还可以用作果、蔬保鲜剂。现用高吸水型高分子材料开发出一种可调节水分的包装薄膜,用于包装水果、蔬菜,可在一定程度上调节局部体系的气氛、湿度,从而有效地控制水果,蔬菜的呼吸代谢,保鲜效果很好。

12.3 高分子防污涂料

防污涂料可防止对保护或装饰物体的污染。一般来说,防污涂料主要是为了防止海洋生物对船舶的污染。海上设施,特别是船舶、码头等水线以下的壳体长期与海水接触,受到海水的腐蚀;海洋生物的附着使船舶的航速下降、船壳腐蚀速度加快、水中平台设施毁坏、电厂冷却、水管道阻塞。

对舰船及军用海洋设施而言,海洋生物污损引起的腐蚀和破坏需花大量人力进行维护,严重影响部队的战斗力,并造成巨大的经济损失。不仅如此,污损生物会造成舰船减速而贻误作战时机,同时也严重影响某些兵器的战术性能。例如,非触发性水雷若附着大量海洋生物,会造成引信失效,水雷加重而下沉,改变了原来的定深标准。有数据表明,对于1万吨以上的远洋轮,其船底污损5%,燃油消耗将增加10%,每年的经济损失超过100万美元。防止生物附着历来是海洋产业关注的焦点,可以说是人类走向海洋的通行证。

至今人们已发展了系统的防污技术,包括防污涂料、电解海水防污(产生氯气)、高吸水不稳定表面防污、植绒表面、低表面能防污等,但最实际又最经济的仍然是防污涂料。海洋防污涂料是一种特种涂料,主要是通过漆膜中防污剂(毒料)的逐步渗出防止海洋生物的污损。防污涂料的作用,从本质上讲就是提供一个在规定的有效期内无生物附着的涂层表层。

早期的防污涂料在抑制海洋生物附着的同时也对海洋环境造成了二次污染。因此,开发高效、持久的绿色环保海洋防污涂料已成为研究的热点,且已有了相当的进展。目前,主要有三种方式来制备环保型防污涂料。

1. 采用无毒的低表面能涂料

采用无毒的低表面能涂料,可使海洋生物难以在涂料表面附着,即使附着也不牢固,在水流或其他外力的作用下很容易脱落。这种材料多为含氟材料。目前已有的低表面能防污涂料如下。

(1) 对现有的氟碳树脂和有机硅涂料进行改性制得的防污涂料。通过藤壶以及其他软体动物的大面积生物附着试验发现,双组分有机硅改性环氧树脂与未改性的环氧己二酸酯涂料相比具有更好的低表面能特性,聚合物表面在进入海水中会发生分子重新排列,致使海洋附着生物黏合强度随着浸入时间的延长而增加,在有机硅改性环氧树脂涂层上黏合强度的增加量比未改性的涂层要小得多,所以减少了海洋污损生物的附着。例如,将添加聚芳醚酮的含氟聚合物及金属微米粉末(Ni,Al,Zn和Ag)改性的双酚A型(DGEBA)环氧树脂涂料涂覆在低碳钢上,经不同固化温度,发现添加改性剂能够显著降低DGEBA环氧树脂涂料的表面能,增强海洋防污效果。

(2) 从天然物中提取的环保、低毒或无毒防污剂。如通过对鲸鱼皮表面结构和人血管内壁分析发现了一种微相分离组织结构,即海岛型结构,它们具有很好的聚合作用,同时又不利于生物附着,其结构由亲水、亲油两部分组成。这种仿生物活性结构的涂料被称为易除污损释放涂料。

2. 缓释型涂料

缓释型涂料可控制涂料中毒性成分释放,以降低对环境的影响。目前使用的防污涂料多数对水生物都是有毒的,有毒物质的连续释放可以阻止生物在船体表面的生长。通常的做法就是将小分子防污剂直接与涂料混合使用。但由于防污剂小分子是以分散状态存在于涂料中的,而涂层一般都是比较薄的,所以涂料中的防污小分子很快就会释放消失,导致失去防污功能。而且,大量有毒的物质会扩散进入水体中,对水资源造成严重破坏，严重污染环境，因此，缓释型涂料的研发具有重要意义。将小分子防污剂通过共价键与聚合物骨架连接实现高分子化，从而实现有毒成分的缓慢释放，是制备缓释型涂料有效的方法。

3. 自抛光防污涂料

自抛光防污涂料基料不溶于水，但具有亲水侧链，可以在海水中发生水解，释放出防污剂，起到防污作用；通过海水的冲刷把防污漆的浸润层抛光，使污损海洋生物难以附着，同时又裸露出新的树脂层，可达到防污和自抛光双重效果。自抛光防污涂料一般分为普通自抛光防污涂料、含杀生功能基的自抛光防污涂料和生物降解型自抛光防污涂料。

(1) 普通自抛光防污涂料为含铜、锌等的丙烯酸盐聚合物或硅烷化丙烯酸聚合物，被称为第二代自抛光涂料。其中有机铜、有机锌、有机硅等与丙烯酸共聚物的羧基相连，在海洋中通过水解释放出来。

(2) 含杀生功能基的自抛光防污涂料中共聚物侧链上含有杀生物活性的功能基。该功能基包含非金属类物质，如百菌清、敌草隆、抑菌灵、福美双等，或金属类物质，如福美锌、代森锰、代森锌、活肤锌等。吡啶硫酮锌（又叫活肤锌或吡啶鎓锌，ZnPT）在海水中显示出了持续高效的防污效果，但是 ZnPT 会在海洋生物体内有少量的残留，因此，应用时要对 ZnPT 进行监督检测，确保其不会对生态环境造成污染。

(3) 生物降解型自抛光共聚物有生物降解型高分子、天然高分子（如植物淀粉、纤维素等）、合成高分子（包括聚酯类、聚氨基类、聚酰胺类等）。H_2O_2 是取代 Cu_2O 等防污剂的又一环境友好型防污替代物。现开发出一种适合在地中海和赤道气候的高效防污涂料，通过酶降解将淀粉转化成 H_2O_2，使海洋生物从涂料表层脱落下来，从而起到自抛光防污的效果。

目前为止，报道的船用高分子防污剂大多数是有机锡试剂，其中主要有效成分三烷基锡可以通过接枝反应连接到聚丙烯酸等聚合物骨架上，也可以通过缩聚反应，成为聚合物主链的一部分。另有少部分船用高分子防污剂为有机砷、有机铅及非金属有机物。但是含有砷和含有铅的防污涂料可能会对环境造成污染，所以需要慎用。

随着环境的变化和使用要求的提高，单一性能的防污涂料已很难达到更好的防污效果。因此，以改性丙烯酸树脂为主体，添加纳米 SiO_2 及其他填料制成的涂料，在深海中除了具有自抛光的特性之外，添加的纳米 SiO_2 还会降低涂料的表面张力，使其具有低的弹性模量，海洋生物难以附着，即使附着也能在较小的外力下剥除。复合型海洋防污涂料不仅解决了船在停靠码头的过程中污损生物附着的问题，而且使自抛光的效果更加理想。

另外，纳米技术的出现给防污涂料提供了一个新的方向，如低表面能与纳米技术相结合形成的复合型防污涂料，已成为防污涂料研究的热点。例如，以双酚 A 二缩水甘油醚型环氧树脂为基料、硫代磷酸三苯基异氰酸酯为改性剂、笼型结构倍半硅氧烷为纳米增强剂、聚咪唑啉酰胺或聚酰胺-胺树型分子为固化剂，制备了含硅、磷、硫的纳米涂料。结果表明，固化剂分子结构以及纳米增强剂对涂料的防污效果有明显作用，可以有效抑制海洋生物的附着。

目前，高分子防污涂料正朝着高性能、节能、施工方便、环保的方向发展，新型海洋防污涂料已逐渐取代传统的海洋防污涂料。无毒自抛光防污涂料、低表面能防污涂料、复合型高分子防污涂料越来越受到重视。

12.4 高分子食品添加剂

各种色素、甜味剂、抗氧防腐剂等是在食品加工和保存过程中加入的各种典型添加剂，可以起到增加色泽、味道及延长存储期限的作用。近年，随着人们对食品安全性认识的提高，人们越来越注重食品添加剂的无害性。食品添加剂对人体的危害主要是由于食用后被人体吸收进入人体内循环造成的。小分子添加剂容易参与人体代谢，要么释放能量变成脂肪，要么攻击人体细胞导致癌症。如果食品添加剂不能被人体吸收，那么有害作用将大大降低。众所周知，大多数高分子材料是不能被人体的消化道所吸收，只能随着其他废物排泄除去，从而不会进入人体血液循环，即不会对人体内脏产生不利影响。因此，与小分子同类物质相比，将添加剂高分子化会大大提高食品添加剂的安全性。

高分子食品添加剂的使用性能和安全性受到高分子结构、组成及分子量大小的影响，因此制备高分子食品添加剂必须考虑以下影响因素。

(1) 具有良好的化学稳定性

作为高分子食品添加剂，活性基团与高分子主链之间的连接键和高分子骨架本身必须能够耐受化学和生物环境的影响，而不发生键的断裂和降解反应。一般烃类骨架高分子材料在食品处理和使用条件下是稳定的，并且不影响添加剂的性能。

(2) 具有一定的溶解性能

由于食品添加剂要考虑在食品加工和食用过程中的外观和使用性能，在使用条件下具有一定溶解性能对于高分子食品添加剂来说具有重要意义。因此，高分子骨架的溶解特性是必须考虑的因素之一，以保证添加剂在食品中的良好分散性和作用的发挥。

(3) 具有足够大的分子量

由于人体肠道的吸收与被吸收物质的分子量有直接关系，为了确保高分子添加剂在体内的非吸收特性，必须保证食品添加剂具有足够大的分子量和分子体积。

(4) 必须不破坏食品风味和外观

使用的高分子食品添加剂必须是没有那些能让人产生不愉快的气味和颜色，以保持食品的风味和外观。由于高分子材料的挥发性较小，所以产生不良气味的可能性很小。

(5) 与食品其他成分的相容性和混合性要好

食品添加剂必须有与其他食品成分良好的相容性和混合性，这样才能不影响食品的加工处理工艺和过程。

12.4.1 高分子食品色素

食品中能够吸收和发射自然光进而使食品呈现各种颜色的物质统称为食品色素。但是许多小分子食品色素对人体有害，特别是一些合成色素，国家是明令禁止使用的。

将小分子食品色素引入高分子骨架是降低食品色素毒性的有效方法之一。如果连接色素分子与高分子骨架的化学键足够稳定，高分子化的色素将不能被肠道吸收，因此对身体无害。例如，苏丹红是一种偶氮苯类色素，但是小分子偶氮苯被怀疑具有不利的生物活性，是潜在的致癌物质。而偶氮色素经过高分子化后可以阻止其被人体吸收，安全性将大大提高。

以一种偶氮苯型的橘红色高分子色素的合成为例，其合成有如下两种途径。

第一种是在小分子色素结构中引入可聚合基团制成单体，再利用聚合反应制成高分子色素。

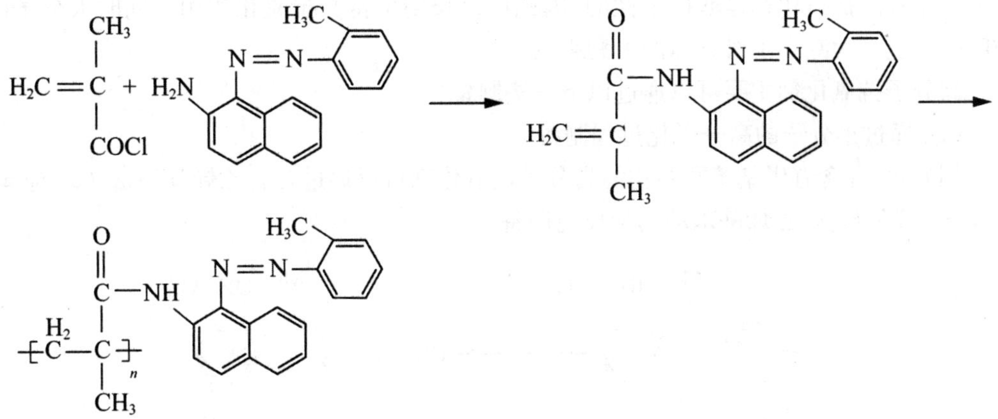

第二种是利用接枝反应，对含有活性功能团的聚合物进行化学修饰，直接将色素结构引进聚合物骨架。

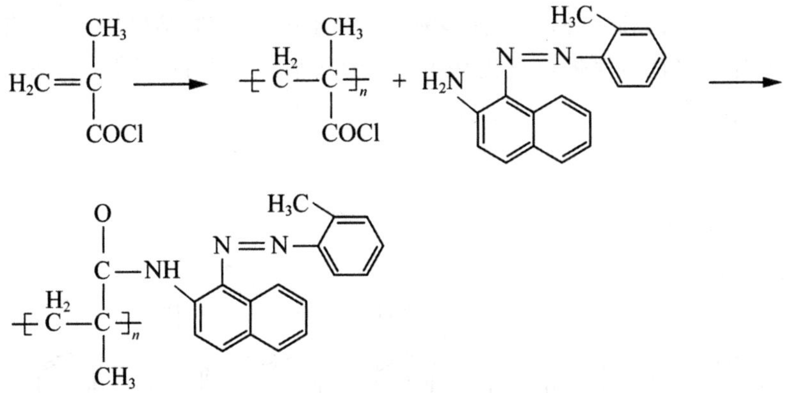

高分子食品色素主要可以分为天然类和合成类。胡萝卜素、叶绿素、花黄素、姜黄素、栀子黄等都是典型的天然高分子食品色素。这类高分子食品色素色泽天然，可以促进内分泌，有利于消化，人体易吸收，但这类色素通常加工条件高，而且储存易变色。柠檬黄、诱惑红、苋菜红、亮蓝等属于典型的合成类高分子食品色素。合成高分子色素具有色泽鲜艳、着色力强、性质稳定、价格便宜等优势，但是这类色素一般有毒性，如致泻性、致癌性等。

12.4.2 高分子食品抗氧化剂

食品抗氧化剂是指为防止食品在贮藏、运输过程中因氧化反应变坏(特别是食用油和脂肪)而加的抗氧剂。常用食品抗氧剂主要有维生素C、D-异抗坏血酸钠、BHT(2,6-二叔丁基-4-甲基苯酚)、TBHQ等。食品抗氧剂多为小分子化合物,例如,许多酚类化合物常被用来作为食品抗氧化剂,但是小分子酚类化合物能够被人体吸收并对人体有害,而且这类化合物易挥发而失去氧化作用。许多天然物质也可以作为食品抗氧化剂,例如,β-胡萝卜素作为食品抗氧剂不仅对人体无害,还有保健的作用,但这类天然抗氧化剂通常价格昂贵。将小分子抗氧化剂高分子化可以有效克服上述缺点。与小分子抗氧化剂相比,高分子化食品抗氧化剂是非挥发性的,因此可以长期保持其抗氧化作用。同时大分子的非吸收性也大大减小了对人体的不利影响。

高分子抗氧化剂主要可以通过以下方法制备。

(1) 通过小分子的高分子化过程制备

例如,一种含有甲基苯酚结构的高分子抗氧化剂可以通过含有乙烯基的α-(2-羟基-3-5-二烷基苯基)乙烯基苯的均聚反应制备。

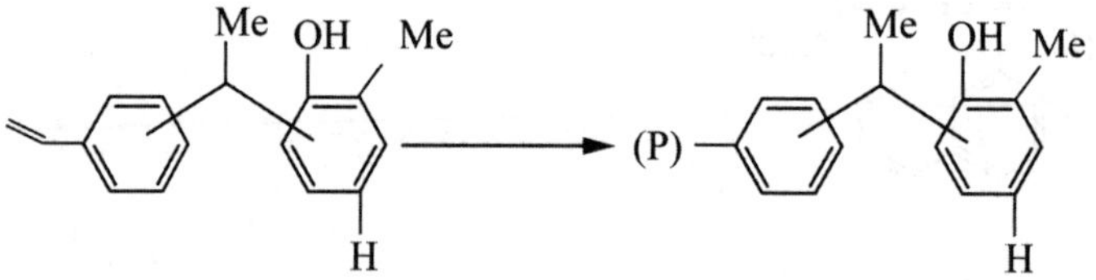

(2) 通过含有双功能基的小分子抗氧化单体发生缩聚反应制备

例如,二乙烯苯在铝催化剂作用下,与羟基苯甲醚、叔丁基苯酚、对甲基苯酚、双酚A和叔丁基氢醌反应,可以制得另外一种多酚类高分子抗氧化剂(结构如下)。应当注意,在聚合反应过程中应当注意保护抗氧化基团——酚羟基不受影响,以保证高分子化后能具有足够的抗氧化性能。

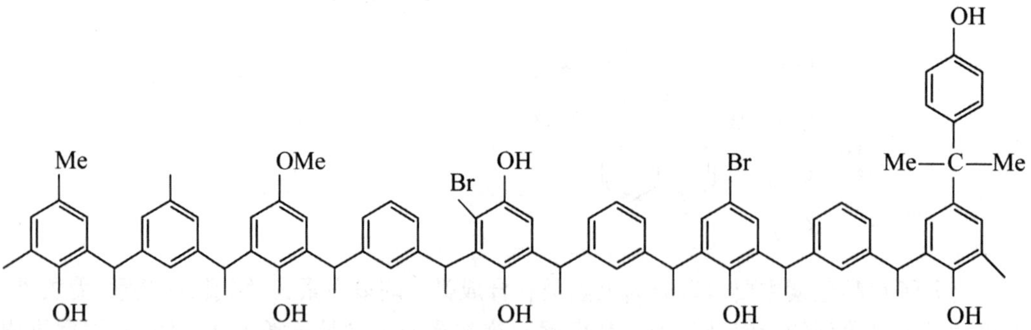

12.5 高分子阻燃剂

众所周知,大多数合成聚合物是易燃物质,随着各种聚合物的大量使用,特别是大量作为建筑和装饰材料,火灾的危险性和危害性大大增加。每年因为火灾造成的人员伤亡和财产损失都在上升。聚合物的易燃性已经成为扩大其应用领域的主要障碍之一。因此，开发阻燃性聚合物和阻燃添加剂已经是高分子材料化学研究的当务之急。

12.5.1 高分子阻燃剂的结构和阻燃机理

高分子的燃烧过程主要可以分成两个过程：

(1) 点燃过程。聚合物受热后发生分解反应，产生大量可燃性小分子气体，这一过程是自由基反应过程。

(2) 产生的可燃性气体遇明火发生剧烈氧化反应。燃烧开始，并发出大量热量。燃烧过程产生的大量热量反馈给聚合物，使分解反应大大加快，促进产生更多的可燃性气体，使燃烧过程加剧。

由此可见，只有在点燃过程产生足够多的可燃小分子才可能为燃烧准备好材料；只有环境温度达到可燃物的燃点，才可以引发燃烧；只有燃烧产生的热量足够大时才能使燃烧持续下去。因此，上述任何一个过程发生变化，都可以阻止燃烧的发生，或者防止火灾的扩大。阻燃材料研究开发的主要目的就是要切断热分解反应和热量传输过程。点燃过程产生可燃性物质是高分子燃烧的首要步骤，因此，阻止热分解的发生，或使分解生成不易燃烧的物质是高分子阻燃的前期步骤。由于热分解反应主要是自由基反应，因此，所有可阻止自由基反应的方法都可以阻断这一过程。同样，所有可以阻断热量转导的措施都可以防止燃烧的继续。目前，高分子材料中加入阻燃剂主要从以下五个方面发挥作用。

1. 自由基捕获机理

在聚合物中加入含有氯元素、磷元素或者氮元素的化合物，这类化合物在高温下放出的上述元素具有捕获分解反应过程产生的自由基的能力，使自由基失去反应活性。由于聚合物不能产生可燃性小分子，燃烧过程将不会发生和持续。

2. 碳化隔热机理

在聚合物中加入氯化铵、硫酸铵等有机化合物可以促进聚合物在高温下的碳化过程，使聚合物在分解成小分子可燃物之前碳化。碳化层传热性不好，可切断燃烧产生的热量向未燃聚合物转送，使分解反应不能继续。

3. 热交联反应阻燃机理

在聚合物中加入高温下能够引发交联反应的热交联剂，使聚合物的热分解速度不能产生足够的可燃小分子以满足燃烧的需要，将发生火焰自熄过程。

4. 吸热降温机理

在聚合物中加入含有结晶水的无机盐，当聚合物受热，温度升高时，这些添加物可以放出结晶水，吸收热量，降低聚合物温度，阻止热分解反应和燃烧过程的继续。

5. 生成气体或者液体覆盖机理

如果加入的物质在燃烧产生的高温下发生熔化、气化或者分解成不燃性气体，生成物会暂时将聚合物覆盖，使其与空气隔绝，同样也可以使燃烧终止。

能够产生上述效应的材料都有可能成为高分子阻燃添加剂(阻燃添加剂)。

12.5.2 高分子阻燃剂的分类和合成方法

1. 高分子阻燃剂的分类

由阻燃机理可以看出,高分子阻止燃烧的方式有很多,阻燃剂的种类也很多,因此高分子阻燃剂的分类方法有很多:①根据阻燃剂的属性划分,可以分成无机阻燃剂和有机阻燃剂。②根据阻燃剂的大小划分,可以分成高分子阻燃剂和小分子阻燃剂。③根据使用方式划分,可以分成反应型阻燃剂和添加型阻燃剂。

小分子阻燃剂,特别是无机盐型阻燃剂具有来源广、成本低的优势。但与小分子阻燃剂相比,高分子阻燃剂具有更优异的稳定性,而且对高分子材料的其他性能影响较小,适合各方面要求较高的场合。

2. 阻燃型高分子的合成方法

阻燃型高分子的合成方法主要有以下两种。

(1) 小分子阻燃剂与高分子直接共混

采用这种方法比较有代表性的例子是阻燃性聚丙烯酯的生产。可用于这种阻燃树脂的阻燃剂包括有机氯、三氧化二锑以及四溴双酚 A、四溴丁烷、六溴代苯、六溴环十二烷、三溴苯基二溴异丁酯等溴化物。

总体来讲,这种方法制备的阻燃树脂其机械性能有所降低,不适合用于力学性能要求非常高的阻燃纤维的制造。

(2) 聚合型阻燃剂与主料共混

这种方法将阻燃成分高分子化,结合进聚合物链,然后再与主料共混成型。这种高分子阻燃剂与小分子同类产品相比具有一系列的优点:

① 多数高分子阻燃剂与聚合物本体的相容性较好,不易发生相分离,因此可以用于对机械强度要求较高的阻燃纤维生产。

② 高分子阻燃剂的挥发性和迁移性较小,可以长时间维持阻燃性能。

12.5.3 高分子阻燃剂的应用

每年由于火灾造成的人员伤亡和财产损失不计其数,其中很大部分是直接或间接由于非阻燃高分子材料起火而造成的。因此,高分子阻燃剂的重要性是不言而喻的。

高分子材料根据其主要用途和使用形态,可以分成两类。

(1) 以工程塑料为代表的结构性材料

这类材料由于体积较大,尺寸稳定性较好,因此对阻燃剂的要求不高,各种阻燃剂都可以使用。加入阻燃剂会造成材料机械强度的降低,可以通过加入增强材料,如玻璃纤维来解决。

(2) 以化学纤维为代表的高分子纤维与织物

这一类材料除了对阻燃性能有较高要求以外,对材料的机械强度安全性、染色性,甚至手感都有很高的要求。

12.6 高分子染料

高分子染料是通过一定的化学反应将染料分子引入高分子主链或侧链上而形成的高分子材料。这类燃料具有高强度、易成膜性、耐溶剂性、可加工性以及对光强吸收性、强电荷迁移能力。

12.6.1 高分子染料的制备方法

根据实际需要，可以采用各种小分子染料作为高分子化用小分子色素。采用的高分子骨架也可以各种各样。高分子染料的制备方法多样，主要可以分为以下几种类型。

(1) 均聚反应制备：带有可聚合基团的小分子染料可以通过均聚反应来实现高分子化。偶氮类染料多数可以通过这种方法进行高分子化。

(2) 偶氮化学反应制备：采用具有偶氮成分的聚合物可以与引入重氮结构的小分子反应，制备高分子染料。例如，具有苯酚、萘酚、活性亚甲基等结构的高分子与重氮盐反应可以制备高分子偶氮染料。

(3) 利用其他接枝反应制备：当聚合物中具有反应活性官能团时，如酰氯、环氧等，可以与带有氨基或者羟基的染料反应，通过接枝反应在高分子骨架上引入染色结构，实现染料的高分子化。

(4) 缩聚反应：以带有双官能团的染料为缩合单体之一，进行缩合反应，利用这种方法在聚酯和聚酰胺等聚合物主链中引入染料结构。

(5) 在聚合物链端引入染料结构：将含有氨基的小分子染料重氮化作为聚合反应的引发剂，与乙烯类单体混合加热，引发聚合反应，可以得到在链端具有重氮染料结构的聚合物。

12.6.2 高分子染料的特点

与小分子染料相比，高分子染料主要具有以下特点。

(1) 强的耐溶剂性

高分子染料在多数溶剂中不溶解或者溶解性很低，因此用高分子染料染成的物料耐溶剂性能很好，遇到溶剂材料不易褪色。

(2) 好的耐热性

高分子的非挥发性、高熔点和在较高温度下的低溶解度，有效提高了被染物料的耐高温性能。

(3) 良好的耐迁移性

高分子色素在被染物中没有分子迁移现象，因此，完全没有色素分子迁移造成的色污现象，这是其他任何染料所不具备的。例如，常用偶氮和蒽醌染料的耐迁移性较差，通过高分子化处理，它们的色污染问题可以彻底解决。

(4) 良好的与被染物的相容性

由于被染物大多数是高分子材料，因此高分子染料与这类被染物具有较好的相容性。

12.6.3 高分子染料的应用

由于高分子染料耐迁移性能优异、安全性高,可用于食品包装材料、玩具、医疗用品等的染色。

利用功能高分子染料难以透过细胞膜的特点,可将其用于粉、霜、发蜡、指甲油等化妆品的染色,提高化妆品的安全性。

由于功能高分子染料具有耐高温性、耐溶剂性和耐迁移性,特别适用于纤维及其织物的染料,使被染物耐摩擦性和耐洗涤性提高。

高分子染料还可应用于皮革着色、涂料和油漆着色,彩色胶片着色等。如果可以进一步有效降低高分子染料的成本,高分子染料会在更广阔的领域获得应用。

1. 什么是表面活性剂?与低分子表面活性剂相比,高分子表面活性剂具有哪些特点?
2. 请举例说明什么是阴离子型、阳离子型、两性离子型及非离子型高分子表面活性剂。
3. 高分子表面活性剂具有哪些性质?
4. 请举例介绍1～2种高分子表面活性剂的合成方法。
5. 举例介绍高分子表面活性剂的应用。
6. 举例介绍高分子除草剂的合成方法。
7. 如何降低除草剂的使用量和毒性?
8. 杀螺剂的高分子化主要有哪些方式?
9. 氮肥的缓释主要有哪些方式?
10. 什么是高分子农用转光膜?转光剂主要可以分为哪些?
11. 举例说明吸水保墒的高吸水型高分子材料在农业中的应用。
12. 举例介绍环保型防污涂料的制备方法。
13. 高分子食品添加剂通常具备哪些性能?

——胡树文:十年如一日化“碱”为“繁”

胡树文,男,山东省金乡人,博士,2006年5月被聘为中国农业大学引进教授,现任中国农业大学资源与环境学院环境科学与工程系教授、博士生导师。

盐碱地改良是世界性难题,也是复杂的系统工程。胡树文从2008年开始研究盐碱地治理。2009年,研发出系列新型可降解高分子膜材料,研制出新型可降解高分子包膜控释肥料,自主建成了一条完整的生产新型高分子包膜控释肥料的生产线。在国内首次成功实现连续化、自动化生产出具有我国自主知识产权的新一代环境友好型高分子包膜控释肥料,生产工艺低碳、安全、环保,生产成本较低。他发现,这种肥料在盐碱地上的效果远好于普通肥料,可以显著提高作物产量。胡树文教授带领团队常年扎根盐碱地改良生产一线,十年磨一剑,创建了以"重塑土壤团粒结构高效脱盐"为核心的生态修复盐碱地系统工程技术模式;开发出了新型生物基改性材料,将盐碱土的"细小颗粒"粘结成稳定"大颗粒",重塑了土壤的"团粒结构",增大了土壤孔隙度,土壤的脱盐效率提高10倍以上。他们还发明了新型抗盐碱功能肥料、抗逆种子处理剂,可以重塑土壤功能。采取"疏堵结合"策略,能控制地下水位、阻隔盐水蒸散通道,将盐分从区域导出,最后把盐碱地垦造成生态良田。

2016年,他们在吉林省白城市大安市创建了"盐碱土生态治理系统工程技术模式",经全国知名科学家几十次现场测产,盐碱荒地均实现了当年修复、当年高产(水稻产量达500公斤/亩)、连年稳产(500～650公斤/亩),一次改良,连续多年有效。2023年6月6日,胡树文应邀到联合国粮农组织总部做了题为"盐渍化土壤的生态修复"的专题演讲,将中国盐碱地防治方案带出了国门。

参考文献

[1] 罗祥林. 功能高分子材料[M]. 北京:化学工业出版社,2010.
[2] 张治红，何领好. 功能高分子材料[M]. 2 版. 武汉:华中科技大学出版社，2022.
[3] 贾润萍，徐小威. 功能高分子材料[M]. 北京:化学工业出版社，2021.
[4] 焦剑，姚军燕. 功能高分子材料[M]. 2 版. 北京:化学工业出版社,2016.
[5] 王国建. 功能高分子材料[M]. 2 版. 上海:同济大学出版社,2014.
[6] 陈卫星，田威. 功能高分子材料[M]. 北京:化学工业出版社,2013.
[7] 赵文元，王亦军. 功能高分子材料[M]. 2 版. 北京:化学工业出版社,2013.
[8] 马建标. 功能高分子材料[M]. 2 版. 北京:化学工业出版社,2010.
[9] 张政朴,等. 反应性与功能性高分子材料[M]. 北京:化学工业出版社,2004.
[10] 王国建，刘琳. 特种与功能高分子材料[M]. 北京:中国石化出版社，2004.
[11] 何天白，胡汉杰. 功能高分子与新技术[M]. 北京:化学工业出版社,2000.
[12] 何炳林，黄文强. 离子交换与吸附树脂[M]. 上海:上海科技教育出版社,1995.
[13] 慕秀秀，陈宇云，李亚，等. 交联型高分子分离膜的制备研究进展[J]. 化学研究与应用，2023，35(5)：1022-1030.
[14] 安少杭，陈占营，李奇，等. 高分子气体分离膜技术研究进展[J]. 高分子通报，2023，36(1)：1-11.
[15] 张元晶，高彦静，张杰，等. 生物医用高分子材料学科研究前沿热点追踪[J]. 化工新型材料，2023，51(8)：65-70.
[16] 黄铭生，罗颖. 新型高分子材料阻燃剂的研究进展[J]. 广东化工，2022，49(15)：72-75.
[17] 王如平，王彦明，王泽虎，等. 生物可降解高分子材料应用研究进展[J]. 山东化工，2022，51(5)：98-99.
[18] 郝丽娜，李莹莹. 功能高分子材料的应用及发展前景[J]. 现代盐化工,2021,48(6)：16-17.
[19] 韩超越，候冰娜，郑泽邻，等. 功能高分子材料的研究进展[J]. 材料工程，2021，49(6)：55-65.
[20] 郝丽娜，张文广，李莹莹. 功能高分子材料在工业领域中的应用及展望[J]. 天津化工，2021，35(5)：16-17.
[21] 张杰，张元晶，丁玉琴，等. 生物医用高分子材料研究热点[J]. 高分子材料科学与工程，2021，37(9)：182-190.
[22] 赵贺，韩叶林，刘霞，等. 导电高分子材料应用的最新进展与展望[J]. 材料导报，2016，30(2)：328-334.
[23] 卢炜，眭晓，刘静，等. 高吸水性树脂的应用现状[J]. 产业与科技论天，2016，15(23)：63-64.
[24] 吕传香，全凤玉，梁风，等. 新型功能高分子材料[J]. 广州化工. 2013，41(20)：7-8.
[25] 王珊，杨小玲，古元梓. 导电高分子材料研究进展[J]. 化工科技，2012，20(3)：62-66.